BIM应用系列教程

Revit机电
建模基础与应用

朱溢镕　　段宝强　　焦明明　　主编

化学工业出版社

·北京·

《Revit 机电建模基础与应用》是基于 BIM-Revit MEP 机电建模软件基础与应用进行项目化任务情景模式设计的实操教材。依托于《BIM算量一图一练 安装工程》案例工程项目，围绕 BIM 概述、BIM 机电建模案例讲解、BIM 机电建模案例实训等内容展开编制。通过专用宿舍楼案例工程，借助 Revit MEP 机电设计软件对案例工程中的给排水、消防、电气、采暖、通风五大专业工程模型的设计及翻模原理过程、业务及软件操作扩展知识等内容进行了全面精细化讲解。通过员工宿舍楼案例工程，以阶段任务场景化的实战引导模式，帮助读者进一步掌握 BIM 机电建模基础实践应用。

　　本书从 Revit MEP 基础建模开始，由浅入深地讲述了 Revit MEP 中机电专业建模的操作方法及模型的应用，适用于零基础读者学习，可作为各大、中专院校建筑相关专业的 BIM 基础课程教材，也可作为 BIM 软件培训班的基础教材，同时可供建筑信息模型爱好者及建筑设计的初入行者参考使用。

图书在版编目（CIP）数据

Revit 机电建模基础与应用/朱溢镕，段宝强，焦明明主编． —北京：化学工业出版社，2019.8（2024.9重印）
ISBN 978-7-122-35032-9

Ⅰ.①R… Ⅱ.①朱… ②段… ③焦… Ⅲ.①机电设备-建筑设计-计算机辅助设计-应用软件-教材 Ⅳ.①TU85-39

中国版本图书馆 CIP 数据核字（2019）第 165047 号

责任编辑：吕佳丽　　　　　　　　　装帧设计：王晓宇
责任校对：张雨彤

出版发行：化学工业出版社（北京市东城区青年湖南街 13 号　邮政编码 100011）
印　　刷：三河市航远印刷有限公司
装　　订：三河市宇新装订厂
787mm×1092mm　1/16　印张 18　字数 440 千字　2024 年 9 月北京第 1 版第 7 次印刷

购书咨询：010-64518888　　　　　　售后服务：010-64518899
网　　址：http://www.cip.com.cn
凡购买本书，如有缺损质量问题，本社销售中心负责调换。

定　　价：49.00元

编委会名单

编写人员名单

主　编　朱溢镕　广联达工程教育
　　　　段宝强　广联达施工 BG
　　　　焦明明　广联达创新 BG
副主编　刘　爽　比目鱼（北京）国际工程咨询有限公司
　　　　石知康　杭州宾谷教育科技有限公司
　　　　马金忠　宁夏建设职业技术学院
　　　　李东锋　广东工程职业技术学院
　　　　王艳阳　黄河科技学院
参　编　（排名不分先后）
　　　　韩　冰　北京城建集团有限责任公司
　　　　谢　华　广西建设职业技术学院
　　　　殷许鹏　河南城建学院
　　　　杨　青　山西建筑职业技术学院
　　　　温晓慧　青岛理工大学
　　　　张永锋　广东创新科技职业学院
　　　　兰　丽　北京财贸职业学院
　　　　韩风毅　长春工程学院
　　　　李昌绪　山东商务职业学院
　　　　吴　贝　天津大学仁爱学院
　　　　李建茹　内蒙古机电职业技术学院
　　　　赵伟卓　江西理工大学
　　　　樊　娟　黄河建工集团有限公司
　　　　王　琳　浙江建设职业技术学院
　　　　常　莉　开封大学
　　　　杨中宣　中原工学院
　　　　谢　伟　广联达 BIM 中心

前　言

　　随着建筑行业的信息化建设，BIM 技术被越来越多地应用到设计、施工、运维等项目建设各阶段中。BIM 模型作为信息的载体，可贯穿于项目建设全生命周期，集成项目建设各阶段数据。本书以 Revit2016 版本为基础，结合实际机电项目案例工程，全面介绍了 Revit MEP 建模基础功能及项目实际应用。

　　《Revit 机电建模基础与应用》是基于 BIM Revit MEP 机电建模软件基础与应用进行项目化任务情景模式设计的实操教材。依托于《BIM 算量一图一练 安装工程》两个案例工程项目，围绕 BIM 概述、BIM 机电建模案例讲解、BIM 机电建模案例实训、Revit MEP 使用常见问题、BIM 机电实际项目建模及应用案例等内容展开编制。

　　通过专用宿舍楼案例工程，借助 Revit MEP 机电设计软件对案例工程中给排水、消防、电气、采暖、通风五大专业工程模型的设计及翻模原理过程、业务及软件操作扩展知识等内容进行了全面精细化讲解。通过员工宿舍楼案例工程，以阶段任务场景化的实战引导模式，帮助读者进一步掌握 BIM 机电建模基础实践应用。

　　书中以实际工程案例为基础，从业务维度出发，依托案例工程详细讲解了 Revit MEP 建模操作方案。书中内容以情景任务展开，每一章节都包含若干小节内容，每小节均结合项目案例设置任务说明、任务分析、任务实施和总结扩展四部分内容，使读者在学习软件功能操作的同时更清晰地了解每一小节的重点内容，在每一小节最后的总结扩展中都设置了业务扩展内容，从业务和相关专业方面讲解了与本小节相关的专业知识，通过将教材中的理论知识与三维 BIM 模型结合，更直观地让读者了解 BIM 机电建模的意义和 BIM 技术的重要性。

　　本书的特点在于：第一，给读者提供一个 BIM 机电建模样例，循着本书的引导，读者可以掌握 BIM 机电建模的方法、流程；第二，结合当前 BIM 应用现状，详细分析了机电工程项目基于 BIM 机电模型的后阶段 BIM 应用；第三，提供了多个实际机电项目案例、实际 BIM 机电操作平台的建模及应用案例；第四，提供了 Revit MEP 使用技巧及常见问题解答，可以辅助读者解决在应用 Revit MEP 软件时的各类问题；第五，本书系统地分析了 BIM 是什么，能干什么以及未来的趋势，并结合当前行业的应用现状，对 BIM 技术在实际机电项目中落地应用的难题进行了深入的剖析，为读者做实际的机电 BIM 工作提供了帮助。

　　本书为 BIM 机电应用系列教程中的机电 BIM 建模基础应用分册，BIM 机电应用系列教程由《BIM 算量一图一练 安装工程》《Revit 机电建模基础与应用》《安装工程计量与计价》《安装工程 BIM 造价应用》《BIM5D 项目协同管理》等组成。

　　本书可以作为广大 BIMer 工程师 BIM 入门学习的教材，也可以作为建设、施工、设计、监理、咨询等单位培养自己企业 BIM 人才的专业教材，高等院校建筑类相关专业（如安装识图、安装工程建模与制图等课程）也选作教材使用，还可以作为 BIM 等级考试机构的培训专业授课教材。

教材提供配套的电子资料包，读者可登录 www.cipedu.com.cn，注册会员，输入书名，查询范围选择"课件"，免费下载电子资料，也可以申请加入 BIM 项目应用实践群【QQ 群号：383686241（该群为实名制，以"姓名＋单位"命名）】。作者也希望搭建该平台为广大读者就 BIM 机电技术项目落地应用，BIM 系列教程优化改革创新，BIM 高校教学深入等展开交流合作。读者还可以登录"建才网校"在线学习（百度"建才网校"即可找到）其他相关课程内容。

由于编者水平有限，书中难免有不足之处，恳请广大读者批评指正，以便及时修订与完善。

编者
2019 年 7 月

目　录

| 第 1 章 | BIM 概述 | 1 |

1. 1　什么是 BIM ··· 1
1. 2　BIM 技术的定义 ··· 1
1. 3　BIM 技术国内外发展状况 ·· 2
1. 4　BIM 的应用价值 ··· 5

| 第 2 章 | BIM 人才培养 | 7 |

2. 1　制约 BIM 应用的难题 ·· 7
2. 2　培养什么样的 BIM 人才 ·· 7

| 第 3 章 | BIM 建模应用概述 | 11 |

3. 1　BIM 与模型信息 ·· 11
3. 2　BIM 机电模型全过程应用流程 ·· 15

| 第 4 章 | 机电 BIM 建模前期准备 | 16 |

4. 1　拆分图纸 ··· 16
4. 2　创建标高 ··· 20
4. 3　创建轴网 ··· 27
4. 4　项目浏览器设置 ··· 36

| 第 5 章 | 给排水专业 BIM 建模 | 41 |

5. 1　建模前期准备 ·· 41
5. 2　链接 CAD 图纸 ··· 43
5. 3　新建给排水管材类型 ·· 46
5. 4　新建给排水系统类型 ·· 52
5. 5　布置给排水设备构件 ·· 54

5.6 绘制给水支管 ……………………………………………………………… 62

5.7 绘制排水支管 ……………………………………………………………… 71

5.8 绘制给水干管、给水立管 ………………………………………………… 84

5.9 布置给水阀门部件 ………………………………………………………… 91

5.10 绘制排水立管、干管、布置排水部件 ………………………………… 97

5.11 设置给排水系统过滤器 ………………………………………………… 103

第6章 消防专业 BIM 建模　　**111**

6.1 建模前期准备 …………………………………………………………… 111

6.2 新建消防管材类型 ……………………………………………………… 113

6.3 新建消防系统类型 ……………………………………………………… 115

6.4 设置消防系统过滤器 …………………………………………………… 117

6.5 绘制消火栓系统模型 …………………………………………………… 120

6.6 绘制自动喷淋系统模型 ………………………………………………… 130

第7章 采暖专业 BIM 建模　　**140**

7.1 建模前期准备 …………………………………………………………… 140

7.2 新建采暖管材类型 ……………………………………………………… 141

7.3 新建采暖系统类型 ……………………………………………………… 144

7.4 设置采暖系统过滤器 …………………………………………………… 146

7.5 绘制采暖干管、立管 …………………………………………………… 150

7.6 绘制采暖支管 …………………………………………………………… 154

7.7 布置采暖阀门部件 ……………………………………………………… 162

第8章 通风专业 BIM 建模　　**166**

8.1 建模前期准备 …………………………………………………………… 166

8.2 新建风管管材类型 ……………………………………………………… 167

8.3 新建通风系统类型 ……………………………………………………… 169

8.4 设置通风系统过滤器 …………………………………………………… 171

8.5 布置空调室内机与百叶风口 …………………………………………… 173

8.6 绘制通风专业模型 ……………………………………………………… 177

8.7 布置风机及防雨百叶风口 ……………………………………………… 181

第9章 空调专业 BIM 建模　　**184**

9.1 建模前期准备 …………………………………………………………… 184

9.2 新建空调管材类型 ……………………………………………………… 185

9.3 新建空调系统类型 ……………………………………………………… 187

9.4 设置空调系统过滤器 …………………………………………………… 188

9.5 绘制空调冷媒管模型 …………………………………………………… 191

9.6　布置空调室外机 ……………………………………………… 196

9.7　绘制空调冷凝水管模型 ……………………………………… 201

第 10 章　电气、智控弱电专业 BIM 建模　206

10.1　建模前期准备 ……………………………………………… 206

10.2　链接 CAD 图纸 …………………………………………… 208

10.3　创建桥架类型 ……………………………………………… 210

10.4　绘制桥架 …………………………………………………… 213

10.5　创建线管类型 ……………………………………………… 217

10.6　布置照明专业设备构件 …………………………………… 220

10.7　布置消防报警专业设备构件 ……………………………… 229

10.8　布置弱电专业设备构件 …………………………………… 231

10.9　布置动力专业设备构件 …………………………………… 233

10.10　绘制线管 ………………………………………………… 236

10.11　设置电气系统过滤器 …………………………………… 241

第 11 章　模型综合应用　246

11.1　碰撞检查 …………………………………………………… 246

11.2　管线综合 …………………………………………………… 251

11.3　材料统计 …………………………………………………… 256

11.4　出图打印 …………………………………………………… 258

第 12 章　员工宿舍楼案例实训　268

12.1　建模实训课程概述 ………………………………………… 268

12.2　实训建模流程 ……………………………………………… 268

12.3　建模前期准备 ……………………………………………… 269

12.4　给排水专业 BIM 建模 …………………………………… 270

12.5　消防专业 BIM 建模 ……………………………………… 271

12.6　采暖专业 BIM 建模 ……………………………………… 271

12.7　通风专业 BIM 建模 ……………………………………… 272

12.8　空调专业 BIM 建模 ……………………………………… 273

12.9　电气、智控弱电专业 BIM 建模 ………………………… 274

参考文献　275

第1章

BIM概述

随着建筑行业信息化技术的发展，BIM 技术在建筑领域的应用愈加广泛。BIM 已经不仅是"建筑信息模型"或"建筑信息管理"的概念，随着技术和应用的发展，BIM 自身的概念也不断地被人们重新解读。

1.1 什么是 BIM

《BIM 技术应用丛书》从不同的维度讲解了 BIM。第一维度是项目不同阶段的 BIM 应用，第二维度是项目不同参与方的 BIM 应用，第三维度是不同层次和深度的 BIM 应用。英国麦格劳-希尔建筑信息公司 2009 年的一份报告里对 BIM-建筑信息模型的定义为：创建并利用数字模型对项目进行设计、建造及运营管理的过程。

在 Peter Barners 和 Nige Davies 编著的《BIM in principle and in practice》（2014）一书里，BIM 被定义为一个过程，它是"基于计算机建筑 3D 模型，随实际建筑的变化而变化的过程"。2014 年，英国 BIM 研究院对 BIM 的定义是：一项综合的数字化流程，从设计到施工建设再到运营，提供贯穿所有项目阶段的可协调且可靠的共享数据。

1.2 BIM 技术的定义

BIM 技术的定义包含了四个方面的内容。

（1）BIM 是一个建筑设施物理和功能特性的数字表达，是工程项目设施实体和功能特性的完整描述。它基于三维几何数据模型，集成了建筑设施其他相关物理信息、功能要求和性能要求等参数化信息，并通过开放式标准实现信息的互用。

（2）BIM 是一个共享的知识资源，实现建筑全生命周期信息共享。基于这个共享的数字模型，工程的规划、设计、施工、运维各个阶段的相关人员都能从中获取他们所需的数据，这些数据是连续、即时、可靠、一致的，为该建筑从概念到拆除的全生命周期中所有工作和决策提供可靠依据。

（3）BIM 是一种应用于设计、建造、运营的数字化管理方法和协同工作过程。这种方法支持建筑工程的集成管理环境，可以使建筑工程在其整个进程中显著提高效率和大量减少风险。

（4）BIM 也是一种信息化技术，它的应用需要信息化软件支撑。在项目的不同阶段，不同利益相关方通过 BIM 软件在 BIM 模型中提取、应用、更新相关信息，并将修改后的信息赋予 BIM 模型，支持和反映各自职责的协同作业，以提高设计、建造和运行的效率。

1.3　BIM 技术国内外发展状况

BIM 作为对包括工程建设行业在内的多个行业的工作流程、工作方法的一次重大思索和变革，其雏形最早可追溯到 20 世纪 70 年代。查克伊士曼博士（Chuck Eastman，Ph. D.）在 1975 年提出了 BIM 的概念。在 20 世纪 70 年代末至 80 年代初，英国也在进行类似 BIM 的研究与开发工作，当时，欧洲习惯把它称为产品信息模型（Product Information Model），而美国通常称之为建筑产品模型（Building Product Model）。

1986 年罗伯特·艾什（Robert Aish）发表的一篇论文中，第一次使用"Building Information Modeling"一词，他在这篇论文中描述了今天人们所知的 BIM 论点和实施的相关技术，并在该论文中应用 RUCAPS 建筑模型系统分析了一个案例来表达了他的概念。

21 世纪前的 BIM 研究由于受到计算机硬件与软件水平的限制，BIM 仅能作为学术研究的对象，很难在工程实际应用中发挥作用。

21 世纪以后，计算机软硬件水平的迅速发展以及对建筑生命周期的深入理解，推动了 BIM 技术的不断前进。自 2002 年，BIM 这一方法和理念被提出并推广之后，BIM 技术变革风潮便在全球范围内席卷开来。

1.3.1　BIM 在国外的发展状况

1.3.1.1　BIM 在美国的发展现状

美国是较早启动建筑业信息化研究的国家，发展至今，BIM 研究与应用都走在世界前列。如图 1-1、图 1-2 所示。

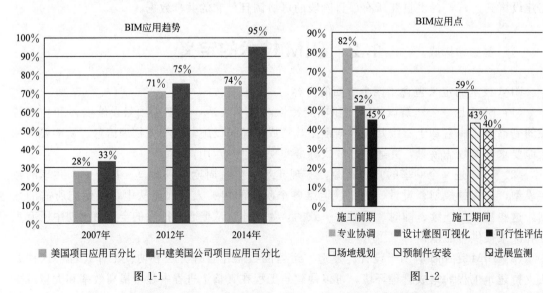

图 1-1　　　　　　　　　　　　　　　　图 1-2

目前，美国大多建筑项目已经开始应用 BIM，BIM 的应用点种类繁多，而且存在各种BIM 协会，也出台了各种 BIM 标准。美国政府自 2003 年起，实行国家级 3D-4D-BIM 计划；

自 2007 年起，规定所有重要项目通过 BIM 进行空间规划。

1.3.1.2 BIM 在英国的发展现状

与大多数国家不同，英国政府要求强制使用 BIM。2011 年 5 月，英国内阁办公室发布了政府建设战略文件。文件明确要求：到 2016 年，政府要求全面协同的 3D·BIM，并将全部的文件以信息化管理。

政府要求强制使用 BIM 的文件得到了英国建筑业 BIM 标准委员会［AEC（UK）BIM Standard Committee］的支持。迄今为止，英国建筑业 BIM 标准委员会已发布了英国建筑业 BIM 标准［AEC（UK）BIM Standard］、适用于 Revit 的英国建筑业 BIM 标准［AEC（UK）BIM Standard for Revit］、适用于 Bentley 的英国建筑业 BIM 标准［AEC（UK）BIM Standard for Bentley Product］，并还在制定适用于 ArchiACD、Vectorworks 的 BIM 标准，这些标准的制定为英国的 AEC 企业从 CAD 过渡到 BIM 提供了切实可行的方案和程序。

1.3.1.3 BIM 在新加坡的发展现状

在 BIM 这一术语引进之前，新加坡当局就注意到信息技术对建筑业的重要作用。早在 1982 年，建筑管理署（Building and Construction Authority，BCA）就有了人工智能规划审批的想法。2000～2004 年，发展 CORENET（Construction and RealEstate NETwork）项目，用于电子规划的自动审批和在线提交，是世界首创的自动化审批系统。2011 年，BCA 发布了新加坡 BIM 发展路线规划，规划明确推动整个建筑业在 2015 年前广泛使用 BIM 技术。为了实现这一目标，BCA 分析了面临的挑战，并制定了相关策略（图 1-3）。

图 1-3 新加坡 BIM 发展策略图

1.3.1.4 BIM 在北欧国家的发展现状

北欧国家如挪威、丹麦、瑞典和芬兰，是一些主要的建筑业信息技术的软件厂商所在地，因此，这些国家是全球最先一批采用基于模型设计的国家，也在推动建筑信息技术的互用性和开放标准。北欧国家冬天漫长多雪，这使得建筑的预制化非常重要，这也促进了包含丰富数据、基于模型的 BIM 技术的发展，并促使这些国家及早地进行了 BIM 的部署。北欧四国政府并未强制要求全部使用 BIM，由于当地气候的要求以及先进建筑信息技术软件的推动，BIM 技术的发展主要是企业的自觉行为。

1.3.1.5 BIM 在日本的发展现状

在日本，有"2009 年是日本的 BIM 元年"之说。大量的日本设计公司、施工企业开始应用 BIM，而日本国土交通省也在 2010 年 3 月表示，已选择一项政府建设项目作为试点，探索 BIM 在设计可视化、信息整合方面的价值及实施流程。

日本 BIM 相关软件厂商认识到，BIM 需要多个软件互相配合，这是数据集成的基本前提，因此多家日本 BIM 软件商成立了软件联盟。此外，日本建筑学会于 2012 年 7 月发布了日本 BIM 指南，从 BIM 团队建设、BIM 数据处理、BIM 设计流程、应用 BIM 进行预算、模拟等方面为日本的设计院和施工企业应用 BIM 提供了指导。

1.3.1.6 BIM 在韩国的发展现状

韩国在运用 BIM 技术上十分领先，多个政府部门都致力于制定 BIM 的标准。2010 年 4 月，韩国公共采购服务中心（Public Procurement Service，PPS）发布了 BIM 路线图（图 1-4）。

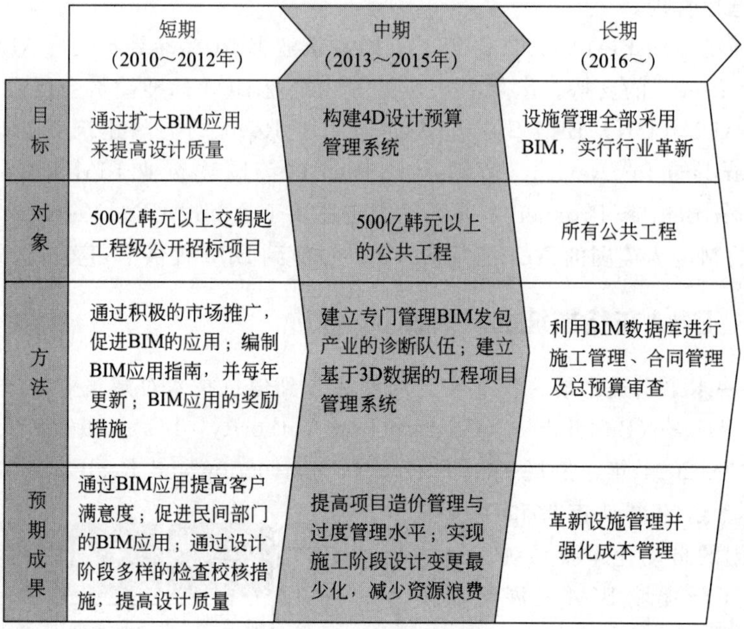

图 1-4　BIM 路线图

2010 年 1 月，韩国国土交通海洋部发布了《建筑领域 BIM 应用指南》，该指南为开发商、建筑师和工程师在申请四大行政部门、16 个都市以及 6 个公共机构的项目时，提供了采用 BIM 技术时必须注意的方法及要素的指导。

综上所述，BIM 技术在国外的发展情况见表 1-1。

表 1-1　BIM 国外发展情况

国家	BIM 应用现状
英国	政府明确要求 2016 年前企业实现 3D-BIM 的全面协同
美国	政府自 2003 年起，实行国家级 3D-4D-BIM 计划；自 2007 年起，规定所有重要项目通过 BIM 进行空间规划
韩国	政府计划于 2016 年前实现全部公共工程的 BIM 应用
新加坡	政府成立 BIM 基金；计划于 2015 年前，超八成建筑业企业广泛应用 BIM
北欧国家	已经孕育 Tekla、Solibri 等主要的建筑业信息技术软件厂商
日本	建筑信息技术软件产业成立软件联盟

1.3.2　BIM 在国内的发展状况

1.3.2.1　BIM 在中国大陆

近年来，BIM 在建筑业形成一股热潮，除了前期软件厂商的大声呼吁外，政府相关单位、各行业协会与专家、设计单位、施工企业、科研院校等也开始重视并推广 BIM。2010—2011 年，中国房地产业协会商业地产专业委员会、中国建筑业协会工程建设质量管理分会、中国建筑学会工程管理研究分会、中国土木工程学会计算机应用分会组织并发布了《中国商业地产 BIM 应用研究报告 2010》和《中国工程建设 BIM 应用研究报告 2011》，一定程度上反映了 BIM 在我国工程建设行业的发展现状。根据这两份报告，关于 BIM 的知晓程度从 2010 年的 60％提升至 2011 年的 87％。

1.3.2.2 BIM 在中国香港

香港的 BIM 发展也主要靠行业自身的推动。早在 2009 年，香港便成立了香港 BIM 学会。2010 年，香港的 BIM 技术应用已经完成从概念到实用的转变，处于全面推广的最初阶段。香港房屋署自 2006 年起，已率先试用建筑信息模型，为了成功地推行 BIM，自行订立 BIM 标准、用户指南、组建资料库等设计指引和参考。这些资料有效地为模型建立、管理档案，以及用户之间的沟通创造了良好的环境。2009 年 11 月，香港房屋署发布了 BIM 应用标准。香港房屋署提出，在 2014～2015 年该项技术将覆盖香港房屋署的所有项目。

1.3.2.3 BIM 在中国台湾

在科研方面，2007 年台湾大学与 Autodesk 签订了产学合作协议，重点研究建筑信息模型（BIM）及动态工程模型设计。2009 年，台湾大学土木工程系成立了工程信息仿真与管理研究中心，促进了 BIM 相关技术与应用的经验交流、成果分享、人才培训与产学研合作。2011 年 11 月，BIM 中心与淡江大学工程法律研究发展中心合作，出版了《工程项目应用建筑信息模型之契约模板》一书，并特别提供合同范本与说明，补充了现有合同内容在应用 BIM 上的不足。高雄应用科技大学土木系也于 2011 年成立了工程资讯整合与模拟（BIM）研究中心。

1.4　BIM 的应用价值

1.4.1　BIM 在项目规划阶段的应用

是否能够帮助业主把握好产品和市场之间的关系是项目规划阶段至关重要的一点，BIM 恰好能够为项目各方在项目策划阶段做出使市场收益最大化的工作。在规划阶段，BIM 技术对于建设项目在技术和经济上的可行性论证提供了帮助，提高了论证结果的准确性和可靠性。

1.4.2　BIM 在设计阶段的应用

与传统 CAD 时代相比，在建设项目设计阶段存在的诸如图纸冗繁、错误率高、变更频繁、协作沟通困难等缺点都将被 BIM 所解决，BIM 所带来的价值优势是巨大的。

在项目的设计阶段，让建筑设计从二维真正走向三维的正是 BIM 技术，对于建筑设计方法而言是一次重大变革。通过 BIM 技术的使用，建筑师们不再困惑于如何用传统的二维图纸表达复杂的三维形态这一难题，深刻地对复杂三维形态的可实施性进行了拓展。而 BIM 的重要特性之一——可视化，使得设计师对于自己的设计思想既能够做到"所见即所得"，又能够让业主捅破技术壁垒的"窗户纸"，随时了解到自己的投资可以收获什么样的成果。

1.4.3　BIM 在施工阶段的应用

正是由于 BIM 模型能够反映完整的项目设计情况，因此 BIM 模型中构件模型可以与施工现场中的真实构件一一对应。可以通过 BIM 模型发现项目在施工现场中出现的"错、漏、碰、缺"的设计失误，从而达到提高设计质量，减少施工现场的变更，最终缩短工期、降低项目成本的预期目标。

1.4.4　BIM 在运营阶段的应用

BIM 在建筑工程项目的运营阶段也起到非常重要的作用。建设项目中所有系统的信息对于业主实时掌握建筑物的使用情况，及时有效地对建筑物进行维修、管理起着至关重要的作用。那么是否有能够将建设项目中所有系统的信息提供给业主的平台呢？BIM 的参数模型给出了明确的答案。在 BIM 参数模型中，项目施工阶段做出的修改将全部实时更新并形成最终的 BIM 竣工模型，该竣工模型将作为各种设备管理的数据库为系统的维护提供依据。

建筑物的结构设施（如墙、楼板、屋顶等）和设备设施（如设备、管道等）在建筑物使用寿命期间，都需要不断得到维护。BIM 模型则恰恰可以充分发挥数据记录和空间定位的优势，通过结合运营维护管理系统，制定合理的维护计划，依次分配专人做专项维护工作，从而使建筑物在使用过程中出现突发状况的概率大为降低。

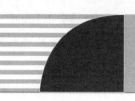

第2章

BIM人才培养

2.1　制约 BIM 应用的难题

　　世界各国都在推广 BIM 的应用，因为应用 BIM 技术能够产生经济效益、社会效益和环境效益。然而，目前缺乏具有 BIM 技术的人员已经阻碍了该技术在产业中的应用。中国建筑施工行业信息化发展报告（2014～2018）调研结果表明，BIM 人才的培养是目前影响BIM 深度应用与发展的主要障碍（图 2-1）。

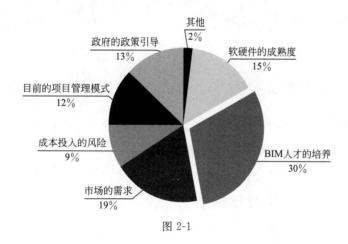

图 2-1

2.2　培养什么样的 BIM 人才

2.2.1　行业用人需求分析

　　随着建筑信息化时代的到来，行业岗位人才需求也发生了巨大变化，以下以 BIM 技术为代表的建筑行业信息化人才需求进行分析。BIM 技术是在 CAD 技术基础上发展起来的多维模型信息集成技术，这些维度包括在三维建筑模型基础上的时间维、造价维、安全维、性能维等。BIM 的作用是使建设项目信息在规划、设计、建造和运营维护全过程充分共享、无损传递，可以使建设项目的所有参与方在项目从概念产生到完全拆除的整个生命周期内都能够在模型中操作信息和在信息中操作模型，进行协同工作，从根本上改变过去依靠文字符号形式表达的蓝图进行项目建设和运营管理的工作方式。

BIM技术人才最基本的就是掌握BIM最基础的技能。通过操作BIM建模软件能将建筑工程设计和建造中产生的各种模型和相关信息制作成可用于工程设计、施工和后续应用所需的BIM及其相关的二维工程图样、三维集合模型和其他有关的图形、模型和文档的能力。BIM的意义在于项目全生命周期的信息交互（图2-2）。结合中国建筑施工行业信息化发展报告，对企业BIM应用及人才结构调研结果发现，目前企业BIM团队人才需求可以分为以下几类，如图2-3所示。

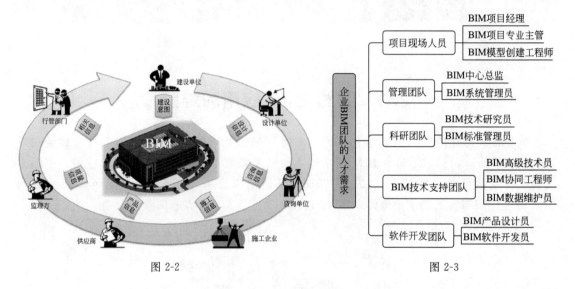

图 2-2　　　　　　　　　　　　图 2-3

（1）BIM操作层。BIM建筑建模师、BIM结构建模师、BIM机电建模师、BIM全专业建模师。

（2）BIM专业层。BIM建筑工程师、BIM结构工程师、BIM机电工程师、BIM暖通工程师、BIM桥梁工程师、BIM轨道交通工程师、BIM造价工程师。

（3）BIM管理层。BIM技术经理、BIM项目经理、BIM企业总监。

2.2.2　BIM人才能力分析

随着BIM技术的逐步推进，企业开始不断培养BIM人才，也在努力吸纳社会上的优秀BIM人才，力图打造企业自有的BIM团队。

结合行业用人需求及BIM岗位需求分析，整体归纳BIM专业应用人才的能力分析说明见表2-1。

表 2-1　BIM专业应用人才能力分析

序号	能力分类	能力要求
1	BIM软件操作能力	BIM专业应用人员掌握一种或若干种BIM软件使用的能力，这至少应该是BIM模型生产工程师、BIM信息应用工程师和BIM专业分析工程师三类职位必须具备的基本能力
2	BIM模型生产能力	指利用BIM建模软件建立工程项目不同专业、不同用途模型的能力，如建筑模型、结构模型、场地模型、机电模型、性能分析模型、安全预警模型等，是BIM模型生产工程师必须具备的能力

续表

序号	能力分类	能力要求
3	BIM 模型应用能力	指使用 BIM 模型对工程项目不同阶段的各种任务进行分析、模拟、优化的能力，如方案论证、性能分析、设计审查、施工工艺模拟等，是 BIM 专业分析工程师需要具备的能力
4	BIM 应用环境建立能力	指建立一个工程项目顺利进行 BIM 应用而需要的技术环境的能力，包括交付标准、工作流程、构件部件库、软件、硬件、网络等，是 BIM 项目经理在 BIM IT 应用人员支持下需要具备的能力
5	BIM 项目管理能力	指按要求管理协调 BIM 项目团队实现 BIM 应用目标的能力，包括确定项目的具体 BIM 应用、项目团队建立和培训等，是 BIM 项目经理需要具备的能力
6	BIM 业务集成能力	指把 BIM 应用和企业业务目标集成的能力，包括确认 BIM 对企业的业务价值、BIM 投资回报计算评估、新业务模式的建立等，是 BIM 战略总监需要具备的能力

通过对岗位能力的要求及培养目标要求分析，BIM 专业人才能力具体要求如图 2-4 所示。

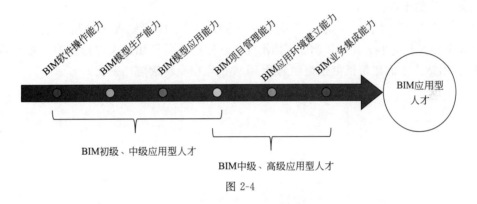

图 2-4

通过图 2-4 可以看出，各 BIM 人才的培养应从低到高进行梯次提升，从会软件、会建模到会应用，是通过项目实践应用后逐步发展到能够进行业务集成的高级 BIM 管理人员，是量变到质变的过程。

2.2.3　人才培养现状及方向

（1）企业的 BIM 人才培养现状　目前主要有以下 BIM 认证考核组织。

① 中国图学学会及国家人力资源和社会保障部联合颁发：一级 BIM 建模师、二级 BIM 高级建模师（区分专业）、三级 BIM 设计应用建模师（区分专业基础之上偏重模型的具体分析）。

② 中国建设教育协会单独机构颁发：一级 BIM 建模师、二级专业 BIM 应用师（区分专业）、三级综合 BIM 应用师（拥有建模能力包括与各个专业的结合、实施 BIM 流程、制定 BIM 标准、多方协同等，偏重于 BIM 在管理上的应用）。

③ 工业和信息化部电子行业职业技能鉴定指导中心和北京绿色建筑产业联盟联合举办：BIM 建模技术、BIM 项目管理、BIM 战略规划考试。

④ ICM 国际建设管理学会颁发：BIM 工程师、BIM 项目管理总监。

（2）高校的 BIM 人才培养现状　BIM 技术和概念如此日新月异的发展，负责人才培养的教育和培训事业面临着很大的挑战，也是很大的机遇。鉴于中国快速的大规模的城镇化和行业管理的一体化系统，中国 BIM 应用增长的曲线会更陡高。随着中国 BIM 应用高峰的日渐临近，人才的培养需求已经迫在眉睫。

（3）高校 BIM 人才培养的方向　通过前文行业用人需求分析及 BIM 岗位人才能力分析可知，高校 BIM 人才培养应当从以下三个方向进行。

BIM 标准人才：做标准研究的 BIM 人才。

BIM 工具人才：做工具研制的 BIM 人才。

BIM 应用人才：应用 BIM 支持本人专业分工的人才。

同时，结合行业 BIM 岗位需求分析，BIM 应用人才应该是高校人才培养的重中之重。

BIM 专业应用人才，简单描述就是应用 BIM 支持和完成工程项目生命周期过程中各种专业任务的专业人员，包括业主和开发商里面的设计、施工、成本、采购、营销管理人员，设计机构里面的建筑、结构、给排水、暖通空调、电气、消防、技术经济等设计人员，施工企业里面的项目管理、施工计划、施工技术、工程造价人员，物业运维机构里面的运营、维护人员，以及各类相关组织里面的专业 BIM 应用人员等。在整个 BIM 人才结构中，BIM 专业应用人才数量最大、覆盖面最广、最终实现 BIM 业务价值的贡献也最大，也是各高校 BIM 人才培养的重点。

由此可见，高校本阶段人才培养应集中在初级 BIM 应用型人才的培养上。本书基于 BIM 机电建模应用，利用 Revit MEP BIM 机电软件进行项目化建模应用操作，重点培养初级 BIM 应用型人才的建筑机电模型创建及 BIM 机电模型后续应用拓展能力。

第3章

BIM建模应用概述

3.1 BIM 与模型信息

3.1.1 信息的特性

在进行信息提交的过程中，需要对信息的以下三个主要特性进行定义。

3.1.1.1 状态

状态：定义提交信息的版本。随着信息在项目中流动，其状态通常是在一定的机制控制下变化的。例如，同样一个图形，开始时的状态是"发布供审校用"，通过审校流程后，授权人士可以把该图形的状态修改为"发布供施工用"，最终项目结束以后将更新为"竣工图"。定义今后要使用的状态术语是标准化工作要做的第一步。对于每一组信息来说，界定其提交的状态是必须要做的事情，很多重要的信息在竣工状态都是需要的。另外一个应该决定的事情是该信息是否需要超过一个状态，例如"发布供施工用"和"竣工图"等。

3.1.1.2 类型

类型：定义该信息提交后是否需要被修改。信息有静态和动态两种类型，静态信息代表项目过程中的某个时刻，而动态信息需要被不断更新以反映项目的各种变化。当静态信息创建完成以后就不会再变化了，这样的例子包括许可证、标准图、技术明细以及检查报告等，后续也许还会有新的检查报告，但不会是原来检查报告的修改版本。动态信息比静态信息需要更正式的信息管理，通常其访问频度也比较高，无论是行业规则还是质量系统都要求终端用户清楚了解信息的最新版本，还应该维护信息的历史版本。动态信息的例子包括平面布置、工作流程图、设备数据表、回路图等。当然，根据定义，所有处于设计周期之内的信息都是动态信息。

信息主要可分为静态、动态不需要维护历史版本、动态需要维护历史版本、所有版本都需要维护、只维护特定数目的前期版本等五种类型。

3.1.1.3 保持

保持：定义该信息必须保留的时间。所有被指定为需要提交的信息都应该有一个业务用途，当该信息缺失的时候，会对业务产生后果，这个后果的严重性和发生后果的经常性是衡量该信息的重要性以及确定应该投入多大努力及费用保证该信息可用的主要指标。从另一方面考虑，如果由于该信息不可用并没有产生什么后果的话，就得认真考虑为什么要把这个信息包括在提交要求里面了。当然法律法规可能会要求维护并不具有实际操作价值的信息。

3.1.2　项目全生命周期信息

美国标准和技术研究院根据工程项目信息使用的有关资料，把项目的生命周期划分为以下 6 个阶段。

3.1.2.1　规划和计划阶段

规划和计划是由物业的最终用户发起的，这个最终用户未必一定是业主。这个阶段需要的信息是最终用户根据自身业务发展的需要对现有设施的条件、容量、效率、运营成本和地理位置等要素进行评估，以决定是否需要购买新的物业或者改造已有物业。这个分析既包括财务方面的，也包括物业实际状态方面的。如果决定需要启动一个建设或者改造项目，下一步就是细化上述业务发展对物业的需求，这也是开始聘请专业咨询公司（建筑师、工程师等）的时间点，这个过程结束以后，设计阶段就开始了。

3.1.2.2　设计阶段

设计阶段是把规划和计划阶段的需求转化为对这个设施的物理描述。从初步设计到施工图的设计是一个变化的过程，是建设产品从粗糙到细致的过程，在这个进程中需要对设计进行必要的管理，从性能、质量、功能、成本到设计标准、规程，都需要去管控设计阶段创建的大量信息，是物业生命周期所有后续阶段的基础。相当数量的专业人士在这个阶段介入设计过程，其中包括建筑师、土木工程师、结构工程师、机电工程师、室内设计师、预算造价师等，而且这些专业人士可能分属于不同的机构，因此他们之间的实时信息共享非常关键。

传统情形下，影响设计的主要因素包括设施计划、建筑材料、建筑产品和建筑法规，其中建筑法规包括土地使用、环境、设计规范、试验等。近年来，施工阶段的可建性和施工顺序问题，制造业的车间加工和现场安装方法，以及精益施工体系中的"零库存"设计方法被越来越多地引入设计阶段。

设计阶段的主要成果是施工图和明细表，典型的设计阶段通常在进行施工承包商招标的时候结束，但是对于 DB/EPC/IPD 等项目实施模式来说，设计和施工是两个连续进行的阶段。

3.1.2.3　施工阶段

施工阶段是让对设施的物理描述变成现实的阶段。施工阶段的基本信息是设计阶段创建的描述将要建造的那个设施的信息，传统上通过图纸和明细表进行传递。施工承包商在此基础上增加产品来源、深化设计、加工、安装过程、施工排序和施工计划等信息。设计图纸和明细表的完整和准确是施工能够按时、按造价完成的基本保证。大量的研究和实践表明，富含信息的三维数字模型可以改善设计交给施工的工程图纸文档的质量、完整性和协调性。而使用结构化信息形式和标准信息格式可以使得施工阶段的应用软件，例如数控加工、施工计划软件等，直接利用设计模型。

3.1.2.4　项目交付和试运行阶段

当项目基本完工、最终用户开始入住或使用设施的时候，交付就开始了，这是由施工向运营转换的一个相对短暂的时间，但是通常这也是从设计和施工团队获取设施信息的最后机会。正是由于这个原因，从施工到交付和试运行的这个转换点被认为是项目生命周期最关键的节点。

（1）项目交付　项目交付即业主认可施工工作、交接必要的文档、执行培训、支付保留款、完成工程结算。主要的交付活动包括：建筑和产品系统启动、发放入住授权、设施开始使用、业主给承包商准备竣工查核事项表、运营和维护培训完成、竣工计划提交、保用和保修条款开始生效、最终验收检查完成、最后的支付完成和最终成本报告和竣工时间表生成。

虽然每个项目都要进行交付，但并不是每个项目都进行试运行的。

（2）项目试运行　试运行是一个确保和记录所有的系统和部件都能按照明细和最终用户要求以及业主运营需要执行其相应功能的系统化过程。随着建筑系统越来越复杂，承包商越来越趋于专业化，传统的开启和验收方式已经被证明是不合适的了。

3.1.2.5　项目运营和维护阶段

运营和维护阶段的信息需求包括设施的法律、财务和物理等方面。物理信息来源于交付和试运行阶段，如设备和系统的操作参数，质量保证书，检查和维护计划，维护和清洁用的产品、工具、备件。法律信息包括出租、区划和建筑编号、安全和环境法规等。财务信息包括出租和运营收入、折旧计划、运维成本。此外，运维阶段也产生自己的信息，这些信息可以用来改善设施性能，以及支持设施扩建或清理的决策。运维阶段产生的信息包括运行水平、满住程度、服务请求、维护计划、检验报告、工作清单、设备故障时间、运营成本、维护成本等。

运营和维护阶段的信息的使用者包括业主、运营商（包括设施经理和物业经理）、住户、供应商和其他服务提供商等。

另外，还有一些在运营和维护阶段对设施造成影响的项目，例如住户增建、扩建改建、系统或设备更新等，每一个这样的项目都有自己的生命周期、信息需求和信息源，实施这些项目最大的挑战就是根据项目变化来更新整个设施的信息库。

3.1.2.6　清理阶段

设施的清理有资产转让和拆除两种方式。

资产转让需要的关键信息包括财务和物理性能数据，如设施容量、出租率、土地价值、建筑系统和设备的剩余寿命、环境整治需求等。

拆除需要的信息包括材料数量和种类、环境整治需求、设备和材料的废品价值、拆除结构所需要的能量等，这里的有些信息需求可以追溯到设计阶段的计算和分析工作。

3.1.3　信息的传递与作用

美国标准和技术研究院（NIST-National Instituite of Standards and Technology）在"信息互用问题给固定资产行业带来的额外成本增加"的研究中对信息互用定义如下："协同企业之间或者一个企业内设计、施工、维护和业务流程系统之间管理和沟通电子版本的产品和项目数据的能力"。

信息的传递的方式主要有双向直接、单向直接、中间翻译和间接互用这四种方式。

（1）双向直接互用　双向直接互用即两个软件之间的信息可相互转换及应用。这种信息互用方式效率高、可靠性强，但是实现起来也受到技术条件和水平的限制。

BIM建模软件和结构分析软件之间信息互用是双向直接互用的典型案例。在建模软件中可以把结构的几何、物理、荷载信息都建立起来，然后把所有信息都转换到结构分析软件中进行分析，结构分析软件会根据计算结果对构件尺寸或材料进行调整以满足结构安全需要，最后再把经过调整修改后的数据转换回原来的模型中去，合并后形成新的BIM模型。实际工作中在条件允许的情况下，应尽可能选择双项目信息互用方式。双向直接互用举例如图3-1所示。

（2）单向直接互用　单向直接互用即数据可以从一个软件输出到另外一个软件，但是不能转换回来。典型的例子是BIM建模软件和可视化软件之间的信息互用，可视化软件利用BIM模型的信息做好效果图以后，不会把数据返回到原来的BIM模型中去。

单向直接互用的数据可靠性强，但只能实现一个方向的数据转换，这也是实际工作中建议优先选择的信息互用方式。单向直接互用举例如图3-2所示。

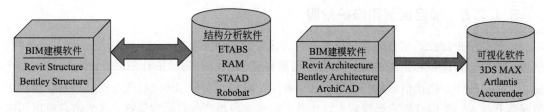

图3-1　双向直接互用图　　　　　　图3-2　单向直接互用图

（3）中间翻译互用　中间翻译互用即两个软件之间的信息互用需要依靠一个双方都能识别的中间文件来实现。这种信息互用方式容易引起信息丢失、改变等问题，因此在使用转换以后的信息以前，需要对信息进行校验。

例如，DWG是目前最常用的一种中间文件格式，典型的中间翻译互用方式是设计软件和工程算量软件之间的信息互用，算量软件利用设计软件产生的DWG文件中的几何属性信息，进行算量模型的建立和工程量统计。其信息互用的方式举例如图3-3所示。

（4）间接互用　信息间接互用即通过人工方式把信息从一个软件转换到另外一个软件，有时需要人工重新输入数据，或者需要重建几何形状。

根据碰撞检查结果对BIM模型的修改是一个典型的信息间接互用方式，目前大部分碰撞检查软件只能把有关碰撞的问题检查出来，而解决这些问题则需要专业人员根据碰撞检查报告在BIM建模软件里面人工调整，然后输出到碰撞检查软件里面重新检查，直到问题彻底更正（图3-4）。

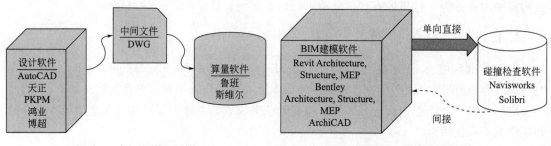

图3-3　中间翻译互用图　　　　　　图3-4　间接互用图

3.2 BIM 机电模型全过程应用流程

随着 BIM 技术的快速发展和基于 BIM 技术的工具软件的不断完善，BIM 技术正逐渐被中国工程界人士认识与应用。BIM 技术的应用也正给建筑行业带来新的机遇和挑战，基于 BIM 技术的工程量计算及后续的基于 BIM 模型的施工管理也正在业内悄然兴起。随着 BIM 技术的普及和深度应用，将设计阶段的 BIM 模型导入 BIM 算量软件及 BIM 5D 等系列软件中进行基于 BIM 全过程项目管理已成为必然趋势。

目前，为打通 BIM 机电设计模型到 BIM 安装算量的模型应用，引用市场用得比较多的且技术相对比较成熟的 BIM 贯通应用案例。机电模型可以利用 Revit MEP 建模软件，在 Revit MEP 建模软件和广联达 BIM 安装算量软件中通过模型搭建规则，顺利实现了机电设计模型向安装算量模型的百分百承接，能够使得同一模型在三种软件中（Revit MEP，广联达 BIM 安装算量及 BIM 5D）保持一致，准确传递模型信息，实现机电工程国标算量及施工精细化综合管理。

基于 BIM 机电模型拓展深化应用流程图如图 3-5 所示。

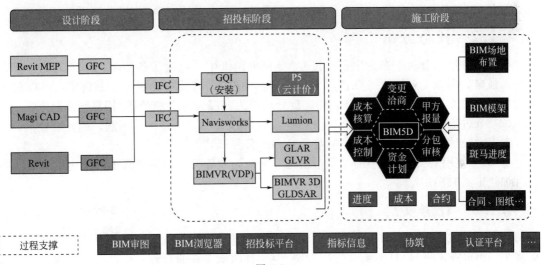

图 3-5

第4章

机电BIM建模前期准备

4.1 拆分图纸

4.1.1 任务说明

打开 CAD 软件，根据提供的专用宿舍楼图纸，完成专用宿舍楼 CAD 底图的拆分。

4.1.2 任务分析

（1）业务层面分析　在专用宿舍楼 CAD 机电图纸中，包含了各层给排水、消防、暖通空调、强电、弱电专业图纸。在使用 Revit 搭建机电模型时需要分层分专业建模，所以在建模前需要先对 CAD 图纸进行拆分处理，拆分结果为分层分专业的单张 CAD 图纸。

（2）软件层面分析

① 学习使用 CAD 软件中的"写块"命令拆分图纸。

② 学习使用 CAD 软件中的"图形清理"命令，删除拆分好的图形中的未使用的命名项目（如块定义和图层）。

4.1.3 任务实施

本项目涉及给排水、消防、通风空调、采暖、电气专业，按分层分专业拆分图纸后会形成多个 .dwg 格式的 CAD 图纸文件，为便于 CAD 图纸文件的管理，可以通过新建项目管理文件夹体系的方式对拆分的 CAD 图纸进行分专业管理，下面以《BIM 算量一图一练 安装工程》（以下简称《BIM 算法一图一练》）中的专用宿舍楼项目为例，讲解创建项目管理文件夹体系的操作步骤。

（1）在电脑任意存储盘符路径下（目前演示创建在 F 盘）新建一个"专用宿舍楼项目模型"文件夹，在该文件夹下新建"处理后 CAD 图纸"文件夹，在"处理后 CAD 图纸"文件夹中分别新建"给排水专业图纸""暖通专业图纸""电气专业图纸"三个文件夹，如图 4-1、图 4-2 所示。

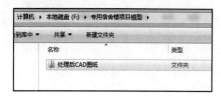

图 4-1

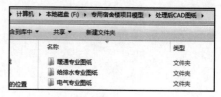

图 4-2

（2）找到"专用宿舍楼给排水.dwg"图纸，双击打开，在打开的"专用宿舍楼给排水.dwg"图纸中找到并框选"一层给排水平面图"，如图4-3所示。在CAD下方命令行输入"W"，按Enter键确认后出现"写块"窗口，如图4-4、图4-5所示。

【注意】"W"为CAD写块快捷键命令，全拼为"WBLOCK"。

（3）在"写块"窗口"目标"位置点击右侧按钮，设置文件名和路径，如图4-6所示。

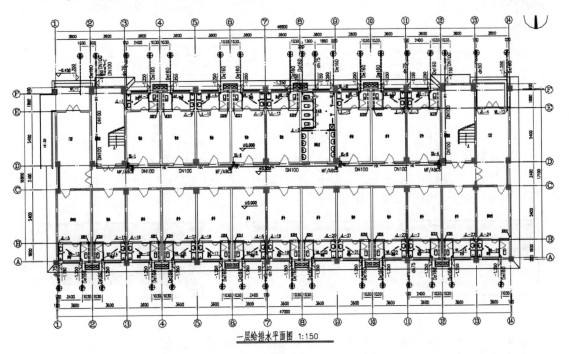

图 4-3

图 4-4

图 4-5

图 4-6

在出现的"浏览图形文件"窗口"保存于"位置点击下拉菜单选择到路径"F:\专用宿舍楼项目模型\处理后CAD图纸\给排水专业图纸"，在下方文件名位置命名图纸为"一层给排水平面图"，设定完成后点击"保存"按钮回到"写块"窗口，如图4-7所示。

（4）在"写块"窗口"目标"位置"插入单位"设置下拉选择为"毫米"，设置完成后点击"确定"按钮，完成"一层给排水平面图"图纸的拆分，如图4-8所示。

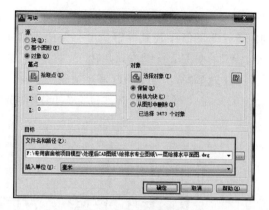

图 4-7   图 4-8

（5）打开路径"F:\专用宿舍楼项目模型\处理后 CAD 图纸"中"给排水专业图纸"文件夹，可看到保存好的"一层给水平面图.dwg"图纸，如图 4-9 所示。

（6）打开"一层给排水平面图.dwg"图纸，对图纸中对应的垃圾图层、线型进行清理，图形清理快捷键为"PU"（图 4-10）。

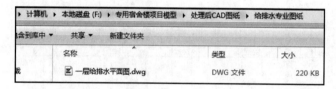

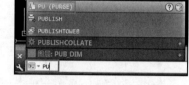

图 4-9   图 4-10

在 CAD 下方命令行输入"PU"按 Enter 键确认后出现"清理"窗口，勾选"确认要清理的每个项目"和"清理嵌套项目"后点击"全部清理"，如图 4-11 所示。在点击"全部清理"清理完成后"全部清理"按钮应该显示为灰色。如图 4-12 所示，如果"全部清理"按钮为亮显，则表示图形未完全清理，需要继续点击直到图形完全清理。

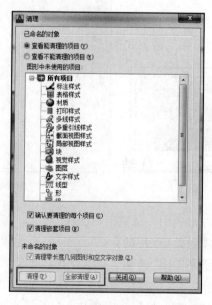

图 4-11   图 4-12

（7）在点击全部清理后，此时有的图纸有可能会出现如图 4-13 所示窗口，点击"全部是（A）"即可，如果没有出现则继续下一步操作即可。

（8）保存清理后的图纸。单击 Revit 左上角快速访问栏上"保存"功能保存图纸。

（9）其他专用宿舍楼图纸拆分的方法可参见上述操作，最终结果如图 4-14～图 4-16所示。

图 4-13

图 4-14

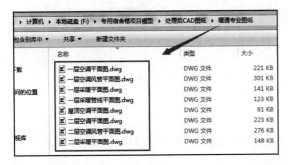

图 4-15

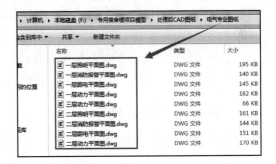

图 4-16

本节主要讲解了通过 CAD 软件中"写块"命令对 CAD 图纸进行拆分并分类保存的方法，在实际拆分图纸操作中，除了使用"写块"命令对图纸进行拆分以外，还可以使用"复制"、"粘贴"的方式进行拆分。具体操作步骤为：在 CAD 软件中新建 CAD 空白图纸，然后选中需要拆分出来的图形（如"一层给排水平面图"），使用"Ctrl＋C"复制的方式将图形复制出来，然后打开新建的空白 CAD 图纸，使用"Ctrl＋V"将复制出的图形粘贴到新建的空白 CAD 图纸中，清理（PU）无用数据后，保存该 CAD 图纸到对应的专业文件夹目录下即可。

4.1.4　总结扩展

（1）步骤总结　上述 CAD 软件拆分图纸的操作步骤主要分为两步。第一步：使用"写块"命令将图形保存到指定路径下（包含保存路径的设置和图形保存单位的设置）；第二步：清理图形中未使用的命名项目（如块定义和图层）。按照本操作流程读者可以完成专用宿舍楼项目给排水、暖通、电气专业的 CAD 图纸拆分。

（2）业务扩展　在创建项目管理文件夹体系中的各专业文件夹时，具体文件夹数量和专业划分可根据机电项目的体量大小、楼层数量和复杂程度决定。本项目为两层宿舍楼项目，涉及的机电专业和楼层数较少，因此将给排水图纸和消防喷洒图纸放到了同一个专业文件夹"给排水专业图纸"下。如果读者在做其他项目时，则需要根据项目体量的大小分别创建给排水专业和消防专业文件夹。暖通和电气专业同理。

4.2 创建标高

4.2.1 任务说明

打开 Revit 软件，新建"专用宿舍楼机电模型"项目文件，根据提供的专用宿舍楼图纸，完成专用宿舍楼标高体系的创建。

4.2.2 任务分析

（1）业务层面分析 Revit 中标高用于反映模型构件在高度方向上的定位情况，在机电项目建模中不仅要保证机电各专业模型参照标高一致，还需要保证和建筑、结构专业标高体系一致。因此在机电专业建模前需要先在项目中新建一套统一的标高体系，在创建标高时应参照建筑、结构专业图纸或项目已有模型中的标高。

（2）软件层面分析

① 学习使用"标高"命令创建标高。

② 学习使用"复制/监视"命令复制建筑模型中的标高来创建标高。

4.2.3 任务实施

Revit 保存项目文件之后，可以进行标高体系的创建。Revit 中标高用于反映建筑构件在高度方向上的定位情况。在创建机电专业标高时，可以直接使用 Revit 软件提供的"标高"工具创建标高对象，也可以使用"复制/监视"工具复制建筑或结构模型中的标高。下面以《BIM算量一图一练》中的专用宿舍楼项目为例，讲解两种创建标高方法的操作步骤。

（1）方法一：根据专用宿舍楼项目图纸中的标高参数使用"标高"工具创建标高对象。

① 新建"专用宿舍楼机电模型"项目文件。打开 Revit 软件，在左侧"项目"位置点击"新建"，在出现的"新建项目"窗口"样板文件"位置选择"机械样板"，点击"确定"，新建一个项目文件，如图 4-17、图 4-18 所示。

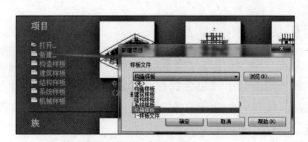

图 4-17

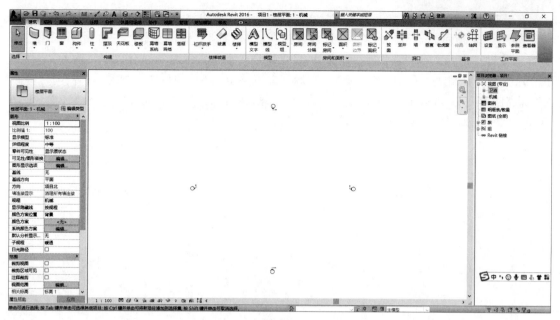

图 4-18

　　② 单击 Revit 左上角快速访问栏上的"保存"功能，保存项目文件。在"另存为"窗口中的"保存于"位置，点击下拉菜单，选择到路径"F:\专用宿舍楼项目模型"，在下方"文件名"位置命名为"专用宿舍楼机电模型"，设置完成后点击"保存"，完成项目文件的保存，如图 4-19 所示。打开"F:\专用宿舍楼项目模型"文件夹，可以看到一个文件格式为 .rvt 的"专用宿舍楼机电模型"项目文件，如图 4-20 所示。

　　③ 进入立面视图。在"项目浏览器"中展开"机械"视图类别，在"暖通→立面（建筑立面）"中双击"南-机械"视图名称，切换至南立面视图，在绘图区域显示项目样板中设置的默认标高：标高 1 与标高 2，且标高 1 标高为 ±0.000m，标高 2 标高为 4.000m，如图 4-21 所示。

图 4-19

图 4-20

图 4-21

④ 对原有标高体系修改。根据"给水系统图"（水施-02）中建筑层高信息进行标高创建，如图4-22所示。单击"标高2"选择该标高，"标高2"高亮显示，鼠标单击"标高2"标高值位置，进入文本编辑状态，按Delete键删除文本编辑框内的原有数字，输入"3.6"，按Enter键确认输入。Revit将"标高2"标高向下移至3.6m的位置，同时该标高与"标高1"标高距离变为3600mm，鼠标单击"标高2"标高名称，将"标高2"改为"2F"，重复操作，将"标高1"改为"1F"，如图4-23所示。

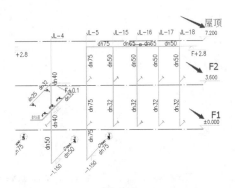

图 4-22

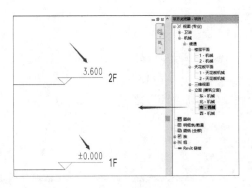

图 4-23

⑤ 绘制新标高的基础设置。单击"建筑"选项卡"基准"面板中的"标高"工具，Revit自动切换至"修改|放置 标高"上下文选项。确认"绘制"面板中标高的生成方式为"直线"，确认选项栏中已经勾选"创建平面视图"，设置"偏移量"为"0"。单击选项栏中的"平面视图类型"按钮，打开"平面视图类型"窗口，在视图类型列表中选择"楼层平面"，单击"确定"按钮退出窗口。这样将在绘制标高时自动为标高创建与标高同名的楼层平面视图，如图4-24～图4-27所示。

图 4-25

图 4-24

图 4-26

图 4-27

⑥ 绘制新标高。绘制标高状态下，在"属性"窗口选择标高类型为"标高上标头"，鼠标移动至标高"2F"上方任意位置，鼠标指针显示绘制状态，并在指针与标高"2F"间显示临时尺寸标注，指示指针位置与标高"2F"的距离（注意临时尺寸的长度单位为mm）。移动鼠标指针，当指针与标高"2F"端点对齐时，Revit将捕捉已有标高端点并显示端点对

齐虚线,单击鼠标左键,确定为标高起点,如图 4-28 所示。

⑦ 沿水平方向向右移动鼠标,在指针与起点间绘制标高。适当缩放视图,当指针移动至已有标高右侧端点位置时,Revit 将显示端点对齐位置,单击鼠标左键完成标高绘制。Revit 将自动命名该标高为"1G",并根据与标高"2F"的距离自动计算标高值。按两次 Esc 键,退出标高绘制模式。在"项目浏览器"中,楼层平面视图中自动建立"1G"楼层平面视图。单击标高"1G",Revit 在标高

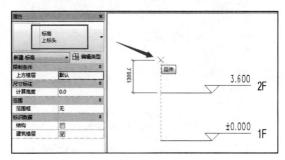

图 4-28

"1G"与标高"2F"之间显示临时尺寸标注,修改临时尺寸标注值为"3.600",Enter 键确认输入,Revit 将自动调整标高"1G"的位置,同时修改标高值为 7.200,如图 4-29 所示。

⑧ 选中标高名称"1G",修改标高名称为"屋面",按 Enter 键确认输入后会出现"是否希望重命名相应视图"的提示窗口,选择"是(Y)",如图 4-30 所示。至此完成创建标高的操作,完成后的标高体系如图 4-31 所示。

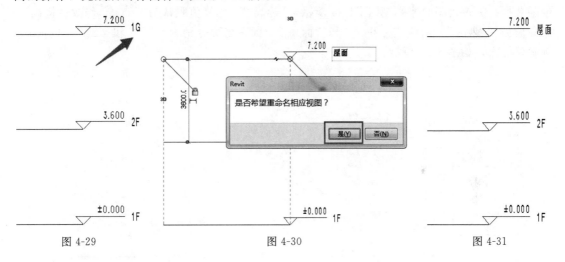

图 4-29　　　　　　　　　　　图 4-30　　　　　　　　　　　图 4-31

⑨ 单击 Revit 左上角快速访问栏上的"保存"功能,保存项目文件。

(2) 方法二:使用"复制/监视"工具创建标高对象(基于新创建的空白 Revit 机电项目文件)。

① 新建"专用宿舍楼机电模型"项目文件。重复方法一中的步骤①、②。

② 打开"专用宿舍楼机电模型"项目文件,单击"插入"选项卡"链接"面板中的"链接 Revit"工具,在"导入/链接 RVT"窗口选择教材提供的"专用宿舍楼建筑模型"项目文件,下方的"定位"选择"自动-原点到原点",单击"打开",将"专用宿舍楼建筑模型"链接到"专用宿舍楼机电模型"项目文件中,如图 4-32~图 4-34 所示。

图 4-32

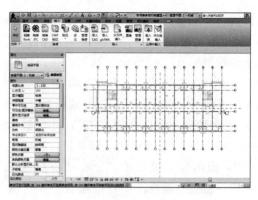

图 4-33　　　　　　　　　　　　　　图 4-34

　　③ 进入立面视图。在"项目浏览器"中展开"机械"视图类别，在"暖通→立面（建筑立面）"中双击"南-机械"视图名称，切换至南立面视图，在该视图下可以看到当前Revit 项目文件自带的标高和链接进来的建筑模型项目的标高，如图 4-35 所示。

　　④ 点击鼠标左键，选中 Revit 自带标高（标高2），移动鼠标左键放置在"标高2"端点位置，按住鼠标左键向右拖拽，标高端点与建筑模型标高端点对齐后松开鼠标左键（标高1也随着标高2拖动了过来），如图 4-36 所示。"标高2"标高值默认为 4.000，修改"标高2"标高值为"3.600"，修改"标高1"和"标高2"标高名称分别为"1F"和"2F"，按 Enter键确认输入，如图 4-37 所示。

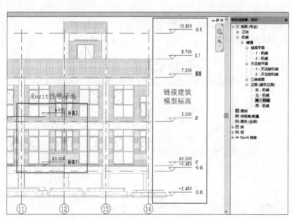

图 4-35

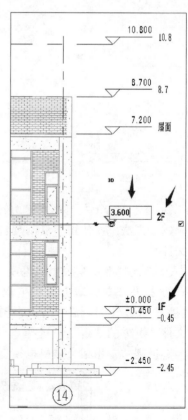

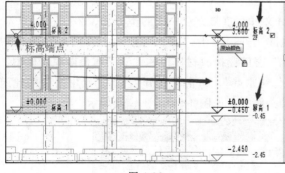

图 4-36　　　　　　　　　　　　　　图 4-37

⑤ 单击"协作"选项卡"坐标"面板中的"复制/监视"下拉选项中的"选择链接"工具，如图4-38所示。在"南-机械"立面视图下选择链接的"专业宿舍楼建筑模型"后，Revit菜单会自动切换到"复制/监视"选项卡下，在"复制/监视"选项卡下单击"复制"工具，在选项栏位置勾选"多个"，如图4-39所示。移动鼠标到平面视图"专用宿舍楼建筑模型"右下角，按住鼠标左键向左上角移动框选"专业宿舍楼建筑模型"中的"屋面"、"8.7"、"10.8"标高，如图4-40所示。依次单击选项栏位置"完成"和菜单栏位置"完成"命令，完成操作，如图4-41、图4-42所示。

⑥ 修改标高标头样式。由图4-42中可知，通过"复制/监视"功能创建的标高标头与"专用宿舍楼建筑模型"中标高标头不同，可以通过"属性"窗口进行修改，使用Ctrl＋鼠标左键的方式，按下Ctrl键，移动鼠标，单击鼠标左键，依次选中"屋面"、"8.7"、"10.8"3个标高后，在"属性"窗口选择"标高上标头"，如图4-43所示。

图 4-38

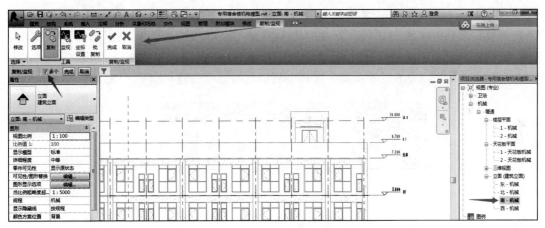

图 4-39

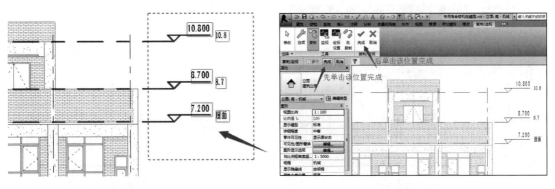

图 4-40　　　　　　　　　　　　　　　　　图 4-41

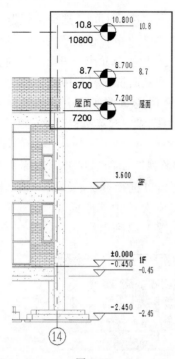

图 4-42   图 4-43

⑦ 删除"专用宿舍楼建筑模型"项目链接。单击"插入"选项卡"链接"面板中的"管理链接"工具，如图 4-44 所示，在"管理链接"窗口"Revit"页签下选择"专用宿舍楼建筑模型.rvt"，单击"删除"，将"专用宿舍楼建筑模型"链接删除，点击"确定"，如图 4-45 所示。至此，完成"专用宿舍楼机电模型"的标高创建，如图 4-46 所示。

图 4-44

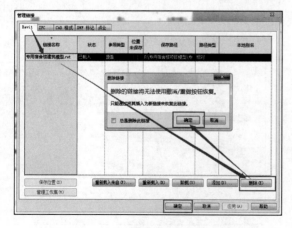

图 4-45

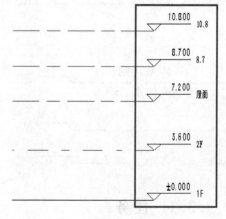

图 4-46

⑧ 生成楼层平面视图。需要注意，使用"复制/监视"功能创建的标高在"项目浏览器"平面视图列表中并未生成相对应的楼层平面视图，Revit 以黑色标高标头显示没有生成平面视图类型的标高。需要单击"视图"选项卡"创建"面板中的"平面视图"下拉选项中的"楼层平面"工具，打开"新建楼层平面"窗口，选中"屋面"，点击"确定"按钮关闭窗口，如图 4-47 所示。此时，"项目浏览器"中"机械"视图类别下的"暖通→楼层平面"中出现新创建的视图，当前默认视图切换到"首层"。双击"南-机械"回到南立面视图，可以看到使用"复制/监视"功能创建的标高的标头中"屋面"标高与 1F、2F 标高标头颜色一致，如图 4-48 所示。

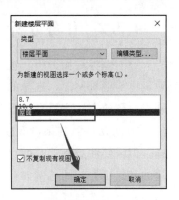

图 4-47

⑨ 单击 Revit 左上角快速访问栏上的"保存"功能，保存项目文件。

4.2.4　总结扩展

（1）步骤总结　上述 Revit 软件创建标高体系的操作共有两种方法。

方法一：操作步骤主要分为三步。第一步，新建并保存"专用宿舍楼机电模型"项目文件；第二步，在"南-机械"立面视图中绘制标高；第三步，修改标高名称和标高值。按照本操作流程，读者可以完成专用宿舍楼项目标高体系的创建。

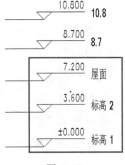

图 4-48

方法二：操作步骤主要分为六步。第一步，新建并保存"专用宿舍楼机电模型"项目文件；第二步，链接"专用宿舍楼建筑模型"项目文件；第三步，在"南-机械"立面视图中使用"复制/监视"功能复制"专用宿舍楼建筑模型"项目中的标高；第四步，修改复制过来的标高名称；第五步，删除"专用宿舍楼建筑模型"链接文件；第六步，创建相应标高平面视图。按照本操作流程，读者可以完成专用宿舍楼项目标高体系的创建。

（2）业务扩展　标高体系要建立完整，不宜反复修改。Revit 软件通过标高来确定建筑构件的高度和空间位置。所以在建立标高体系时，需要对项目图纸进行全面阅读，尽量保持标高体系完整且实用。建议按层建立标高，若单一楼层出现标高不一或降板情况，建议选择大多数构件统一的标高作为本层标高，其他少数标高可以进行标高数值返算。

本节主要讲解了两种创建项目标高的方法，在实际做项目时，如果建筑、结构专业已经创建好标高体系，则优先使用"复制/监视"工具复制建筑、结构模型中的标高体系创建机电模型的标高体系。本专用宿舍楼项目中机电模型涉及的标高比较少，因此在"专用宿舍楼机电模型"标高创建过程中，也可以使用绘制标高的方式创建标高体系。

4.3　创建轴网

4.3.1　任务说明

打开 Revit 软件，根据提供的专用宿舍楼图纸或已有专用宿舍楼建筑模型，完成专用宿舍楼机电专业轴网体系的创建。

4.3.2　任务分析

（1）业务层面分析　机电专业模型搭建完成后需要和建筑结构专业模型整合，所以在创建机电专业轴网时，选择的建模基点位置必须与建筑结构模型轴网基点位置一致。保证建模基点一致的方法主要有以下两种。

① 方法一：如果没有建筑或结构专业模型，可以使用CAD图纸中的轴网进行基点的选择，但需要注意基于CAD图纸轴网选择创建基点时要确保机电、建筑、结构各专业轴网创建的基点位置相同。例如：可选取机电、建筑、结构图纸中共同有的Ⓐ轴与①轴的交点作为同一基点，选择好基点以后使用CAD移动命令把机电、建筑、结构各专业拆分后的CAD图纸中的基点移动到CAD坐标原点（0，0，0）。移动到坐标原点时，需要在英文输入法下输入坐标原点（0，0，0）并进行移动。

② 方法二：如果已有建筑或结构专业模型，则以已有建筑或结构模型的轴网为参照创建机电专业轴网。

（2）软件层面分析

① 学习使用"轴网"命令创建轴网。

② 学习使用"拾取线"方式快速创建轴网。

③ 学习使用"复制/监视"命令复制建筑模型中的轴网创建机电模型轴网。

4.3.3　任务实施

Revit创建标高后，可以进行轴网的创建。Revit中轴网用于反映建筑构件在平面布局上的位置情况，通过轴网定位可以保证模型各楼层之间、各专业之间位置的统一。在创建机电专业轴网时，可以直接使用Revit软件提供的"轴网"工具创建轴网对象，也可以使用"复制/监视"工具复制建筑或结构模型中的轴网对象来创建。下面以《BIM算量一图一练》中的专用宿舍楼项目为例，讲解两种创建轴网方法的操作步骤。

（1）方法一：根据专用宿舍楼项目图纸中轴网参数使用"轴网"工具创建轴网对象。

① 项目基点设定。打开CAD软件，在CAD软件中使用 "打开"工具打开拆分好的"一层给排水平面图.dwg"图纸，在CAD软件中全部框选"一层给排水平面图"图形，单击"常用"选项卡"修改"面板中的"移动"工具，如图4-49所示。移动鼠标到图形中Ⓐ轴与①轴的交点位置，单击鼠标左键，如图4-50所示。关闭CAD软件中的"动态输入"命令，如图4-51所示。切换输入法为英文状态，在CAD下方命令行中输入"0，0，0"后按Enter键确认，如图4-52所示。此时所选的CAD图形的Ⓐ轴与①轴交点位置便移动到了CAD坐标原点（0，0，0）位置，双击鼠标中键（滚轮）后可快速定位到移动后的CAD图形位置，保存"一层给排水平面图"图纸，最终结果如图4-53所示。

图 4-49

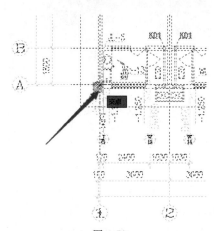

图 4-51

图 4-50

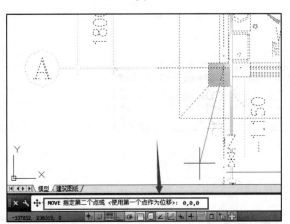

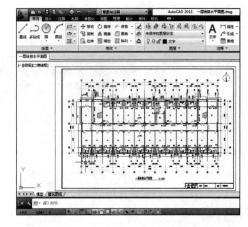

图 4-52

图 4-53

② 在 Revit 软件中打开"专用宿舍楼机电模型"项目文件,在"项目浏览器"中展开"机械"视图类别,在"暖通→楼层平面"中双击"1-机械"视图名称,切换至"1-机械"平面视图,如图 4-54 所示。在"属性"窗口点击"可见性/图形替换"中的"编辑"按钮,在"可见性/图形替换"窗口"模型类别"页签下展开"场地"类别,勾选"项目基点",如图 4-55 所示。点击"确定",最终结果如图 4-56 所示。

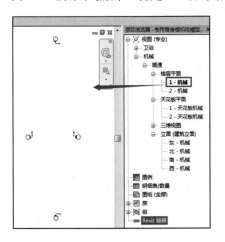

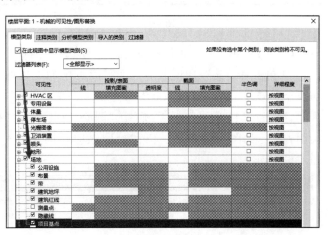

图 4-54

图 4-55

图 4-56

③ 单击"插入"选项卡"链接"面板中的"链接 CAD"工具，如图 4-57 所示。在"链接 CAD 格式"窗口选择确定好基点的"一层给排水平面图.dwg"图纸，勾选"仅当前视图"，设置导入单位"毫米"，定位"自动-原点到原点"，如图 4-58 所示。单击"打开"后查看链接到平面视图的 CAD 图纸，可看到 CAD 图纸①轴与Ⓐ轴交点与 Revit 平面视图中"项目基点"重合，如图 4-59 所示。

图 4-57

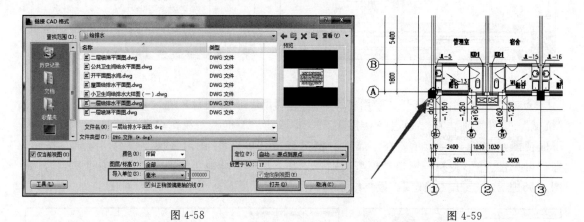

图 4-58   图 4-59

【注意】Revit 软件中"项目基点"与 CAD 软件中坐标原点位置重合。

④ 单击"建筑"选项卡"基准"面板中的"轴网"工具，如图 4-60 所示。Revit 自动切换至"修改|放置 轴网"上下文选项卡。在"绘制"面板中轴网的绘制方式有五种，分别为"直线"、"起点-终点-半径弧"、"圆心-端点弧"、"拾取线"和"多段"，选择"拾取线"绘制方式，如图 4-61 所示。依次拾取纵向轴网①轴～⑭轴，如图 4-62 所示，最终结果如图 4-63 所示。

图 4-60

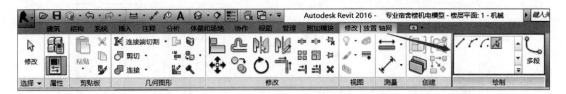

图 4-61

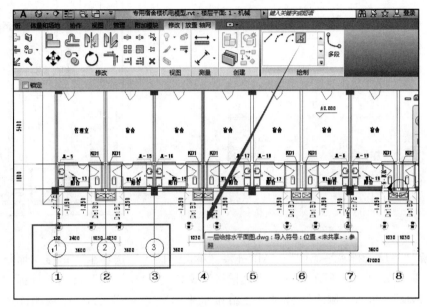

图 4-62

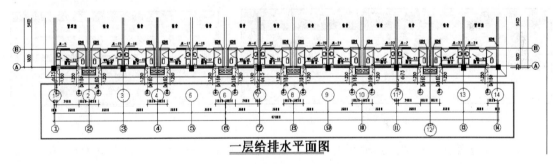

图 4-63

⑤ 继续使用"拾取线"方式，拾取横向轴网Ⓐ轴，此时自动生成的轴网编号为"15"，如图 4-64 所示（注意：Revit 中绘制轴网时，轴网编号会默认以数字 1 开始依次进行自动编号，如拾取纵向轴网时轴网编号从 1 开始自动编号到 14，拾取第一个横轴Ⓐ轴线后会继续自动生成轴"15"编号，此时可以先修改轴"15"编号为"A"后再继续拾取，后面横向轴网便会继续以字母开始继续进行编号）。单击选中横轴⑮，鼠标放置在数字"15"上，单击鼠标左键修改轴号"15"为"A"，按 Enter 确认输入，如图 4-65 所示。继续以"拾取线"的绘制方式依次拾取Ⓑ～Ⓕ轴，最终结果如图 4-66 所示。

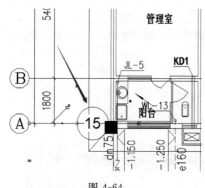

图 4-64

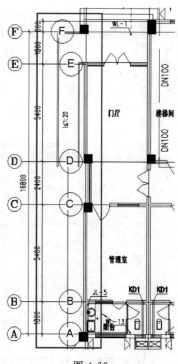

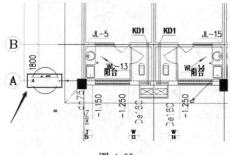

图 4-65

图 4-66

⑥ 删除"一层给排水平面图"CAD 链接。单击"插入"选项卡"链接"面板中的"管理链接"工具，如图 4-67 所示。在"管理链接"窗口"CAD 格式"页签下选择"一层给排水平面图.dwg"，单击"删除"将"一层给排水平面图.dwg"CAD 链接删除，点击"确定"，如图 4-68 所示。

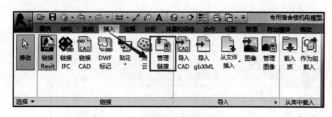

图 4-67

图 4-68

⑦ 调整立面标识符图元到轴网上、下、左、右方向，框选"东-机械"立面标识符，如图 4-69 所示。移动鼠标放置到"东-机械"立面标识符上，长按鼠标左键拖动"东-机械"立面标识符到轴网右侧位置，如图 4-70 所示。采用同样操作，将"南-机械"、"北-机械"、"西-机械"立面标识符放置到轴网下、上、左位置，最终结果如图 4-71 所示。

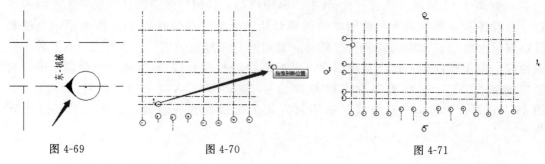

图 4-69　　　　　　　图 4-70　　　　　　　图 4-71

⑧ 编辑轴网，选中①轴，在"属性"窗口单击"编辑类型"，在"类型属性"窗口勾选"平面视图轴号端点1（默认）"，单击"确定"，如图 4-72 所示。此时平面视图中轴网两端有轴号显示，如图 4-73 所示。单击鼠标左键，选中⑤轴，移动鼠标到轴网上端点位置，长按鼠标拖拽⑤轴上端点与④轴上端点对齐位置处后有一条虚线显示，松开鼠标左键，完成轴网端点移动，如图 4-74 所示。运用此方法将纵向轴网和横向轴网两端对齐，最终结果如图 4-75 所示。

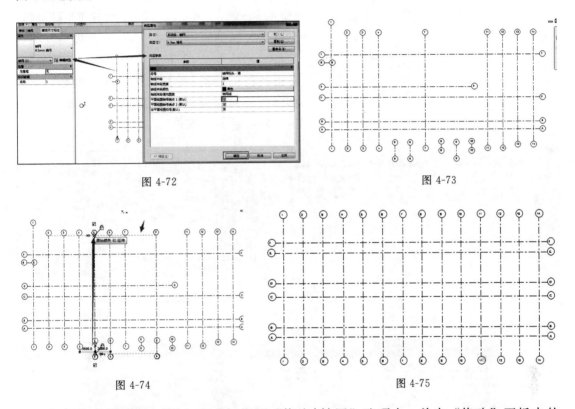

图 4-72　　　　　　　　　　　　图 4-73

图 4-74　　　　　　　　　　　　图 4-75

⑨ 框选全部轴网，Revit 自动切换至"修改|轴网"选项卡，单击"修改"面板中的"锁定"工具，将轴网锁定在平面视图中，如图 4-76 所示。保存项目文件，至此完成"专用宿舍楼机电模型"轴网的创建，如图 4-77 所示。

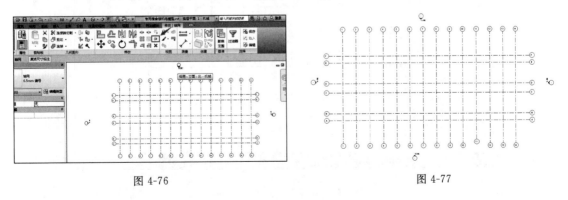

图 4-76　　　　　　　　　　　　图 4-77

（2）方法二：使用"复制/监视"工具创建轴网对象。

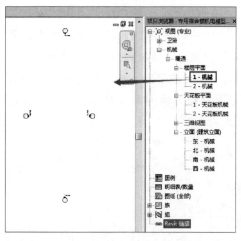

图 4-78

① 在 Revit 软件中打开"专用宿舍楼机电模型"项目文件,在"项目浏览器"中展开"机械"视图类别,在"暖通→楼层平面"中双击"1-机械"视图名称,切换至"1-机械"平面视图,如图 4-78 所示。

② 单击"插入"选项卡"链接"面板中的"链接 Revit"工具,在"导入/链接 RVT"窗口选择教材提供的"专用宿舍楼建筑模型"项目文件,下方"定位"选择"自动-中心到中心",单击"打开"将"专用宿舍楼建筑模型"链接到"专用宿舍楼机电模型"项目文件中,如图 4-79~图 4-81 所示。

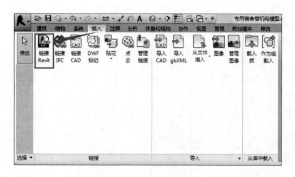

图 4-79

图 4-80

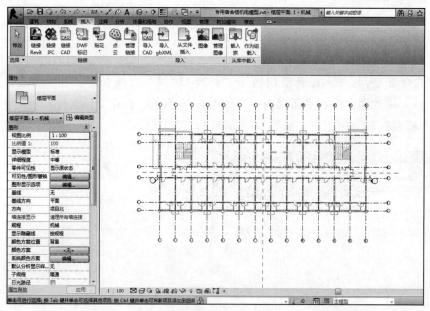

图 4-81

③ 单击"协作"选项卡"坐标"面板中的"复制/监视"下拉选项中的"选择链接"工具,如图 4-82 所示。在平面视图下选择链接的"专业宿舍楼建筑模型"后,Revit 菜单会自

动切换到"复制/监视"选项卡,在"复制/监视"选项卡下单击"复制"工具,在选项栏位置勾选"多个",如图4-83所示。移动鼠标到平面视图中"专用宿舍楼建筑模型"右下角,长按鼠标左键向左上角移动框选"专业宿舍楼建筑模型"全部内容,在选项栏位置单击"过滤选择集工具",如图4-84所示。在"过滤器"窗口只保留"轴网"勾选,其他全部取消勾选,单击"确定",如图4-85所示。移动鼠标左键依次单击选项栏位置"完成"和选项卡位置"完成"命令,完成轴网的复制,如图4-86所示。

图 4-82

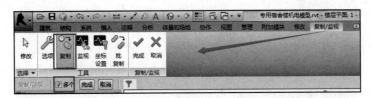

图 4-83

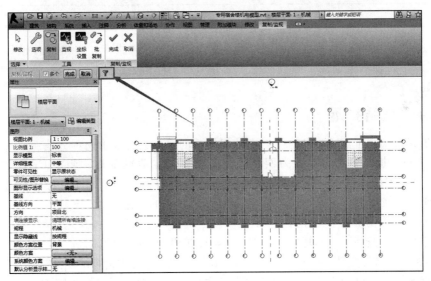

图 4-84

图 4-85

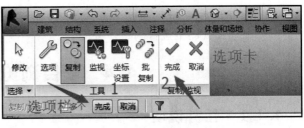

图 4-86

④ 删除"专用宿舍楼建筑模型项目"链接，单击"插入"选项卡"链接"面板中的"管理链接"工具，如图 4-87 所示。在"管理链接"窗口"Revit"页签下选择"专用宿舍楼建筑模型.rvt"，单击"删除"将"专用宿舍楼建筑模型"链接删除，点击"确定"，如图4-88 所示，轴网创建结果如图 4-89 所示。

图 4-87

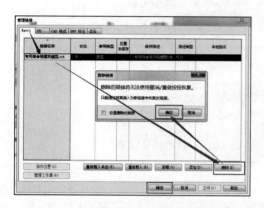

图 4-88

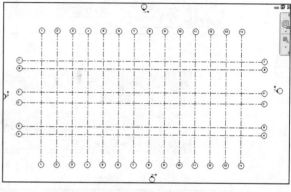

图 4-89

⑤ 框选全部轴网，Revit 自动切换至"修改|轴网"选项卡，单击"修改"面板中的"锁定"工具，将轴网锁定在平面视图中，保存项目文件，至此完成"专用宿舍楼机电模型"轴网的创建。

4.3.4　总结扩展

（1）步骤总结　上述 Revit 软件创建轴网体系的操作共有以下两种方法。

① 方法一，操作步骤主要分为四步。第一步：确定项目基点，调整 CAD 图纸；第二步：链接 CAD 图纸；第三步：绘制拾取 CAD 图纸中的轴网；第四步：编辑修改轴网。按照本操作流程，读者可以完成专用宿舍楼项目轴网体系的创建。

② 方法二，操作步骤主要分为三步。第一步：链接"专用宿舍楼建筑模型"项目文件；第二步：使用"复制/监视"工具复制"专用宿舍楼建筑模型"中轴网体系；第三步：删除"专用宿舍楼建筑模型"链接文件。按照本操作流程，读者可以完成专用宿舍楼项目轴网体系的创建。

（2）业务扩展　创建标高、轴网的顺序是先在立面视图中创建好标高体系，再到平面视图中创建轴网体系，这样才能够保证在每一个标高视图中都能看到创建的轴网，不需要后期再设定。如果先创建轴网后创建标高，则在后期新建的标高楼层视图中就有可能无法看到轴网，需要在立面视图中进行调整才可以。

4.4　项目浏览器设置

4.4.1　任务说明

在 Revit 软件中打开"专用宿舍楼机电模型"项目文件，完成"专用宿舍楼机电模型"

中"项目浏览器"各专业视图的设定。

4.4.2　任务分析

（1）业务层面分析　本项目涉及给排水、消防、通风、空调、采暖、电气等专业，通过项目浏览器设置为各专业创建不同的视图，可以在建模时保证各个专业之间相互独立，互不干扰，方便后面的模型查看及出图操作。

（2）软件层面分析

① 学习使用修改视图"子规程"的方法，对视图进行分类。

② 学习使用"复制视图"方式，复制多个平面视图和三维视图。

③ 学习使用修改视图"规程"的方法，对视图进行分类。

4.4.3　任务实施

在 Revit 中提供了"规程"和"子规程"，其中"规程"只能选择 Revit 中提供的 6 种默认规程，规程不支持用户自定义修改。"子规程"支持用户自定义修改，通过修改"子规程"的方式可以更改对应视图的所属归类。下面以《BIM算量一图一练》中的专用宿舍楼项目为例，讲解"项目浏览器"各专业视图设定的操作步骤。

（1）在"项目浏览器"中展开"卫浴"视图类别，在"卫浴→楼层平面"中选中"1-卫浴"视图名称，双击鼠标左键，切换至"1-卫浴"平面视图，选中"1-卫浴"单击鼠标右键，在右键窗口中选择"重命名"，在"重命名视图"窗口中输入"1F-给排水"，点击"确定"，如图 4-90～图 4-92 所示。

（2）在"项目浏览器"窗口中单击鼠标左键选中"1F-给排水"视图名称，在"属性"窗口"子规程"中输入"给排水"，将"1F-给排水"视图的子规程归类到"给排水"下，如图 4-93、图 4-94 所示。

（3）重复上述操作步骤，完成"2F-给排水"、"三维给排水"、"立面"视图子规程的修改，最终结果如图 4-95 所示。

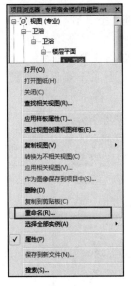

图 4-90

图 4-91

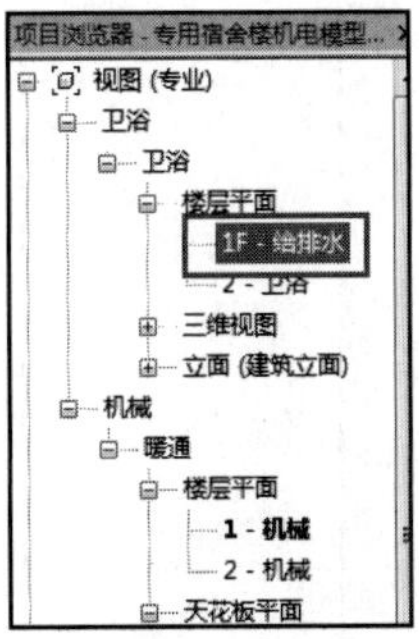

图 4-92

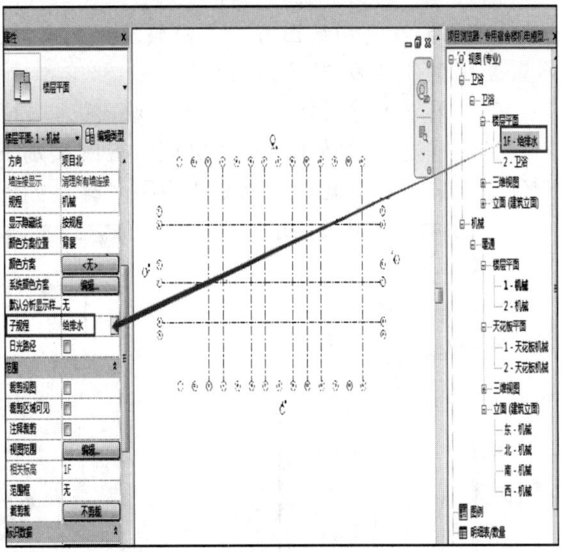

图 4-93

图 4-94

图 4-95

（4）在"项目浏览器"窗口，单击鼠标左键，选中"1F-给排水"视图名称，单击鼠标右键在窗口"复制视图"下拉选项中选择"带细节复制"，如图 4-96 所示。重复操作复制"2F-给排水"视图，如图 4-97 所示。

（5）单击鼠标左键，选中"1F-给排水副本 1"视图名称，单击鼠标右键在窗口中选择"重命名"，在"重命名视图"窗口输入"1F-消火栓"，如图 4-98 所示。

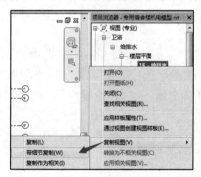

图 4-96

图 4-97

图 4-98

重复操作，重命名"2F-给排水副本 1"视图名称为"2F-消火栓"，修改"1F-消火栓"、"2F-消火栓"视图子规程名称为"消火栓"，如图 4-99 所示。

【注意】在复制视图时，不同楼层视图需要找到对应的楼层进行复制，不可将"1F-给排水"复制重命名为"2F-消火栓"。

（6）重复上述操作，新建"1F-喷淋"、"2F-喷淋"视图分类，结果如图 4-100 所示。

（7）重复上述操作，在"机械"视图类别下，添加地板采暖、空调、通风子规程，复制新建地板采暖、空调、通风专业视图名称，如图 4-101 所示。

图 4-99

图 4-100

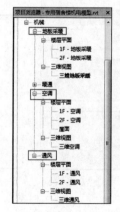

图 4-101

（8）新建电气规程视图，在"项目浏览器"窗口，单击鼠标左键选中"1F-给排水"视图名称，复制"1F-给排水"视图，重复操作复制"2F-给排水"视图，使用"Ctrl＋鼠标左键"的方式选中"1F-给排水副本1"、"2F-给排水副本1"视图名称，在"属性"窗口选择规程为"电气"，输入子规程为"照明"，如图4-102所示，并修改视图名称为"1F-照明"、"2F-照明"。最终结果如图4-103所示。

（9）重复上述操作步骤，在"电气"视图类别下，添加动力、弱电、消防报警子规程，复制新建动力、弱电、消防报警专业视图名称，如图4-104所示。至此，完成"专用宿舍楼机电模型"项目浏览器设置，如图4-105所示，保存项目文件。

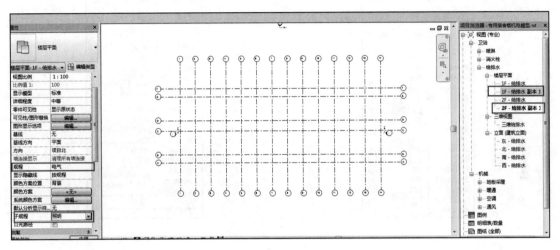

图 4-102

图 4-103

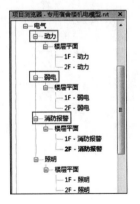

图 4-104

图 4-105

4.4.4　总结扩展

（1）步骤总结　上述 Revit 软件中项目浏览器设定的操作步骤主要分为三步。第一步：复制并重命名视图名称；第二步：修改视图子规程；第三步：修改视图规程。按照本操作流程读者可以完成"专用宿舍楼机电模型"项目浏览器的设置。

（2）业务扩展

① 规程　在 Revit 中提供了 6 种规程供用户选择，分别为建筑、结构、机械、电气、卫浴、协调，规程的作用是控制模型在不同视图下的显示方式。另外，还可以通过项目浏览器

组织设置不同视图的规程对视图进行分类。建筑、结构、机械、电气、卫浴 5 种规程通过不同专业划分，来控制各专业模型图元的显示方式，协调规程下可以显示所有专业模型。在属性窗口可以按照需要选择不同的规程，规程只能在给定的 6 种类型中选择，不可以自己新建，如图 4-106 所示。

② 子规程　子规程为 Revit MEP 专业特有，建筑结构专业没有该选项，子规程归属于规程，子规程可以自定义，因此在进行 MEP 机电管线建模时，可以根据不同专业自定义新建子规程名称，如图 4-107 所示。

图 4-106

图 4-107

第5章

给排水专业BIM建模

5.1 建模前期准备

5.1.1 给排水专业图纸解析

专用宿舍楼给排水图纸从水施-01到水施-09共计9张图纸，对应图纸内容见图纸目录，如图5-1所示。在给排水专业建模时，需要关注以下图纸信息。

（1）水施-01

① 关注给排水管道管材信息、管道连接方式，如图5-2所示。

图纸目录

序号	图纸编号	图纸名称
1	水施-01	给排水设计总说明
2	水施-02	给水系统图
3	水施-03	给排水大样图 排水系统图
4	水施-04	一层给排水平面图
5	水施-05	二层给排水平面图
6	水施-06	屋面给排水平面图
7	水施-07	一层喷淋平面图
8	水施-08	二层喷淋平面图
9	水施-09	喷淋系统图

图 5-1

二、管道材料：

1. 给水干管采用钢塑复合管，丝接。给水立管及室内支管采用冷热水用无规共聚聚丙烯PP-R管，管系列选用S5，热熔连接。

2. 污水立管采用挤压成型的UPVC螺旋管，污水横管采用挤压成型的UPVC排水管，粘接连接。污水立管和横管应按照规范和标准图集设置伸缩节，其中污水横管应设置专用伸缩节，室内外埋地管道可不设伸缩节。

图 5-2

② 关注排水横支管和排水横干管的坡度设置标准，如图5-3所示。

4.管道坡度：1）排水横支管的标准坡度应为0.026.2）排水横干管的标准坡度采用：De75,$i=0.015$；De110,$i=0.004$；De125,$i=0.0035$；De160,$i=0.003$。

图 5-3

③ 关注室内排水管道的连接规定，如图5-4所示。

④ 关注给排水管所标管径公称外径与公称直径的对应关系，如图5-5所示。

5. 室内排水管道的连接应符合下列规定：

　　5.1 卫生器具排水管与排水横管垂直连接，应采用90°斜三通。

　　5.2 排水管道的横管与立管连接，宜采用45°斜三通或45°斜四通和顺水三通或顺水四通。

　　5.3 排水立管与排出管端部的连接，宜采用两个45°弯头或弯曲半径不小于4倍管径的90°弯头。

　　5.4 排水管应避免在轴线偏置，当受条件限制时，宜采用乙字管或两个45°弯头连接。

　　5.5 支管接入横干管、立管接入横干管时，宜在横干管管顶或其两侧45°范围内接入。

图 5-4

5. 图中给排水管所标管径为公称外径，与公称直径的对应关系如下：

给水管	公称直径	DN	15	20	25	32	40	50	65	80
	公称外径	dn	20	25	32	40	50	63	75	90
排水管	公称直径	DN	40	50	75	100	125	150		
	公称外径	De	40	50	75	110	125	160		

图 5-5

　　⑤ 关注图例表，如图 5-6 所示。

图例

图例	名称	图例	名称
———————	生活给水管		洗衣机（安装高度900）
— — — — 或	生活污水管		电开水器（安装高度800）
	末端试水装置	○ ▽	吊顶型喷头
	通气帽	—— XH ——	消火栓给水管
	圆形地漏（贴地安装）		单栓消火栓
	截止阀DN≤50		倒流防止器
	闸阀		自动排气阀
	止回阀		压力表
— ZP —	喷淋管道		信号蝶阀
	蝶阀		水流指示器
	S形、P形存水弯		

图 5-6

　　⑥ 关注图例表中给排水设备图例所对应的名称及设备安装高度，如图 5-7 所示。

　　（2）水施-02　关注给水横管、立管编号，给水横干管、立管管径，给水横干管安装标高，给水支管安装标高，如图 5-8 所示。

	蹲式大便器（安装高度380）
	立式洗脸盆（安装高度800）
	拖布池（安装高度600）
	盥洗池（安装高度600）
	挂式洗脸盆（安装高度800）

图 5-7

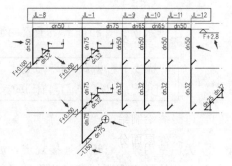

图 5-8

（3）水施-03

① 关注小卫生间给排水大样图（一）、小卫生间给排水大样图（二）、公共卫生间给排水大样图、开水间大样图中给排水支管管径。

② 关注排水系统图排水立管编号，排水横干管、立管管径，排水支管和排水横干管安装高度。

（4）水施-04

① 关注一层给排水立管编号，给排水入户干管编号。

② 关注一层卫生间内给排水设备布置位置。

（5）水施-05

① 关注二层给排水立管编号，给排水入户干管编号。

② 关注二层卫生间内给排水设备布置位置。

（6）水施-06

关注屋面排水立管编号。

5.1.2 建模流程解析

本项目给排水系统相对较为简单，各小卫生间布局基本相同，一层和二层管道连接简单。在建模时，对于相同卫生间给排水模型可通过"复制"或"镜像"工具快速完成给排水模型创建。根据本专用宿舍楼项目提供的图纸信息，并结合 Revit 软件的建模工具，归纳出本项目给排水专业建模的流程，如图 5-9 所示。

图 5-9

5.2 链接 CAD 图纸

5.2.1 任务说明

在 Revit 软件中打开"专用宿舍楼机电模型"项目文件，在平面视图中链接给排水CAD 图纸。

5.2.2 任务分析

（1）业务层面分析 使用 Revit 软件搭建机电模型时，可直接在 Revit 软件绘图区域中绘制机电管线，也可将机电 CAD 图纸以链接 CAD 的方式链接到 Revit 中，依据 CAD 图纸中的管道路线绘制给排水管道模型。

（2）软件层面分析

① 学习使用"链接 CAD"命令链接 CAD 图纸。

② 学习使用"对齐"命令将 CAD 图纸与项目轴网对齐。

③ 学习使用"锁定"命令将 CAD 图纸锁定到平面视图。

5.2.3 任务实施

在前面章节中，已经对专用宿舍楼机电项目图纸进行了拆分处理，在绘制给排水模型时可以将拆分后的给排水 CAD 图纸链接到模型文件中，参考 CAD 图纸管道路线绘制给排水管道模型。下面以《BIM 算量一图一练》中的专用宿舍楼项目为例，讲解链接给排水 CAD 图纸方法的操作步骤。

（1）将 CAD 链接进来。在"项目浏览器"中展开"卫浴"视图类别，在"给排水→楼层平面"中单击鼠标左键选中"1F-给排水"视图名称，双击鼠标左键打开"1F-给排水"平面视图，如图 5-10 所示。单击"插入"选项卡"链接"面板中的"链接 CAD"工具，如图 5-11 所示，在"链接 CAD 格式"窗口选择 CAD 图纸存放路径"F:\专用宿舍楼项目模型\处理后 CAD 图纸\给排水专业图纸"中的"一层给排水平面图 .dwg"图纸，勾选"仅当前视图"，设置导入单位为"毫米"，定位为"自动-中心到中心"，单击"打开"，如图 5-12 所示。

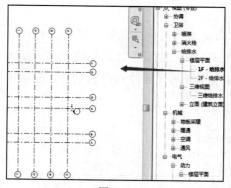

图 5-10

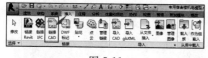

图 5-11

图 5-12

（2）对齐链接进来的 CAD 图纸。图纸导入进来后，单击"修改"选项卡"修改"面板中的"对齐"工具，如图 5-13 所示。移动鼠标到项目轴网①轴上单击鼠标左键选中①轴（单击鼠标左键，选中轴网后轴网显示为蓝色线），移动鼠标到 CAD 图纸轴网①轴上单击鼠标左键，如图 5-14 所示。按照上述操作可将 CAD 图纸纵向轴网与项目纵向轴网对齐，结果如图 5-15 所示。

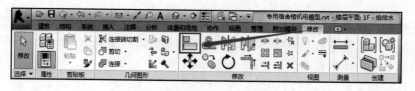

图 5-13

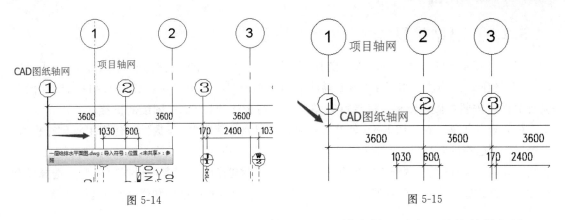

图 5-14　　　　　　　　　　　　　图 5-15

（3）重复上述操作，将 CAD 图纸横向轴网和项目横向轴网对齐，最终结果如图 5-16 所示。

（4）将链接进来的 CAD 图纸锁定。单击鼠标左键选中 CAD 图纸，Revit 自动切换至 "修改|一层给排水平面图.dwg" 选项卡，单击 "修改" 面板中的 "锁定" 工具，将 CAD 图纸锁定到平面视图，如图 5-17 所示。至此，完成 "专用宿舍楼机电模型" 中 "一层给排水平面图" CAD 图纸的导入，结果如图 5-18 所示。

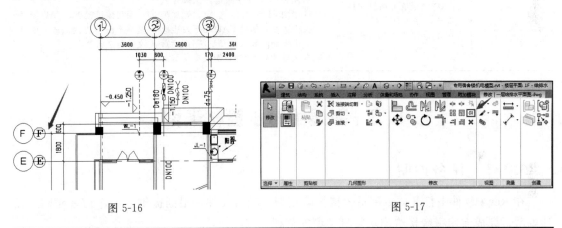

图 5-16　　　　　　　　　　　　　图 5-17

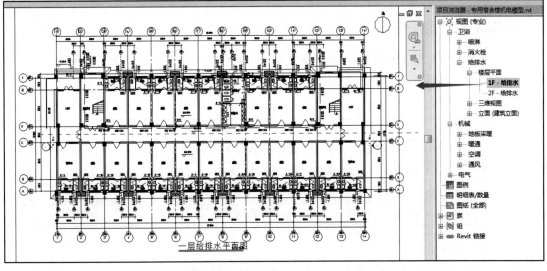

图 5-18

5.2.4　总结扩展

（1）步骤总结　上述 Revit 软件链接 CAD 图纸的操作步骤主要分为三步。第一步：链接 CAD 图纸；第二步：将 CAD 图纸轴网与项目轴网对齐；第三步：锁定 CAD 图纸并保存项目文件。按照本操作流程，读者可以完成专用宿舍楼项目 CAD 图纸的链接。

（2）业务扩展　在使用 Revit 软件建模时，可以直接使用 Revit 提供的建模工具创建模型，也可以参照已有的 CAD 设计图纸创建模型。参照 CAD 图纸的方式有两种，分别为链接 CAD 图纸和导入 CAD 图纸。两种方式各有优缺点，在实际建模时，读者可根据项目特点选择任意一种参照方式或两种方式配合使用。两种 CAD 图纸参照方式的区别和优缺点见表 5-1。

表 5-1

参照方式	优点	缺点	适用场景
链接 CAD 图纸	不增加项目文件大小 CAD 图纸修改后，链接图纸自动更新	CAD 图纸与项目文件是链接关系，一旦 CAD 图纸存储位置改变则需要重新链接，在项目文件传递过程中容易造成链接 CAD 图纸的丢失	项目体量较大，CAD 图纸修改更新频繁，使用文件共享的方式创建模型，项目文件传递量小
导入 CAD 图纸	CAD 图纸成为项目文件的一部分，在项目文件传递过程中不会出现 CAD 图纸的丢失	占用模型文件存储量，如果导入 CAD 图纸量多的话，会大大增加项目文件大小，如果 CAD 图纸发生修改，需要删除导入的 CAD 图纸后重新导入修改后的 CAD 图纸	项目体量较小，CAD 图纸基本不需要再次修改，项目文件传递频繁

5.3　新建给排水管材类型

5.3.1　任务说明

在 Revit 软件中打开"专用宿舍楼机电模型"项目文件，根据提供的专用宿舍楼图纸设计说明，完成专用宿舍楼给排水管材类型的创建。

5.3.2　任务分析

（1）业务层面分析　根据专用宿舍楼水施-01 给排水设计总说明中"二、管道材料"第一、二条可知给排水管材类型、连接方式，见表 5-2。

表 5-2

序号	管道	管材类型	连接方式
1	给水支管、给水立管	无规共聚聚丙烯 PP-R 管	热熔连接
2	给水入户干管	钢塑复合管	丝扣连接
3	污水横管	UPVC 排水管	粘接连接
4	污水立管	UPVC 螺旋管	粘接连接

（2）软件层面分析

① 学习使用"编辑类型"中的"复制"命令创建管道类型。

② 学习使用"类型属性"中的"布管系统配置"进行配件设置。

③ 学习使用"载入族"命令载入管道配件族。

④ 学习使用"机械设置"中的"管段和尺寸"命令新增管径尺寸。

5.3.3　任务实施

Revit 软件默认提供了"标准"的管道类型，用户在使用 Revit 软件绘制管道时可在此基础上复制新建需要的管道类型。下面以《BIM 算量—图—练》中的专用宿舍楼项目为例，讲解新建给排水管道管材类型的操作步骤。

（1）复制已有管材类型，新建所需管材类型。单击"系统"选项卡"卫浴和管道"面板中的"管道"工具，如图 5-19 所示。单击"属性"窗口中的"编辑类型"，打开"类型属性"窗口，如图 5-20 所示。在"类型属性"窗口单击"复制"，在"名称"窗口名称位置将管材修改命名为"钢塑复合管"，然后单击"确定"，如图 5-21 所示。

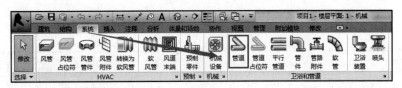

图 5-19

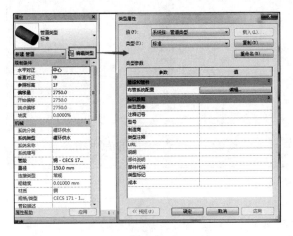

图 5-20

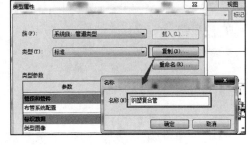

图 5-21

（2）载入管材类型所需构件族。在"类型属性"窗口单击"布管系统配置"位置的"编辑"命令打开"布管系统配置"窗口，如图 5-22 所示。在"布管系统配置"窗口单击"载入族"命令打开"载入族"窗口，如图 5-23 所示。在"载入族"窗口单击打开"机电→水管管件→CJT 137 钢塑复合→螺纹"，选择全部管件，单击"打开"将管件载入到项目中，如图 5-24 所示。

（3）编辑"布管系统配置"。在"布管系统配置"窗口中按图 5-25 所示进行配置，配置完成后点击"确定"完成"钢塑复合管"管材创建，至此完成"专用宿舍楼机电模型"给水入户干管管材类型的创建。

图 5-22

图 5-23

图 5-24

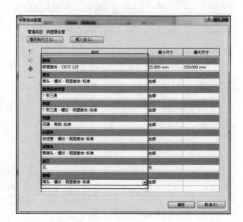

图 5-25

【注意】如果单击"载入族"后无法直接找到如图 5-23 所示的路径内容，则在"载入族"窗口的"查找范围"位置浏览选择到路径"C:\ProgramData\Autodesk\RVT 2016\Libraries\China"下即可找到，其中"ProgramData"文件夹默认为隐藏文件夹，需先设置隐藏文件夹为可见。

（4）重复上述操作，在"类型属性"窗口复制新建"无规共聚聚丙烯 PP-R 管"管材类型，如图 5-26 所示。

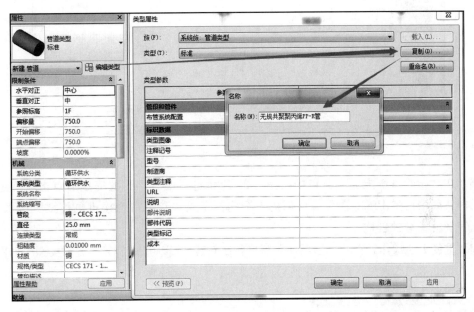

图 5-26

（5）编辑"无规共聚聚丙烯 PP-R 管"管材"布管系统配置"，在"载入族"窗口打开"机电→水管管件→GBT 13663 PE→热熔承插"，选择全部管件，单击"打开"将管件载入到项目中，如图 5-27、图 5-28 所示。

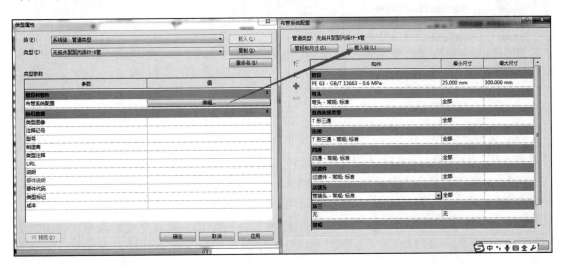

图 5-27

图 5-28

（6）在"布管系统配置"窗口中按图 5-29 所示进行配置，配置完成后点击"确定"完成"无规共聚聚丙烯 PP-R 管"管材创建。至此，完成"专用宿舍楼机电模型"给水支管、给水立管管材类型的创建。

（7）重复上述操作，在"类型属性"窗口复制新建"UPVC 螺旋管"管材类型，如图 5-30 所示。

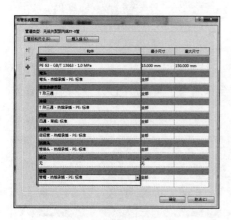

图 5-29

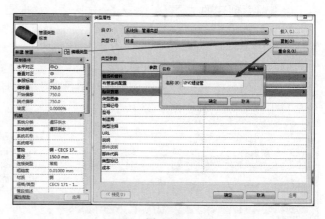

图 5-30

（8）编辑"UPVC 螺旋管"管材"布管系统配置"，在"载入族"窗口打开"机电→水管管件→PVC→Sch40→承插→DWV"，选择"变径 45 度斜三通-PVC"、"变径管-PVC"、"变径顺水三通-PVC"、"变径顺水四通-PVC"、"管接头-PVC"、"管帽-PVC"、"弯头-PVC"，单击"打开"将管件载入到项目中，如图 5-31 所示。

（9）在"布管系统配置"窗口中按图 5-32 所示进行配置，配置完成后点击"确定"完成"UPVC 螺旋管"管材创建。至此，完成"专用宿舍楼机电模型"污水立管管材类型的创建。

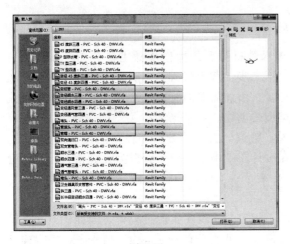

图 5-31

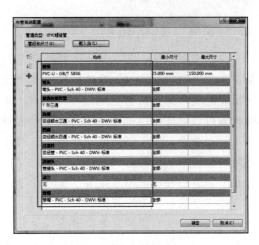

图 5-32

（10）重复上述操作，在"类型属性"窗口以"UPVC 螺旋管"管材类型为基础，复制新建"UPVC 排水管"管材类型，"布管系统配置"设置与"UPVC 螺旋管"管材类型相同。

（11）添加需要的管段尺寸规格。通过给排水大样图和排水系统图排水管径标注可知，专用宿舍楼项目中排水管管径尺寸包含 De160、De110、De75、De50 四种规格。由水施-01 的给排水设计总说明"七、其他"中第 5 条给排水管道管径标注与公称直径的对应关系可知，对应排水管公称直径分别为 DN150、DN100、DN75、DN50。

检查前面创建的"无规共聚聚丙烯 PP-R 管"、"钢塑复合管"、"UPVC 排水管"、"UPVC 螺旋管"管材类型，发现在"UPVC 螺旋管"的"布管系统配置"中的管段设置中选择的"PVC-U-GB/T 5836"类型中没有 DN50 的管径尺寸，因此需要新增对应"PVC-U-GB/T 5836"管段下的 DN50 管径尺寸规格。

单击"管理"选项卡"设置"面板中的"MEP 设置"下拉选项中的"机械设置"工具，如图 5-33 所示，单击选中"机械设置"窗口中的"管段和尺寸"类别，选择管段类型为"PVC-U-GB/T 5836"，单击"新建尺寸"，在"添加管道尺寸"窗口中添加 DN50 公称直径尺寸，如图 5-34 所示。

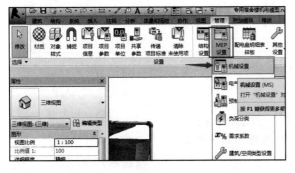

图 5-33

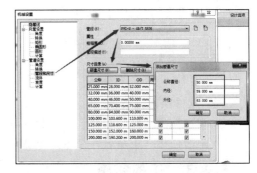

图 5-34

（12）至此，完成给排水管材类型及尺寸的创建，单击 Revit 左上角快速访问栏上"保存"功能保存项目文件。

5.3.4 总结拓展

（1）步骤总结 上述 Revit 软件创建给排水管材类型的操作步骤主要分为三步。第一步：复制已有管材类型，新建所需管材类型；第二步：载入管材类型所需构件族，编辑"布管系统配置"为管材类型配置布管系统；第三步：添加需要的管段尺寸规格。按照本操作流程读者可以完成专用宿舍楼项目给排水管材类型的创建。

（2）业务拓展 在机电工程中，一般来说，管道的直径可分为外径、内径、公称直径。不同管材类型使用的直径表达方式不一样，在设计图纸中，一般当管材为无缝钢管、塑料管时使用管道的外径，用字母 D＋管道壁厚或 De 表示；当管材为铸铁管、镀锌钢管时使用管道的公称直径，用 DN 表示。

管道的公称直径和管道自身内径、外径都不相等。在现实生产过程中，国标规范允许管道壁厚有一定的偏差，因此不同厂家生产的管道壁厚可能会有差别，为了使管子、管件连接尺寸统一，在设计制造和维修时方便，人为地规定了一个统一的标准，即管道的公称直径，也叫公称通径，是管道（或者管件）的统一规格名称。

5.4 新建给排水系统类型

5.4.1 任务说明

在 Revit 软件中打开"专用宿舍楼机电模型"项目文件，根据提供的专用宿舍楼图纸，完成专用宿舍楼给排水系统类型的创建。

5.4.2 任务分析

（1）业务层面分析 要从图纸来分析，此项目给排水专业有哪些系统类型需要创建。

由水施-01 中的图例表可知，专用宿舍楼项目给排水系统包含"生活给水管"和"生活污水管"，如图 5-35 所示。在本节中，对应专用宿舍楼项目中给排水系统，需要新建完成"给水系统"和"排水系统"系统类型。

图 例	名 称	图 例	名 称
——————	生活给水管	▣	洗衣机（安装高度 900）
— — — —或	生活污水管	▭	电开水器（安装高度 800）
◎	末端试水装置	○ ▽	吊顶型喷头

图 5-35

（2）软件层面分析
① 学习使用"复制"命令，复制 Revit 提供的系统分类。
② 学习使用"重命名"命令，重命名复制新建的系统类型。

5.4.3 任务实施

Revit 中提供了 11 种默认的系统分类，分别为：家用冷水、家用热水、循环供水、循环回水、卫生设备、湿式消防系统、干式消防系统、预作用消防系统、其他消防系统、通风孔、其他（此处可以打开"项目浏览器"中的"族"下的"管道系统"进行查看）。新建给排水系统类型时，可以通过这11种基本系统分类新建项目需要的系统类型，系统类型与系统分类彼此之间有对应关系，在某个系统分类下新建的系统类型属于该系统分类。下面以《BIM算量—图—练》中的专用宿舍楼项目为例，讲解给排水系统类型创建方法的操作步骤。

（1）在"项目浏览器"窗口中展开"族"类别，单击鼠标左键，选中"管道系统"类别展开，如图5-36、图5-37所示。

（2）在"管道系统"类别选中"家用冷水"系统分类，单击鼠标右键，在右键菜单中选择"复制"，如图5-38所示，选中"家用冷水2"，单击鼠标右键，在右键菜单中选择"重命名"，如图5-39所示。重命名"家用冷水2"为"给水系统"，如图5-40所示。

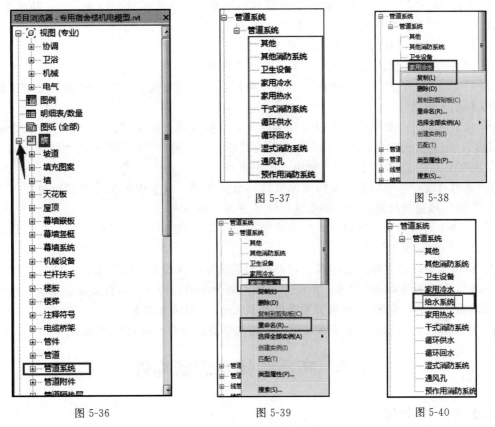

图 5-36　　　　　　　图 5-39　　　　　　　图 5-40

图 5-37　　　　　　　图 5-38

（3）重复上述操作，复制"卫生设备"系统分类并重命名为"排水系统"，如图5-41～图5-43所示。

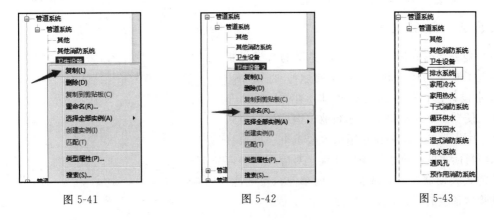

图 5-41　　　　　　　图 5-42　　　　　　　图 5-43

（4）至此，完成给排水系统类型的创建，单击 Revit 左上角快速访问栏上的"保存"功能，保存项目文件。

5.4.4　总结扩展

（1）步骤总结　上述 Revit 软件新建给排水系统类型的操作步骤主要分为两步。第一步：根据已有系统分类复制出需要的系统类型；第二步：重命名系统类型。按照本操作流程，读者可以完成专用宿舍楼项目给排水系统类型的创建。

（2）业务扩展　本专用宿舍楼项目给排水系统较为简单，只有生活给水管和生活污水管。在机电项目中，给排水系统的基本组成有给水系统、热水系统、污水系统、废水系统、雨水系统、空调冷凝水系统、消防水系统、中水系统等。

① 给水系统：通常情况都是指自来水。

② 热水系统：包括太阳能热水系统、热水循环系统等。

③ 污水系统：一般指卫生间内的排水收集后，经此区域化粪池进行初步处理，排放至市政污水管网。

④ 废水系统：一般指除卫生间以外的排水，有些建筑会采取"污废合流"方式将废水进行排放，经此区域的化粪池或污水处理站进行统一处理后再排放到市政污水管网。而有些区域会将处理过后的废水进行循环使用（即中水）。

⑤ 雨水系统：一般将此区域的雨水收集排放到地表，或集中汇集排放到市政的雨水管网。而有些区域会将处理过后的雨水进行循环使用（即中水）。

⑥ 空调冷凝水系统：空调中产生的冷凝水，一般采取的排放方式有直接外排、收集后排放至此区域的排水主管等。

⑦ 消防水系统：在建筑给排水中，消防水系统是占有非常大的权重的。建筑给排水一般分为生活给排水和消防给排水。消防水系统一般分为消火栓系统、自动喷淋系统、水炮系统、水幕系统（类似喷淋）、水喷雾系统（类似喷淋）、泡沫系统等。

⑧ 中水系统：指此区域的废水或雨水经过初步处理后再次进行使用的水。

5.5　布置给排水设备构件

5.5.1　任务说明

在 Revit 软件中打开"专用宿舍楼机电模型"项目文件，根据提供的专用宿舍楼图纸，完成专用宿舍楼给排水设备构件的布置。

5.5.2　任务分析

（1）业务层面分析　Revit 软件提供的机械样板中只包含了基本的构件族，根据给排水平面图水施-01 给排水设计总说明中的图例可知，本项目需要布置蹲式大便器、立式洗脸盆、拖布池、盥洗池、挂式洗脸盆、圆形地漏，需要在专用宿舍楼机电模型项目中载入项目所需的给排水设备构件族。对应图例表内容可知蹲式大便器、立式洗脸盆、拖布池、盥洗池、挂式洗脸盆各自的安装高度，如图5-44所示。

	蹲式大便器（地面安装）
	立式洗脸盆（安装高度800）
	拖布池（安装高度600）
	盥洗池（安装高度600）
	挂式洗脸盆（安装高度800）

图 5-44

（2）软件层面分析

① 学习使用"载入族"命令载入给排水设备构件族。

② 学习使用"对齐"命令测量设备构件尺寸长度。

③ 学习使用"参照平面"命令绘制辅助线，辅助布置设备构件。

④ 学习使用"编辑类型"命令修改编辑给排水设备构件规格尺寸。

⑤ 学习使用"编辑族"命令修改编辑给排水设备管道连接件。

5.5.3　任务实施

在 Revit 软件默认提供的族库中涵盖了机电项目建模中通用的设备构件族，用户在使用 Revit 建模时可以直接使用 Revit 提供的通用设备构件族，也可以自定义创建项目所需设备构件族。在本节讲解中，使用的是 Revit 默认族库中通用的机电设备构件族，在建模时直接载入所需设备构件族即可。下面以《BIM算量一图一练》中的专用宿舍楼项目水施-04 中的一层给排水平面图中的"③～④轴/Ⓔ～Ⓕ轴"位置小卫生间为例，讲解给排水设备构件载入和布置方法的操作步骤。

（1）载入挂式洗脸盆。单击"插入"选项卡"从库中载入"面板中的"载入族"工具，如图 5-45 所示，在"载入族"窗口单击打开"机电→卫生器具→洗脸盆"，在此路径下选择"洗脸盆-椭圆形"，单击"打开"将洗脸盆载入到项目中，如图 5-46 所示。

【注意】如果单击"载入族"后无法直接找到默认族库，则在"载入族"窗口的查找范围位置浏览选择到路径"C:\ProgramData\Autodesk\RVT 2016\Libraries\China"下即可找到，其中"ProgramData"文件夹默认为隐藏文件夹，需先设置隐藏文件夹为可见。

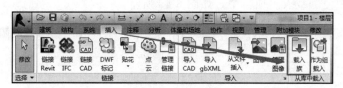

图 5-45

图 5-46

（2）载入盥洗池。单击"插入"选项卡"从库中载入"面板中的"载入族"工具，在"载入族"窗口单击打开"机电→卫生器具→洗涤盆"路径下选择"污水池-公共用"，单击

"打开"将盥洗池载入到项目中，如图 5-47 所示。

图 5-47

（3）载入地漏。单击"插入"选项卡"从库中载入"面板中的"载入族"工具，在"载入族"窗口单击打开"机电→给排水附件→地漏"路径下选择"地漏带水封-圆形-PVC-U"、"地漏直通式-带洗衣机插口-铸铁-承插"（按住键盘 Ctrl 键可多选），单击"打开"将地漏载入到项目中，如图 5-48 所示。

（4）载入蹲便器。单击"插入"选项卡"从库中载入"面板中的"载入族"工具，在"载入族"窗口单击打开"机电→卫生器具→蹲便器"路径下选择"蹲便器-自闭式冲洗阀"，单击"打开"将蹲便器载入到项目中，如图 5-49 所示。

图 5-48

图 5-49

（5）单击"注释"选项卡"尺寸标注"面板中的"对齐"工具，如图 5-50 所示，单击鼠标左键分别对 CAD 图纸中的"③～④轴/Ⓔ～Ⓕ轴"位置的"蹲式大便器"长、宽规格尺寸进行标注测量，如图 5-51 所示，使用相同方式测量挂式洗脸盆和盥洗池长、宽尺寸。

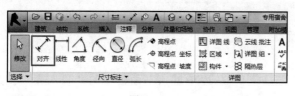

图 5-50

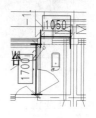

图 5-51

（6）单击"系统"选项卡"工作平面"面板中的"参照平面"工具，如图 5-52 所示，分别在布置"挂式洗脸盆"和"蹲式大便器"与墙面连接部位绘制参照平面，如图 5-53 所示。

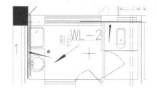

图 5-52   图 5-53

（7）布置"挂式洗脸盆"。单击"系统"选项卡"卫浴和管道"面板中的"卫浴装置"工具，如图 5-54 所示。在"属性"窗口选择"洗脸盆-椭圆形"，选择规格为"635mm×510mm"，单击"编辑类型"，在"类型属性"窗口单击"重命名"修改名称为"900mm×500mm"后单击"确定"，如图 5-55、图 5-56 所示。在"类型属性"窗口"尺寸标注"位置修改类型参数"污水直径"为 50mm、"洗脸盆宽度"为 500mm、"洗脸盆长度"为 900mm，单击"确定"，如图 5-57 所示。

（8）单击"修改|放置卫浴装置"选项卡"放置"面板中的"放置在垂直面上"，如图 5-58 所示。在"属性"窗口"限制条件"（即洗脸盆安装高度）位置输入"立面"参数为 800，如图 5-59 所示。移动鼠标拾取操作（6）中绘制的"参照平面"，单击鼠标左键布置"洗脸盆"（在布置"洗脸盆"时，若出现如图 5-60 所示设备构件与平面图布局方向不一致时，可通过按"空格"的方式切换设备构件方向），如图 5-61 所示。单击"修改|卫浴装置"选项卡"修改"面板中的"移动"工具移动"洗脸盆"到平面图所在位置，如图 5-62 所示。

图 5-54

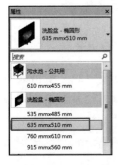

图 5-55   图 5-56

图 5-57

图 5-59

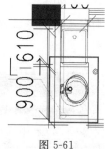

图 5-61

图 5-58

图 5-60

图 5-62

【注意】在 Revit 软件中，当放置基于面放置的设备构件族时，在"修改|放置卫浴装置"选项卡"放置"面板上有 3 种放置方式可选，分别为"放置在垂直面上"、"放置在面上"、"放置在工作平面上"。当放置方式选择为"放置在垂直面上"、"放置在面上"时，鼠标将处于"⊘"状态，在该状态下必须移动鼠标选择参照面放置构件。参照面既可以是绘制好的建筑模型墙面也可以是参照平面。因为本项目中没有建筑墙面，所以需要提前在操作（6）中先绘制两个参照平面。当放置方式选择为"放置在工作平面上"时，不需要参照面，直接布置即可。

（9）单击 Revit 左上角快速访问栏中的"默认三维视图"工具，将当前视图切换至三维视图窗口，如图 5-63 所示。在三维视图下可以继续使用按"空格"的命令调整"洗脸盆"的布置方向，如图 5-64 所示。

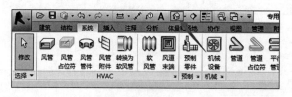

图 5-63

图 5-64

（10）布置"盥洗池"。单击"系统"选项卡"卫浴和管道"面板中的"卫浴装置"工具，在"属性"窗口选择"污水池-公共用"，在"类型属性"窗口单击"重命名"修改名称为"610mm×460mm"后单击"确定"，在"类型属性"窗口"尺寸标注"位置修改类型参数"水槽宽度"为 460mm、"水槽长度"为 610mm、"总高度"为 600mm、"水槽深度"为 300mm，单击"确定"，如图 5-65 所示。按照操作（8）中布置"洗脸盆"方式布置"盥洗池"（注意：在"属性"窗口"限制条件"位置输入"立面"参数为 600），布置完成后在三维视图窗口查看最终结果，并保存项目文件，如图 5-66、图 5-67 所示。

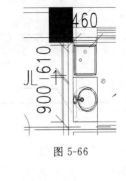

图 5-66

图 5-65

图 5-67

（11）布置"蹲式大便器"。单击"系统"选项卡"卫浴和管道"面板中的"卫浴装置"工具，在"属性"窗口选择"蹲便器-自闭式冲洗阀"，在"属性"窗口修改"尺寸标注"中的实例参数，如图 5-68 所示。按照操作（8）中布置"洗脸盆"方式布置"蹲式大便器"（注意：在"属性"窗口"限制条件"位置输入"立面"参数为 0)，布置完成后在三维视图窗口查看最终结果并保存项目文件，如图 5-69、图 5-70 所示。

图 5-68

图 5-69

图 5-70

（12）布置圆形地漏，因为地漏是垂直安装于排水横支管上的，所以地漏的布置放到后面章节中讲解。

（13）编辑"盥洗池"族，单击鼠标左键选中"盥洗池"，在"修改|卫浴装置"选项卡"模式"面板下选择"编辑族"工具，如图 5-71 所示，在编辑族视图窗口，单击鼠标左键选中"盥洗池"排水连接点，按 Delete 键删除排水连接点，如图 5-72 所示。

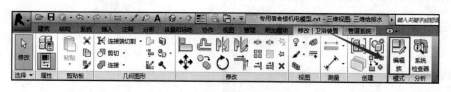

图 5-71　　　　　　　　　　　　　　　　　　　　图 5-72

单击"创建"选项卡"连接件"面板中的"管道连接件"，移动鼠标拾取"盥洗池"底部排水点位置，单击鼠标左键为排水点布置管道连接件（拾取底部排水点时可以使用 shift＋长按鼠标滚轮的方式旋转三维模型调整视角），如图 5-73 所示。单击鼠标左键选中布置好的管道连接件，在"属性"窗口"系统分类"选项中选择"卫生设备"，在"尺寸标注"位置，单击"半径"输入框后的小按钮，关联族参数"污水半径"，单击"确定"完成设置，如图 5-74 所示。

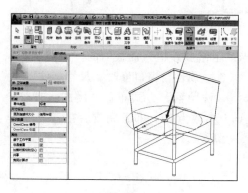

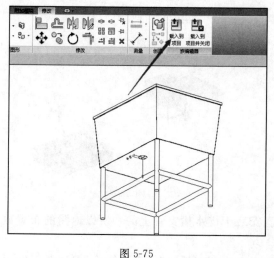

图 5-73　　　　　　　　　　　　　　　　　　　　图 5-74

（14）单击"修改"选项卡"族编辑器"面板中的"载入到项目"工具将修改后的"盥洗池"重新载入到项目中，在弹出的窗口中选择"覆盖现有版本"，如图 5-75、图 5-76 所示。

图 5-75　　　　　　　　　　　　　　　　　　　　图 5-76

（15）布置公共卫生间蹲式大便器。使用"注释"选项卡"尺寸标注"面板中的"对齐"工具测量，并标注公共卫生间蹲式大便器的长度和宽度，如图 5-77 所示。单击"系统"选项卡"卫浴和管道"面板中的"卫浴装置",在"属性"窗口选择"蹲便器-自闭式冲洗阀",在"属性"窗口修改"尺寸标注"中的实例参数,如图5-78所示。按照操作(8)中布置"洗脸盆"方式布置"蹲式大便器"(注意:在"属性"窗口"限制条件"位置输入"立面"参数为0),使用"修改"选项卡"修改"面板中的"复制"工具复制蹲式大便器到其他位置,布置完成后在三维视图窗口查看最终结果,并保存项目文件,如图5-79所示。

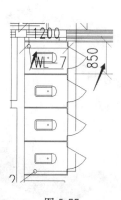

图 5-77

图 5-78

图 5-79

(16)布置公共卫生间立式洗脸盆。使用"注释"选项卡"尺寸标注"面板中的"对齐"工具测量并标注公共卫生间立式洗脸盆的长度和宽度,如图5-80所示。放置洗脸盆位置总长为3150mm,一共放置四个洗脸盆,可知每个洗脸盆长度为787.5mm,取整后为788mm,宽度为626mm。单击"系统"选项卡"卫浴和管道"面板中的"卫浴装置",在"属性"窗口选择"洗脸盆-椭圆形",选择规格为"900mm×500mm",单击"编辑类型",在"类型属性"窗口选择"复制",修改名称为"788mm×626mm"后单击"确定",如图5-81所示。设置洗脸盆类型参数中宽度为626mm,长度为787.5mm,如图5-82所示。按照步骤(8)中操作方法布置公共卫生间立式洗脸盆,如图5-83所示,保存最终结果。

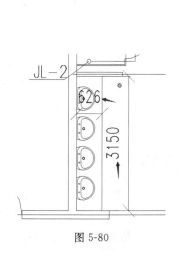

图 5-80

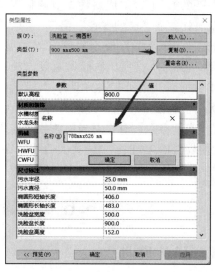

图 5-81

图 5-82

图 5-83

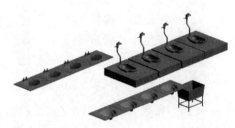

图 5-84

（17）布置拖布池。根据图例说明可知，在公共卫生间中布置有"拖布池"，由于 Revit 软件默认提供的族库中没有"拖布池"，所以在这里可以用已经载入到项目中的"盥洗池"代替拖布池布置，具体布置方法参见步骤（10），如图 5-84 所示。

5.5.4 总结扩展

（1）步骤总结　上述 Revit 软件布置给排水设备构件的操作步骤主要分为四步。第一步：载入给排水设备构件族；第二步：修改给排水设备构件族参数（包括修改类型参数和实例参数）；第三步：布置给排水设备构件（包括设备构件布置方向的调整）；第四步：修改编辑"盥洗池"族，添加管道连接件。按照本操作流程，读者可以完成专用宿舍楼项目给排水设备构件的布置。

（2）业务扩展　在 Revit 中，构件族具有两种属性参数，即类型属性和实例属性，用户在使用过程中可通过修改对应属性参数调整族设定。

① 类型属性。在"类型属性"窗口中的参数为族的"类型参数"，表示某一类型族的参数值，当修改"类型参数"时会对所有该类型族起作用。例如：在修改"洗脸盆"的参数中，"洗脸盆"的污水直径、洗脸盆宽度、洗脸盆长度参数属于"类型参数"，当修改一个"洗脸盆"参数时，其他所有该类型的"洗脸盆"均会发生变化。

② 实例属性。在"属性"窗口中的参数为族的"实例参数"，表示某一实例族的参数值，当修改"实例参数"时只对当前该族起作用，不会影响到其他同类型的族。例如：在修改"蹲式大便器"的参数中，"蹲式大便器"在"属性"窗口中的参数便属于"实例参数"，通过修改"实例参数"可以得到很多不同参数尺寸的"蹲式大便器"。

5.6　绘制给水支管

5.6.1　任务说明

在 Revit 软件中打开"专用宿舍楼机电模型"项目文件，根据提供的专用宿舍楼图纸，完成专用宿舍楼给水支管的绘制。

5.6.2 任务分析

（1）业务层面分析　在水施-04、水施-05 给排水平面图中只给出了给排水入户干管和立管位置、管径及对应编号，在水施-03 中小卫生间给排水大样图（一）、（二）中有给水支管和排水支管位置图和管径尺寸信息。

在绘制给水支管时，还需要根据水施-01 图纸给排水设计总说明"七、其他"中的第 5 条中公称外径和公称直径对应关系确定给水支管管径尺寸，小卫生间给排水大样图（一）、（二）中给水支管管径为 dn32，通过对应表可知给水支管公称直径为 DN25。

【注意】连接卫生器具的给水小横支管均为 DN20 管径，污水小横支管均为 De50 管径。

（2）软件层面分析

① 学习使用"可见性/图形替换"命令设置导入 CAD 图纸的可见性。

② 学习使用"链接 CAD"命令链接 CAD 图纸。

③ 学习使用"缩放"命令调整导入 CAD 图纸图形比例。

④ 学习使用"编辑族"命令编辑构件族图元可见性。

⑤ 学习使用"管道"命令绘制给水管道。

⑥ 学习使用"剖面"命令创建剖面视图。

⑦ 学习使用"详细程度"设置绘图区域显示精度模式。

5.6.3 任务实施

Revit 软件中提供了绘制管道工具来绘制给水支管模型。在绘制给水支管前，可以通过链接 CAD 的方式将小卫生间给排水大样图链接到平面绘图窗口，由于小卫生间大样图图纸比例为 1∶50，Revit 绘图区域中默认绘图比例和给排水平面图图纸比例均为 1∶100。在导入小卫生间大样图后，需要将小卫生间大样图图纸比例缩放为 1∶100，然后将缩放后的小卫生间大样图对齐到项目轴网，根据小卫生间大样图给水支管位置绘制给水支管模型。下面以《BIM算量—图—练》中的专用宿舍楼项目为例，以水施-03 小卫生间大样图（一）为基础，讲解给水支管模型绘制的操作步骤。

（1）在"项目浏览器"中展开"卫浴"视图类别，在"给排水→楼层平面"中单击鼠标左键选中"1F-给排水"视图名称，双击鼠标左键打开"1F-给排水"平面视图，如图 5-85 所示。在"1F-给排水"平面视图中设置"一层给排水平面图"为不可见，单击"属性"窗口中"可见性/图形替换"位置的"编辑"按钮，在"可见性/图形替换"窗口中"导入的类别"页签下"可见性"位置，取消勾选"一层给排水平面图"，单击"确定"，如图 5-86 所示。

图 5-85

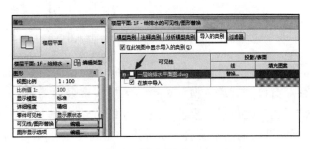

图 5-86

（2）链接"小卫生间给排水大样图（一）"。单击"插入"选项卡"链接"面板中的"链接CAD"工具，在"链接CAD格式"窗口选择CAD图纸存放路径下选择"小卫生间给排水大样图（一）"CAD图纸，如图5-87所示（具体操作步骤见5.2相关内容）。

（3）缩放"小卫生间给排水大样图（一）"图纸比例为1∶100。选中导入进来的"小卫生间给排水大样图（一）"图纸（图纸，刚导入到项目中时默认是锁定状态，需要选中导入的图纸，在"修改"选项卡"修改"面板中点击"解锁"工具解锁图纸后再进行后续操作）。单击"修改"选项卡"修改"面板中的"缩放"工具，在选项栏位置选择"数值方式"，比例输入0.5，移动鼠标在CAD图纸左下角选择一个点作为基点，单击鼠标左键完成图纸比例缩放，如图5-88所示。

图 5-87

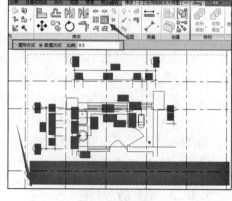

图 5-88

（4）将"小卫生间给排水大样图（一）"轴网与项目轴网对齐并锁定（具体操作步骤见5.2相关内容），最终结果如图5-89所示。

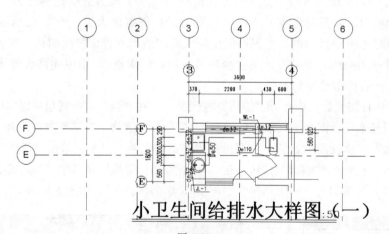

图 5-89

（5）单击"系统"选项卡"卫浴和管道"面板中的"管道"工具，如图5-90所示。在"属性"窗口"管道类型"选择"无规共聚聚丙烯PP-R管"，"系统类型"位置选择"给水系统"，选项栏位置"直径"设置为25mm，"偏移量"设置为300mm，如图5-91所示。单击鼠标左键绘制给水支管，从a点起始偏移量300mm高度开始绘制，绘制到b点后修改偏移量为750mm，如图5-92所示。修改偏移量为750mm后不中断绘制管道命令继续往前绘制依次经过 c 点、d 点，如图 5-93 所示。绘制到 d 点后修改偏移量为 100mm 后继续沿 e 点、f 点、g 点绘制到 h 点位置处。至此，完成"小卫生间给排水大样图（一）"中给水支管的布置，如图 5-94 所示。

图 5-90

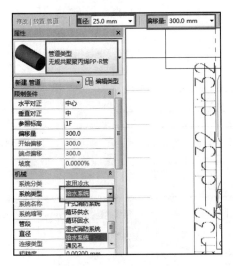

图 5-91

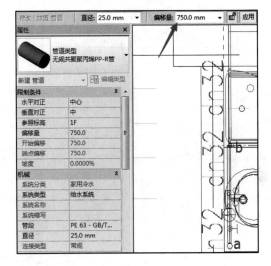

图 5-92

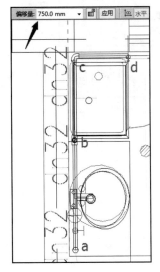

图 5-93

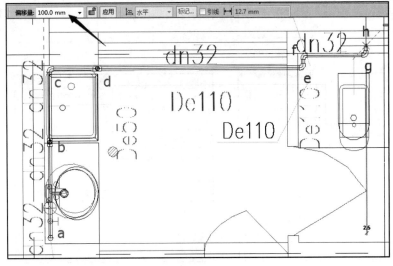

图 5-94

【注意】给水支管偏移量是通过综合分析查看建筑图纸后，依据管线综合完毕的最终管线优化方案得到的。

（6）在 5.5 节中布置完"蹲式大便器"后，默认的"蹲式大便器"族的给水点在平面视图中不可见，通过编辑族的方式设置其可见性为显示。单击鼠标左键选中"蹲式大便器"，单击

"修改|卫浴装置"选项卡"模式"面板中的"编辑族"工具，如图 5-95 所示。在"编辑族"视图中的 ViewCube 上点击"右"切换到右侧面视图，如图 5-96 所示。单击鼠标左键选中"蹲式大便器"给水管部件，在"属性"窗口单击"可见性/图形替换"位置的"编辑"按钮，在"族图元可见性设置"窗口勾选"前/后视图"，如图 5-97 所示。单击"修改"选项卡"族编辑器"面板中的"载入到项目"工具将修改完的"蹲式大便器"载入到项目中，如图 5-98 所示。在弹出的窗口中选择"覆盖现有版本"，如图 5-99 所示。最终结果如图 5-100 所示。

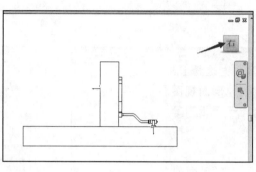

图 5-96

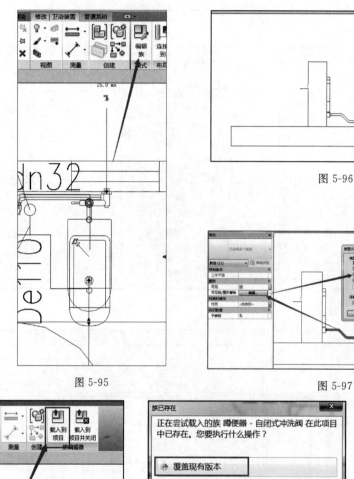

图 5-95

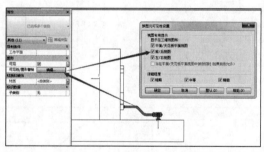

图 5-97

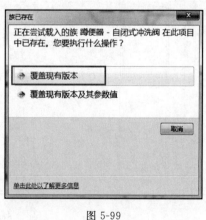

图 5-98

图 5-99

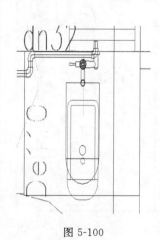

图 5-100

（7）单击鼠标左键选中"蹲式大便器"，点击给水连接点绘制管道到 j 点，如图 5-101、图 5-102 所示。

（8）单击"修改"选项卡"修改"面板中的"对齐"工具将 h 点管道对齐到 j 点管道中心线位置，如图 5-103 所示。

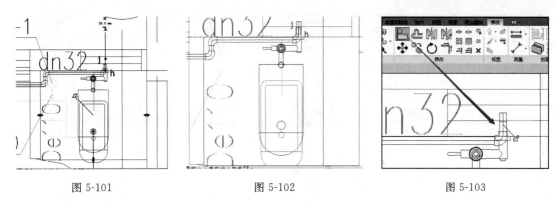

图 5-101　　　　　　　　　图 5-102　　　　　　　　　图 5-103

【注意】先选择 j 点位置管道中心线后，再选择 h 点位置管道中心线。

（9）创建剖面视图，在剖面视图中连接 h 点和 j 点间的竖向垂直管道。单击"视图"选项卡"创建"面板中的"剖面"工具，如图 5-104 所示。移动鼠标左键依次点击在 A、B 两点间创建剖面，点击↹翻转剖面使 h 点、j 点管道位于剖面内，如图 5-105、图 5-106 所示。

（10）单击鼠标左键选中剖面，单击鼠标右键，在右键窗口中选择"转到视图"，如图 5-107 所示。在剖面视图中，在下方视图控制栏位置"详细程度"选择"精细"，如图 5-108 所示。单击鼠标左键选中 h 点管道，把鼠标放在管道右侧端点位置单击鼠标右键，在右键窗口选择"绘制管道"命令，从 h 点继续绘制管道与 j 点管道连接，如图 5-109、图 5-110 所示。在三维视图下查看最终结果，如图 5-111 所示。

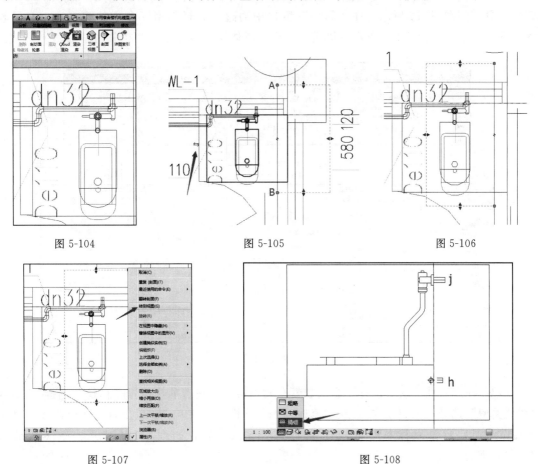

图 5-104　　　　　　　　　图 5-105　　　　　　　　　图 5-106

图 5-107　　　　　　　　　　　　　　　　图 5-108

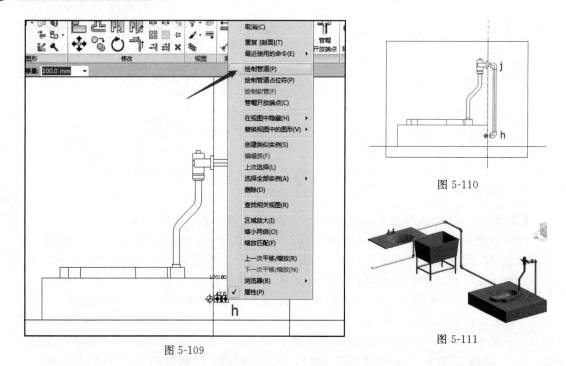

图 5-109

图 5-110

图 5-111

（11）连接"洗脸盆"与给水支管。单击"系统"选项卡"卫浴和管道"面板中的"软管"工具，如图 5-112 所示。在"属性"窗口中通过"编辑类型"命令新建一个"金属软管"管道类型，如图 5-113 所示（管道类型新建具体操作步骤见 5.3 相关内容）。

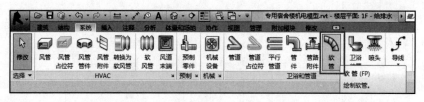

图 5-112

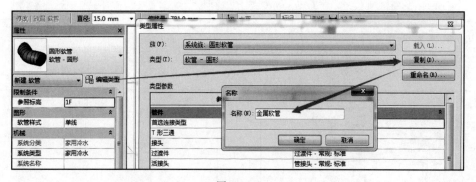

图 5-113

（12）在"属性"窗口选择"金属软管"管道类型，在选项栏位置"直径"选择 15mm，"系统类型"选择"家用冷水"，在"修改|放置 软管"选项卡"放置工具"面板选择"自动连接"工具，点击鼠标左键依次连接 a 点和 b 点位置，如图 5-114 所示。最终结果如图 5-115 所示。

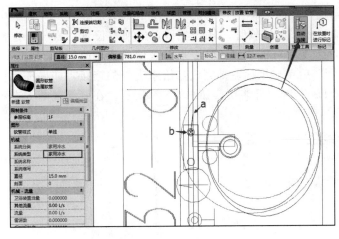

图 5-114

图 5-115

【**注意**】b点为"洗脸盆"冷水给水点接口。

（13）布置"盥洗池"给水龙头。单击"插入"选项卡"从库中载入"面板中的"载入族"工具，载入教程提供的族文件中的"盥洗池水龙头"族，如图 5-116 所示。

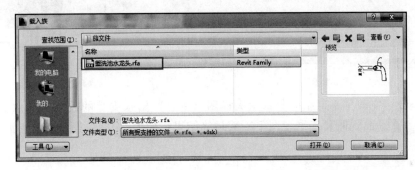

图 5-116

（14）单击"系统"选项卡"卫浴和管道"面板中的"卫浴装置"工具，在"属性"窗口选择"盥洗池水龙头"，鼠标左键单击"编辑类型"，打开"类型属性"窗口，设置"默认安装高度"为 750mm（通过水施-01 中图例可知盥洗池安装高度为 600mm，因此设置盥洗池水龙头安装高度为 750mm），点击"确定"，如图 5-117 所示。移动鼠标，在平面视图中通过"空格"键切换水龙头布置方向，单击鼠标左键布置在盥洗池位置，如图 5-118 所示。

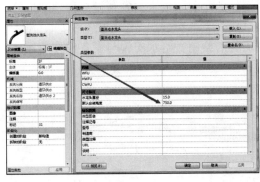

图 5-117

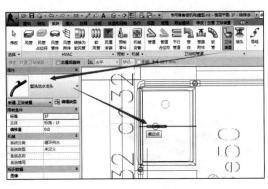

图 5-118

（15）连接"盥洗池水龙头"与给水支管。单击"系统"选项卡"卫浴和管道"面板中的"软管"工具，在"属性"窗口选择"金属软管"软管类型，选项栏位置"直径"选择15mm，连接"盥洗池水龙头"与给水支管，移动鼠标到2点位置给水支管时，左下角提示栏提示为"无规共聚聚丙烯PP-R管"后单击鼠标左键完成与给水支管的连接，如果提示栏提示为"污水池-公用"可通过按"Tab"键进行切换，如图5-119所示。在三维视图下查看最终结果，如图5-120所示。

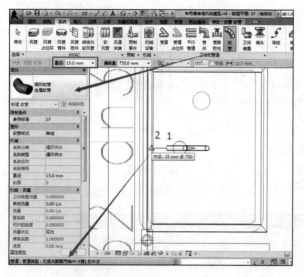

图 5-119

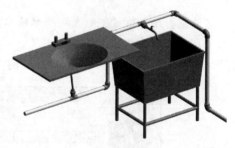

图 5-120

（16）至此，完成"小卫生间给排水大样图（一）"给水支管的绘制、给水支管与设备构件的连接。在平面视图和三维视图下查看最终结果，如图5-121、图5-122所示。

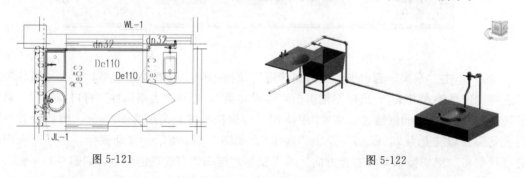

图 5-121

图 5-122

（17）按照上述操作步骤完成公共卫生间给水支管的绘制、给水支管与设备构件的连接。最终结果如图5-123所示。

（18）按照上述操作步骤完成二层开水间给水支管的绘制、给水支管与设备构件的连接。最终结果如图5-124所示。

图 5-123

图 5-124

（19）按照上述操作步骤完成小卫生间给排水大样图（二）给水支管的绘制、给水支管与设备构件的连接。最终结果如图 5-125 所示。

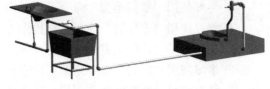

图 5-125

5.6.4 总结扩展

（1）步骤总结 上述 Revit 软件绘制给水支管的操作步骤主要分为三步。第一步：链接 CAD 图纸（含有视图可见性设置、图纸按比例缩放等小步骤）；第二步：绘制给水支管（含有绘制管道、编辑族部件显示设置、创建剖面视图等小步骤）；第三步：使用软管连接给水部件与给水支管（含有布置盥洗池水龙头、新建软管类型、绘制软管等小步骤）。按照本操作流程，读者可以完成专用宿舍楼项目给水支管的创建。

（2）业务扩展 在现场施工中，"洗脸盆"与给水支管的连接属于后期装饰装修部分内容。一般情况下，"洗脸盆"给水点与给水支管采用 DN15 的金属软管连接，在本节中使用 Revit 提供的"软管"工具代替金属软管进行给水设备与给水支管的连接。

给水支管安装完毕后，管道隐蔽前需要对给水管管网做压力试验，给水管道的水压试验必须符合设计要求，各种材质的给水管道系统试验压力均为工作压力的 1.5 倍，且不得小于 0.9MPa。检验方法为：金属及复合管给水管道系统在试验压力下观测 10min，压力降不应大于 0.02MPa，然后降到工作压力进行检查，应不渗不漏；塑料管给水管道系统应在试验压力下稳压 1h，压力降不得超过 0.05MPa，然后在工作压力的 1.15 倍状态下稳压 2h，压力降不得超过 0.05MPa，同时检查各连接处不得渗漏。

5.7 绘制排水支管

5.7.1 任务说明

在 Revit 软件中打开"专用宿舍楼机电模型"项目文件，根据专用宿舍楼图纸，完成专用宿舍楼排水支管的绘制。

5.7.2 任务分析

（1）业务层面分析 根据水施-03 中排水系统图确定首层空间排水支管安装高度为 F-0.6，根据小卫生间给排水大样图确定排水支管管径和位置尺寸。

根据水施-01 图纸给排水设计总说明"四、管道敷设"中的"4. 管道坡度"可知，在绘制排水支管和排水横干管时需要采用的标准坡度值，根据水施-01 图纸给排水设计总说明"七、其他"中的第 5 条中排水管公称外径和公称直径对应关系，绘制排水支管和设置排水横支管、排水横干管坡度值，由水施-03 排水系统图可知排水支管安装标高为 F-0.6。

（2）软件层面分析
① 学习使用"MEP 设置"命令添加排水坡度。
② 学习使用"管道"命令绘制排水支管。

③ 学习使用"视图范围"命令设置排水管道可见性。

④ 学习使用"连接到"命令连接排水点与排水管。

⑤ 学习使用"镜像"命令镜像给排水支管及设备。

⑥ 学习使用"复制"命令复制给排水支管及设备。

⑦ 学习使用"粘贴"命令创建二层给排水支管及设备。

5.7.3 任务实施

在绘制排水系统模型时，需要注意排水系统与给水系统的区别，排水系统为重力流系统，在排水管道安装时为确保水流顺畅需要有一定的坡度设置，通过水施-01图纸中给排水设计总说明中"四、管道敷设"的第4条可知，排水横支管标准坡度为0.026。排水横干管的坡度根据管道尺寸不同分别为：0.015、0.004、0.0035、0.003。下面以《BIM算量一图一练》中的专用宿舍楼项目为例，以水施-03小卫生间大样图（一）为基础，讲解排水支管绘制的操作步骤。

（1）添加排水坡度。单击"管理"选项卡"设置"面板中的"MEP设置"下拉选项中的"机械设置"工具，如图5-126所示。单击选中"机械设置"窗口中的"坡度"类别，单击"新建坡度"，在"新建坡度"窗口中添加坡度值0.26、0.15、0.4、0.35、0.3（将排水横支管、排水横干管坡度全部建立），如图5-127所示。

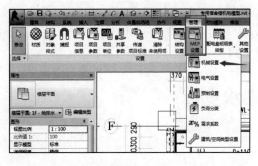

图 5-126

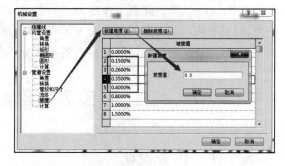

图 5-127

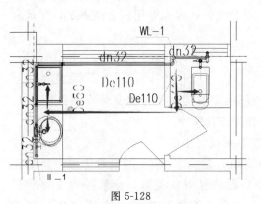

图 5-128

（2）在"项目浏览器"窗口打开"1F-给排水"平面视图，因为排水管中所使用的顺水三通具有方向性，所以如果按照原CAD图纸中排水支管的路线走向绘制排水支管，会出现顺水三通方向错误。如果按此施工，会导致顺水三通另一端的水流无法流到排水立管中，因此在绘制排水支管前应先对排水支管路线走向进行优化，优化后路线走向如图5-128所示。

（3）单击"系统"选项卡"卫浴和管道"面板中的"管道"工具，在"属性"窗口选择"UPVC排水管"管道类型，系统类型设置为"排水系统"，选项栏位置"直径"选择100mm（根据水施-01图纸给排水设计总说明"七、其他"中的第5条中公称外径和公称直径对应关系确定排水支管管径尺寸），

"偏移量"输入 $-600\mathrm{mm}$（根据水施-03中排水系统图确定首层空间排水支管安装高度为 F-0.6），在"修改|放置管道"选项卡"带坡度管道"面板选择"向上坡度"，"坡度值"选择 0.26%，如图5-129所示。

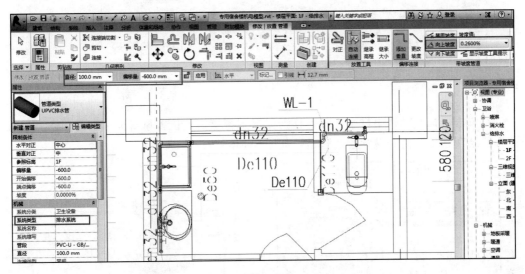

图 5-129

（4）移动鼠标到排水立管 WL-1 位置，单击鼠标左键以排水立管作为起始点开始绘制排水支管。绘制完成一段管道后，如果在视图右下角出现如图5-130所示的警告提示，且在平面视图中也无法看到绘制完成的排水支管，则需打开"三维给排水"切换到三维视图，在三维视图中就可以看到绘制完成的管道。可以在平面视图中通过设置"视图范围"使管道可见。打开平面视图"1F-给排水"，在"属性"窗口单击"视图范围"后的"编辑"按钮，在"视图范围"窗口设置底部"偏移量"为 -1600（视图范围设置方法见本节总结拓展内容），视图深度"偏移量"为 -1600，单击"确定"，如图5-131所示。最终排水支管显示结果如图5-132所示。

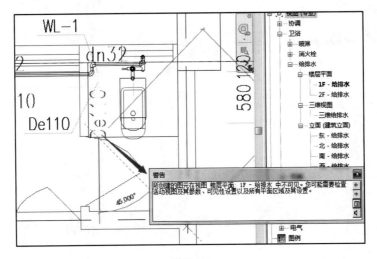

图 5-130

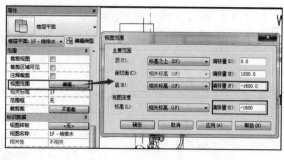
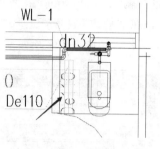

图 5-131   图 5-132

（5）单击鼠标左键选中排水支管，移动鼠标到管道端点位置单击鼠标右键，在右键菜单中选择"绘制管道"命令继续绘制管道，如图 5-133、图 5-134 所示。

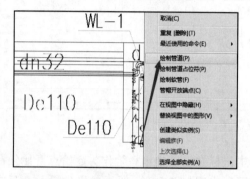
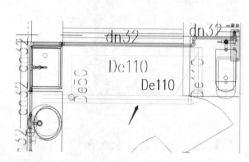

图 5-133   图 5-134

（6）连接"洗脸盆"排水点与排水支管。单击"系统"选项卡"卫浴和管道"面板中的"管道"工具，选项栏位置"直径"选择 50mm（根据小卫生间给排水大样图（二）的说明可知污水小横支管均为 De50 管径。根据水施-01 图纸给排水设计总说明"七、其他"中的第 5 条中公称外径和公称直径对应关系确定排水支管管径尺寸），在"修改|放置 管道"选项卡"放置工具"面板中选择"自动连接"、"继承高程"，移动鼠标到排水支管 a 点位置，单击鼠标左键从横管上 a 点引出排水支管连接到"洗脸盆"排水点位置，如图 5-135 所示。最终连接结果如图 5-136 所示。

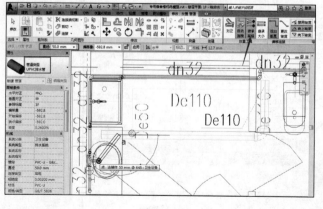
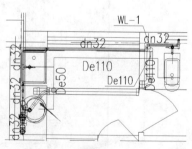

图 5-135   图 5-136

（7）打开"三维给排水"切换到三维视图，在三维视图中单击鼠标左键选中 b 点位置管道，在选项栏位置"直径"选择修改为 50mm，如图 5-137 所示。

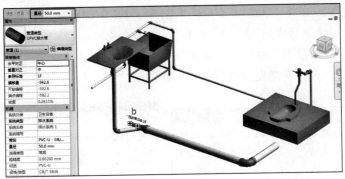

图 5-137

（8）连接"盥洗池"排水点与排水支管。单击鼠标左键选中"盥洗池"，在"修改|卫浴装置"选项卡"布局"面板中选择"连接到"工具，单击鼠标左键选择 b 点位置管道，将"盥洗池"与排水支管连接，如图 5-138 所示。最终连接结果如图 5-139 所示。

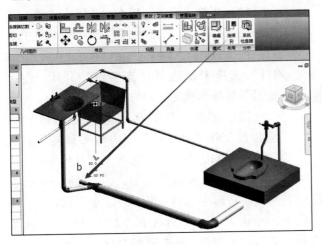

图 5-138

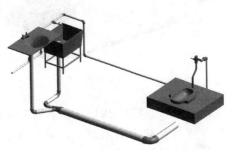

图 5-139

（9）连接"蹲式大便器"排水点与排水支管。选中"蹲式大便器"，在"修改|卫浴装置"选项卡"布局"面板中选择"连接到"工具，将"蹲式大便器"与排水支管连接，如图 5-140、图 5-141 所示。

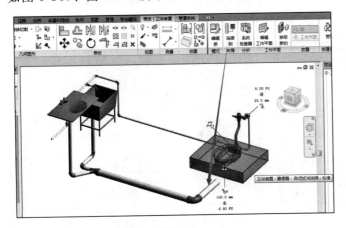

图 5-140

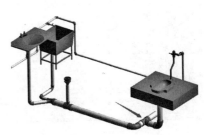

图 5-141

（10）放置地漏。单击"系统"选项卡"卫浴和管道"面板中的"管路附件"工具，在"属性"窗口选择"地漏带水封-圆形-PVC-U"，接口为"50mm"，如图 5-142 所示。在"修改|放置 管道附件"选项卡"放置"面板中选择"放置在工作平面上"，移动鼠标拾取排水支管中心位置，点击鼠标左键完成地漏放置，如图 5-143 所示。

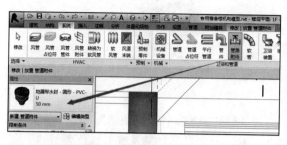

图 5-142　　　　　　　　　　　　　　　　图 5-143

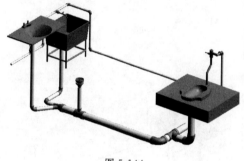

图 5-144

（11）连接"地漏"排水点与排水支管。打开"三维给排水"三维视图，在三维视图中单击鼠标左键选中"地漏"，在"修改|放置 管道附件"选项卡下选择"连接到"工具，连接"地漏"与排水横支管，如图 5-144 所示。

（12）布置"P形存水弯"并修改。将"洗脸盆"和"盥洗池"下方弯头替换为P形存水弯，单击"插入"选项卡"从库中载入"面板中的"载入族"工具，在"机电→水管管件→GBT 5836 PVC-U→承插"文件夹下选择"P形存水弯-PVC-U-排水"族，将"P形存水弯"载入到项目中，如图 5-145 所示。单击"系统"选项卡"卫浴和管道"面板中的"管件"工具，在"属性"窗口选择"P形存水弯"，单击鼠标左键布置到项目中，如图 5-146 所示。单击鼠标左键选中"P形存水弯"，在"修改|管件"选项卡"模式"面板中选择"编辑族"命令进入编辑族界面，如图 5-147 所示。在编辑族界面"属性"窗口中"零件类型"位置选择"弯头"类型，如图 5-148 所示。单击"创建"选项卡"族编辑器"面板中的"载入到项目"工具，将修改后的"P形存水弯"重新载入到项目中。

图 5-145

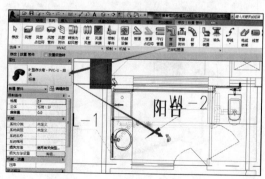

图 5-146

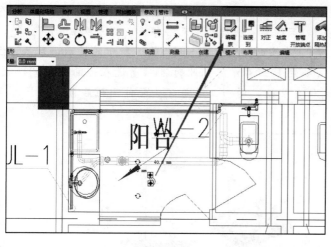

图 5-147

图 5-148

（13）替换"P 形存水弯"。打开"三维给排水"三维视图，在三维视图中分别选中"洗脸盆"、"盥洗池"、"蹲式大便器"下方 90°弯头，在"属性"窗口切换选择为"P 形存水弯"，如图 5-149 所示。最终结果如图 5-150 所示。

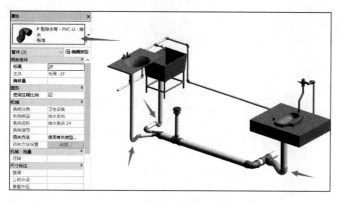

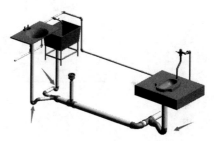

图 5-149

图 5-150

【注意】

① 排水管具有方向性，在连接完支管后如发现如图 5-151 所示三通方向错误的情况（因为 WL-1 位置为低处，管件的方向需要保证高处的水可以顺利流向低处），可通过 ↓↑ 调整三通方向如图 5-152 所示。

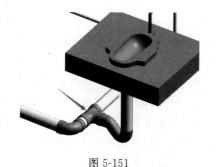

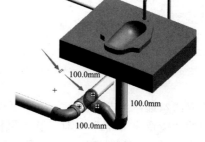

图 5-151

图 5-152

② 在步骤（13）中，在将弯头替换成"P形存水弯"前必须通过族编辑将"P形存水弯"的"零件类型"修改为"弯头"，否则在弯头类型中无法替换成"P形存水弯"。

③ 在替换"蹲式大便器"下方90°弯头时如果出现如图5-153所示的提示，表示该位置三通管件与弯头管件间距太小无法安装P形存水弯，此时可以通过在平面视图"1F-给排水"中移动排水横支管从位置1到位置2处，增加三通与弯头管件间距后再设置P形存水弯，如图5-154、图5-155所示。

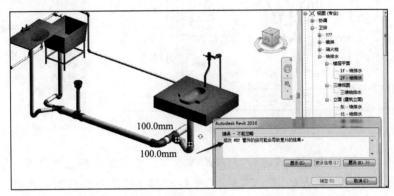

图 5-153

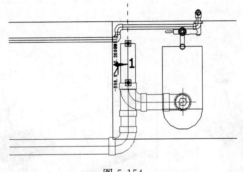

图 5-154

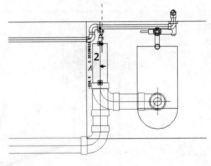

图 5-155

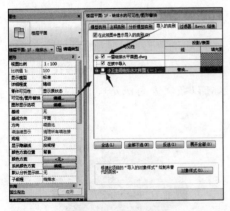

图 5-156

（14）打开"1F-给排水"平面视图，打开"属性"窗口中"可见性/图形替换"功能，在"可见性/图形替换"窗口"导入的类别"页签下勾选"一层给排水平面图.dwg"，取消勾选"小卫生间给排水大样图（一）"，如图5-156所示。

（15）镜像③～④轴/Ⓔ～Ⓕ轴卫生间给排水设备、支管到④～⑤轴/Ⓔ～Ⓕ轴位置卫生间。长按鼠标左键，移动鼠标框选卫生间内全部给排水设备、管道、管件，单击"修改|选择多个"选项卡"选择"面板中的"过滤器"工具，在"过滤器"窗口勾选"卫浴装置"、"参照平面"、"管件"、"管道"、"管道附件"、"软管"，如果有其他

选项均取消勾选，点击"确定"，如图5-157所示。单击"修改|选择多个"选项卡"修改"面板中的"镜像-拾取轴"工具，移动鼠标点击鼠标左键拾取④轴，将③～④轴/Ⓔ～Ⓕ轴卫生间给排水设备、支管镜像到④～⑤轴/Ⓔ～Ⓕ轴卫生间位置，如图5-158所示。

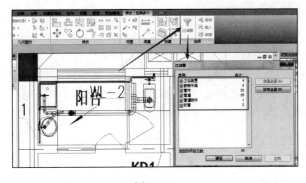

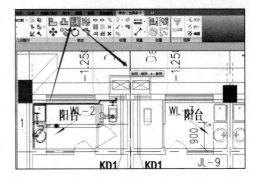

图 5-157　　　　　　　　　　　　　　　图 5-158

（16）打开"三维给排水"三维视图，在三维视图下查看镜像后的模型，如图 5-159 所示。在"项目浏览器"中打开"南-给排水"立面视图，镜像后的洗脸盆位置的排水支管与洗脸盆连接如图 5-160 所示。单击"修改"选项卡"修改"面板中"对齐"工具，将排水支立管顶端与洗脸盆排水点位置对齐，如图 5-161 所示。

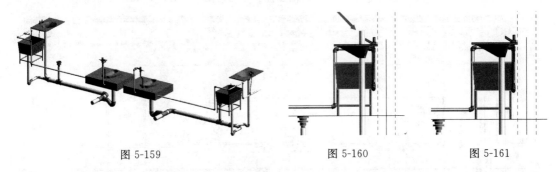

图 5-159　　　　　　　　　　　图 5-160　　　　　　　　图 5-161

（17）复制完善③～⑫轴/Ⓔ～Ⓕ轴区域模型。单击"修改"选项卡"修改"面板中的"复制"工具，在选项栏位置选择"约束"，选择④轴为复制基点，将③～⑤轴/Ⓔ～Ⓕ轴卫生间给排水设备、支管模型复制到⑤～⑦轴/Ⓔ～Ⓕ轴卫生间位置，如图 5-162 所示。同样的复制方式完成③～⑫轴/Ⓔ～Ⓕ轴区域的所有卫生间给排水设备、支管模型，在"三维给排水"三维视图下查看最终结果，如图 5-163 所示。

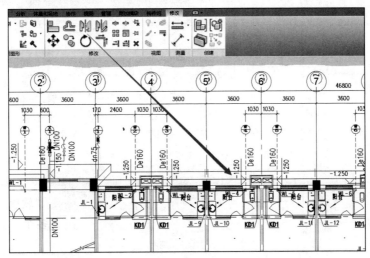

图 5-162

图 5-163

（18）镜像完善③～⑫轴/Ⓐ～Ⓑ轴区域模型。打开"1F-给排水"平面视图，单击"系统"选项卡"工作平面"面板中的"参照平面"工具，如图 5-164 所示。在Ⓒ轴和Ⓓ轴的中心线位置绘制参照平面，如图 5-165 所示。框选③～⑫轴/Ⓔ～Ⓕ轴位置卫生间给排水设备、支管，单击"修改|选择多个"选项卡"选择"面板中的"镜像-拾取轴"工具，移动鼠标拾取Ⓒ轴和Ⓓ轴的中心位置参照平面点击鼠标左键，将③～⑫轴/Ⓔ～Ⓕ轴的卫生间镜像到③～⑫轴/Ⓐ～Ⓑ轴卫生间位置，如图 5-166 所示。打开"南-给排水"立面视图，使用"对齐"工具修改"洗脸盆"位置排水管，如图 5-167 所示。继续复制卫生间给排水设备、支管到①～③轴/Ⓐ～Ⓑ轴，⑧～⑨轴/Ⓐ～Ⓑ轴，⑫～⑭轴/Ⓐ～Ⓑ轴卫生间，保存最终结果，如图 5-168 所示。

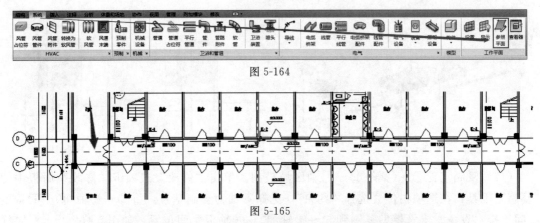

图 5-164

图 5-165

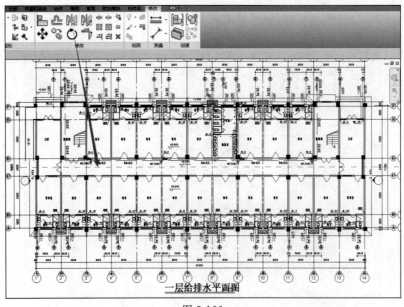

图 5-166

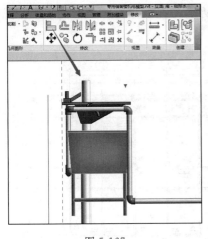

图 5-167

图 5-168

（19）复制"1F-给排水"平面视图给排水设备、支管到"2F-给排水"平面视图，打开"三维给排水"三维视图，选中全部给排水支管及卫浴设备构件，单击"修改|选择多个"选项卡"剪贴板"面板中的"复制"工具，如图 5-169 所示。点击完"复制"后，左侧的"粘贴"工具变为可选，单击"粘贴"下拉选项中的"与选定的标高对齐"，如图 5-170 所示。在"选择标高"窗口中选择"2F"，点击"确定"，如图 5-171 所示。最终结果如图 5-172 所示。

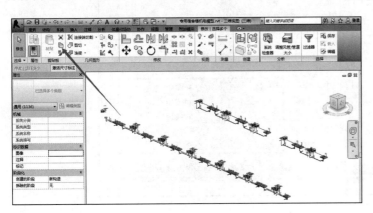

图 5-169

图 5-170

图 5-171

图 5-172

（20）设置二层构件的显示。在"项目浏览器"窗口中，打开"2F-给排水"平面视图，使用"链接 CAD"工具链接"二层给排水平面图.dwg"CAD 图纸，将"二层给排水平面图"轴网与项目轴网对齐后进行锁定，如图 5-173 所示。在"属性"窗口单击"视图范围"

的"编辑"按钮，在"视图范围"窗口，按照图 5-174 所示的参数进行设置，完成后点击"确定"并保存项目模型。

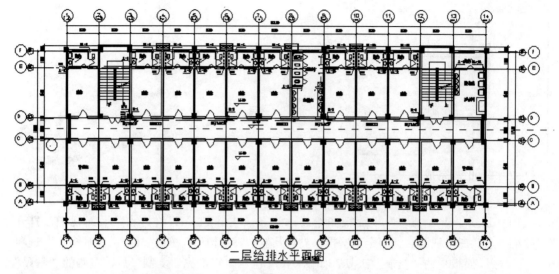

二层给排水平面图

图 5-173

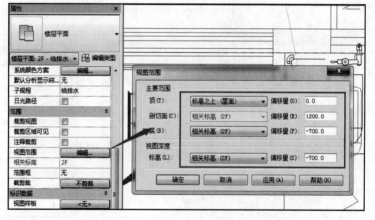

图 5-174

（21）在快速设置栏中设置"2F-给排水"平面视图"精细程度"显示为"精细"，"视觉样式"为"线框"模式，如图 5-175、图 5-176 所示。

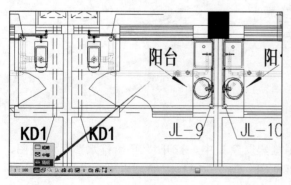

图 5-175

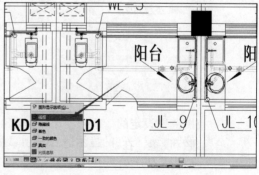

图 5-176

（22）完善二层给排水模型。使用复制功能将二层③～④轴/Ⓔ～Ⓕ轴卫生间模型复制到①～②轴/Ⓔ～Ⓕ轴位置。并根据本节讲解方法完成一层（二层）公共卫生间排水支管、二层开水间给排水支管绘制，最终结果如图5-177～图5-179所示。

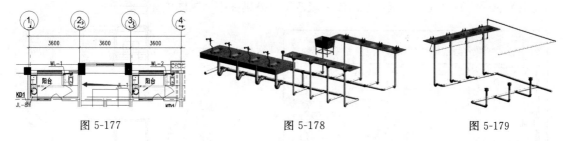

图 5-177   图 5-178   图 5-179

（23）至此，完成排水支管的创建，单击Revit左上角快速访问栏上的"保存"功能，保存项目文件。

5.7.4 总结扩展

（1）步骤总结 上述Revit软件绘制排水支管的操作步骤主要分为三步。第一步：添加排水横管安装坡度；第二步：绘制排水支管（含有排水管道路线优化、视图范围设置、排水设备与排水支管连接、P形存水弯编辑替换等小步骤）；第三步：复制或镜像卫生间给排水设备、支管到其他位置（含有镜像卫生间给排水设备、支管、复制一层给排水设备、支管到二层等小步骤）。按照本操作流程，读者可以完成专用宿舍楼项目排水支管的创建。

（2）业务扩展

① 因为排水支管绘制时需要设置坡度，所以在绘制时排水横管每一点的偏移量高度均不一样，在从排水横管往外引支管时，必须保证支管起始点与排水横管连接点位置偏移量标高相同。此时的绘制技巧是：使用"修改"选项卡中的"继承高程"工具从横管往外引支管连接到设备。

② 存水弯指的是在卫生器具内部或器具排水管段上设置的一种内有水封的配件，其根据形状可分为S形存水弯、P形存水弯、U形存水弯。存水弯广泛地应用于各种排水系统中，正常使用时存水弯内充满水，这样就可以把卫生器具与下水道的空气隔开，防止下水道里面的废水、废物、细菌等通过下水道直接传到室内空间，对人的身体健康造成不利影响。存水弯工作原理如图5-180所示。水封：即水密封，一般用于低压气体的密封。

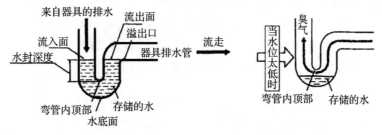

图 5-180

③ 视图范围设定的作用。在Revit平面视图中绘制模型时，为了便于查看模型，需要对模型可见性进行设置，在前面章节中讲解了在"可见性/图形替换"中通过选择模型的构件类别或添加过滤器的方式设置模型部件在视图中的显示或不显示。除"可见性/图形替换"工具可设置模型可见性外，还可以通过"视图范围"工具设置模型可见性，在"视图范围"窗口中共

有4个参数设置选项，分别为"顶"、"剖切面"、"底"、"视图深度-标高"，对应每个参数后都可以设置"偏移量"值，如图5-181所示。视图范围通过各参数值设置控制当前平面视图在垂直空间上看到的范围界限，对比图5-181中设定的视图范围参数值，在图5-182立面中所看到的范围为A～C/D之间的区域，超出该区域范围之外则在平面视图中无法看到。

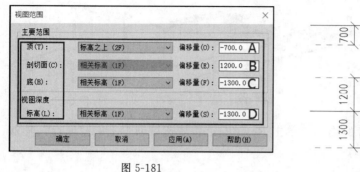

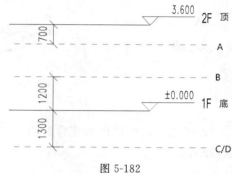

| 图 5-181 | 图 5-182 |

【注意】对于窗户、橱柜和常规模型的显示不受"顶～A"区域的影响。

5.8 绘制给水干管、给水立管

5.8.1 任务说明

在Revit软件中打开"专用宿舍楼机电模型"项目文件，根据专用宿舍楼图纸，完成专用宿舍楼给水干管、给水立管的绘制。

5.8.2 任务分析

(1) 业务层面分析 根据水施-02中给水系统图确定给水立管编号，给水入户干管编号和标高偏移量，确定二层给水横管管径和标高偏移量。根据水施-04一层给排水平面图确定给水立管编号和入户管位置以及管径。根据水施-05二层给排水平面图确定二层给水立管位置、编号和给水横管位置。

(2) 软件层面分析

① 学习使用"拆分图元"命令添加管道连接件。

② 学习使用"修剪/延伸单个图元"命令连接给水支管与给水立管。

③ 学习使用"修剪/延伸为角"命令连接给水支管与给水横管。

④ 学习使用"修剪/延伸多个图元"命令连接给水支管与给水立管。

5.8.3 任务实施

根据图纸水施-01给排水设计总说明中"二、管道材料"的第一条可知，专用宿舍楼项目中给水系统给水干管（也就是入户干管）采用钢塑复合管，给水立管及室内给水支管采用冷热水用无规共聚聚丙烯PP-R管，在水施-02"给水系统图"中可知给水入户干管安装标高为-1.15m，在二层给水横管的标高为F+2.8（从一层开始算的话就是给水立管从-1.15m的标高向上到6.4m的位置），管径为DN65（根据给排水设计总说明中"七、其他"中第五条公称外径与公称直径的对应关系可知）。在绘制给水立管时，可以把钢塑复合管和无规共聚聚丙烯 PP-R 管管材接口转换位置设置在（$H+100$）mm 高度位置，以保证转接口连接件在±0 标高之上（给水干管在±0 标高以下为埋地安装，为避免管材转换接口位置埋地安装，通常会将转换接口安装在出地面 100mm 左右位置）。下面以《BIM算量一图一练》中的专用宿舍楼项目为例，讲解给水干管、给水立管绘制方法的操作步骤。

（1）打开"1F-给排水"平面视图，单击"系统"选项卡"卫浴和管道"面板中的"管道"工具，在"属性"窗口选择"钢塑复合管"管道类型，系统类型选择"给水系统"，选项栏位置"直径"选择 65mm，"偏移量"输入－1150mm，在"修改|放置 管道"选项卡"带坡度管道"面板中选择"禁用坡度"，单击鼠标左键绘制给水横管 J/1，如图 5-183 所示。绘制到 A 点位置后修改"偏移量"为 6400mm，点击"应用"完成立管的绘制，如图 5-184 所示。

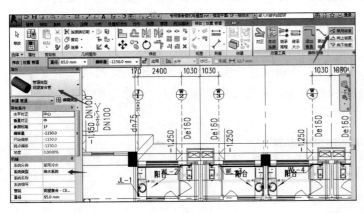

图 5-183

图 5-184

（2）单击"修改"选项卡"修改"面板中的"对齐"工具，将给水立管中心与给水横支管中心对齐，如图 5-185 所示。打开"三维给排水"三维视图，单击"修改"选项卡"修改"面板中的"拆分图元"工具，移动鼠标到给水立管，单击鼠标左键在给水立管上添加管道连接件，如图 5-186 所示。单击鼠标左键选中该连接件，在"属性"窗口"偏移量"位置输入 100，如图 5-187 所示。单击鼠标左键，选中连接件上方管道，在"属性"窗口修改"管道类型"为"无规共聚聚丙烯 PP-R 管"，连接件以上算是室内的管道，所以按照设计说明要求进行修改，如图 5-188 所示。

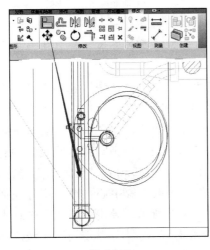

图 5-185

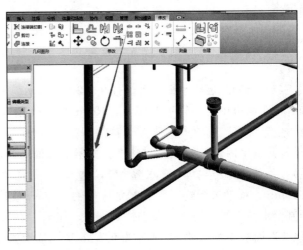

图 5-186

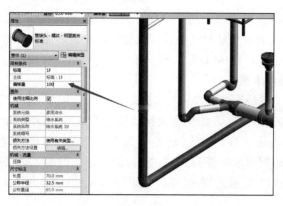

图 5-187

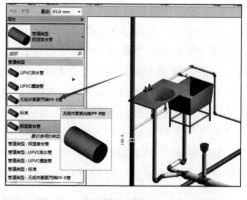

图 5-188

（3）连接给水横支管与立管。打开"三维给排水"三维视图，单击"修改"选项卡"修改"面板的"修剪/延伸单个图元"工具，移动鼠标依次选择一层给水立管和给水横支管进行连接，如图 5-189 所示。按照上述操作方法，完成二层给水支管与给水立管 JL-1 的连接，如图 5-190 所示。

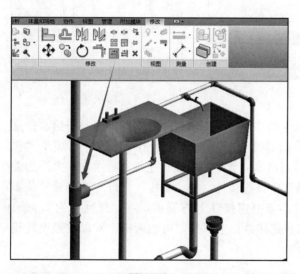

图 5-189

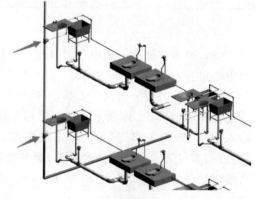

图 5-190

【注意】必须确保给水立管和给水横支管管道中心线对齐，否则给水立管无法与支管连接。

（4）绘制二层给水横干管。打开"2F-给排水"平面视图，单击"系统"选项卡"卫浴和管道"面板中的"管道"工具，Revit 自动切换至"修改|放置 管道"选项卡，在"修改|放置 管道"选项卡"放置工具"面板中选择"自动连接"功能，在"属性"窗口选择"无规共聚聚丙烯 PP-R 管"（注意：二层给水横干管也属于室内支管，所以用这个类型的管道），系统类型选择"给水系统"，选项栏位置"直径"选择 65mm，"偏移量"输入 2800mm，移动鼠标到二层给水立管 JL-1 顶部开放端位置，拾取立管中心，单击鼠标左键绘制给水横干管到给水立管 JL-12 位置，如图 5-191、图 5-192 所示。单击"修改"选项卡"修改"面板中的"修剪/延伸为角"工具，依次选择给水支管（a 点）和给水横干管（b 点），完成二层给水支管和干管的连接，如图 5-193 所示。打开"三维给排水"三维视图，

在三维视图下查看最终完成结果，如图 5-194 所示。

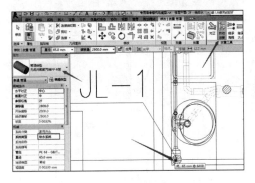

图 5-191

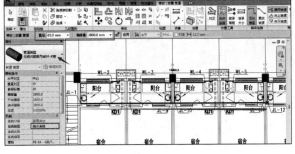

图 5-192

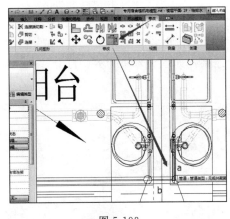

图 5-193

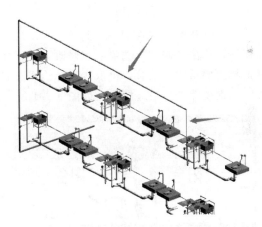

图 5-194

（5）绘制二层给水立管 JL-8 与立管 JL-1 之间的横干管。打开"三维给排水"三维视图，在三维视图下单击鼠标左键选中给水立管 JL-1 顶端弯头，点击弯头左侧 ➕ 符号，将"弯头"转变为"三通"，如图 5-195、图 5-196 所示。打开"2F-给排水"平面视图，单击鼠标左键选中三通，移动鼠标到三通左侧端点上，如图 5-197 所示。单击鼠标右键，在右键菜单中选择"绘制管道"命令继续绘制管道到给水立管 JL-8 位置，如图 5-198 所示。

（6）使用"修改"选项卡"修改"面板中的"修剪/延伸为角"工具，连接给水立管 JL-8 位置给水支管与给水横干管，如图 5-199 所示。

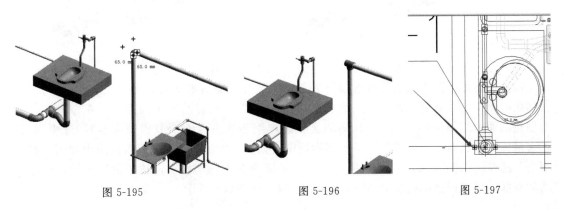

图 5-195　　　　　　　　　图 5-196　　　　　　　　　图 5-197

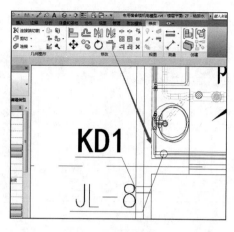

图 5-198　　　　　　　　　　　　　　　　　　　图 5-199

（7）创建给水立管 JL-9、JL-10、JL-11 并与二层给水支管连接。打开"2F-给排水"平面视图，单击"修改"选项卡"修改"面板中的"修剪/延伸多个图元"工具，单击鼠标左键选择二层给水横干管，再依次选择给水支管进行连接，如图 5-200 所示。打开"三维给排水"三维视图查看最终结果，如图 5-201 所示。

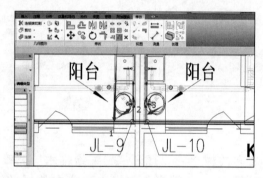

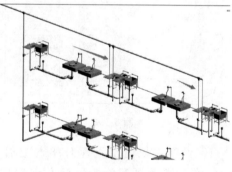

图 5-200　　　　　　　　　　　　　　　　　　　图 5-201

（8）创建给水立管 JL-9、JL-10、JL-11、JL-12 并与一层给水支管连接。在"三维给排水"三维视图中，单击鼠标左键选中弯头，通过弯头上 ➕ 符号，将给水立管 JL-9、JL-10、JL-11、JL-12 下方"弯头"转变为"三通"，如图 5-202 所示。最终显示结果如图 5-203 所示。

图 5-202　　　　　　　　　　　　　　　　　　　图 5-203

（9）在三维视图下无法直接连接给水立管三通与一层给水支管，需要先创建一个剖面，在剖面视图中连接立管三通与一层给水支管。打开"2F-给排水"平面视图，在②轴～⑧轴间创建剖面，如图 5-204 所示（具体剖面创建详细步骤参考 5.6 节相关内容）。选中剖面，点击鼠标右键选择"转到视图"进入剖面视图，如图 5-205 所示。在剖面视图中视图"精细程度"选择"精细"，如图 5-206 所示。选中剖面视图中的剖面框，长按鼠标左键，向上拖动剖面框，可以调整剖面显示范围，如图 5-207、图 5-208 所示。

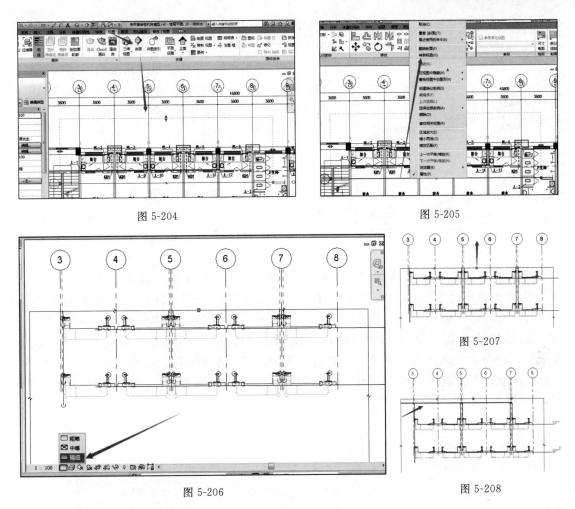

图 5-204

图 5-205

图 5-206

图 5-207

图 5-208

（10）绘制一层给水立管与支管连接。在剖面视图中单击鼠标左键，选中立管下方三通，移动鼠标到三通下方端点位置，单击鼠标右键，在右键菜单中选择"绘制管道"命令，在"修改|放置 管道"选项卡"放置工具"面板中选择"自动连接"，单击鼠标左键，继续绘制管道与一层给水支管连接，如图 5-209、图 5-210 所示。

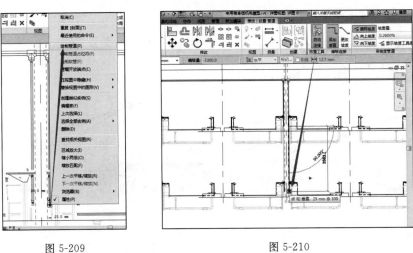

图 5-209

图 5-210

（11）根据上述操作，完成一层给水立管 JL-9、JL-10、JL-11、JL-12 的绘制，在三维视图下查看最终结果并保存，如图 5-211 所示。

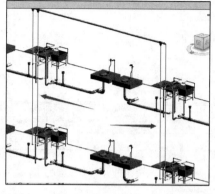

（12）根据水施-02 中"给水系统图"（图 5-212）和水施-01 中给排水设计总说明中"七、其他"中第五条给水管径对照表（图 5-213）修改给水横干管、立管管径。

（13）选择给水立管 JL-9 和 JL-10 间的横干管修改直径为 50mm，如图 5-214 所示。修改直径后会在窗口右下方出现如图 5-215 所示的错误提示框，提示内容为"线太短"。该错误原因主要有：当前该管道两端三通直径为 65mm，如果将中间该横管直径改为 50mm，则需要系统在管道

图 5-211

两端和三通连接的位置自动添加 50mm 变 65mm 的变径连接件，而此时该管道位置的长度距离无法满足生成两个变径连接件，所以会出现图 5-215 所示的错误提示。点击"取消"关闭错误提示，为了避免出现变径无法安装的问题，可以先修改立管 JL-10 与横干管连接位置的三通直径为 50mm，如图 5-216 所示。然后再修改横管直径为 50mm，根据以上思路和水施-02 中"给水系统图"、水施-01 中给排水设计总说明中"七、其他"中第五条给水管径对照表，依次修改本项目横干管、三通、弯头直径，最终结果如图 5-217 所示。

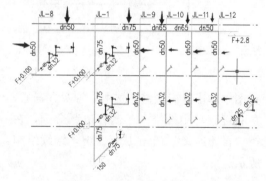

图 5-212

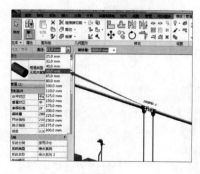

图 5-214

5.图中给排水管所标管径为公称外径，与公称直径的对应关系如下：

给水管	公称直径 *DN*	15	20	25	32	40	50	65	80
	公称外径 *dn*	20	25	32	40	50	63	75	90
排水管	公称直径 *DN*	40	50	75	100	125	150		
	公称外径 *De*	40	50	75	110	125	160		

图 5-213

图 5-215

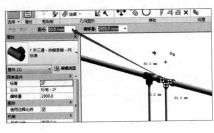

图 5-216

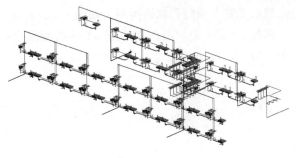

图 5-217

【注意】当遇到多个位置管径相同时，可以按住 Ctrl 键，用鼠标左键依次点取，可选择多个对象同时修改。

（14）按照上述操作方法，完成专用宿舍楼项目入户给水干管 J/2、J/3、J/4、J/5、J/6、J/7 的绘制，连接一、二层给水支管与给水立管，并修正相应的管径尺寸信息。最终结果如图 5-218 所示。

（15）至此，完成给水干管、给水立管的创建，单击 Revit 左上角快速访问栏上"保存"功能，保存项目文件。

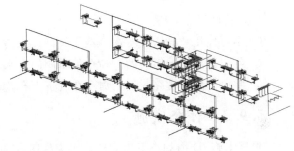

图 5-218

5.8.4　总结扩展

（1）步骤总结　上述 Revit 软件绘制给水干管、给水立管的操作步骤主要分为四步。第一步：绘制入户给水干管及给水立管（含有给水横管、立管绘制等小步骤）；第二步：连接给水支管与给水立管（含有给水支管与给水立管的连接、剖面的创建等小步骤）；第三步：绘制二层给水横管；第四步：修改管道直径。按照本操作流程，读者可以完成专用宿舍楼项目给水干管、给水立管的创建。

（2）业务扩展　在上述操作步骤中，修改给水横干管直径时出现错误提示，是因为当管道与三通管件的直径不一致时，在管道和三通间会自动添加变径连接件，变径连接件的长度由变径族决定，当管道长度小于生成变径连接件所需要的距离时将无法自动生成变径连接件，即会出现错误提示。因此在进行机电建模时，除了考虑管线间的交叉碰撞以外，还需要考虑管道、管件的安装间距。

5.9　布置给水阀门部件

5.9.1　任务说明

在 Revit 软件中打开"专用宿舍楼机电模型"项目文件，根据专用宿舍楼图纸，完成专用宿舍楼给水阀门部件的布置。

5.9.2　任务分析

（1）业务层面分析　根据水施-01 中的图例和水施-03 中小卫生间给排水大样图（一），

确定给水支管上阀门和水表类型，如图 5-219 所示。

根据水施-01 中的图例和水施-04 一层给排水平面图，确定给水入户干管上阀门类型，如图 5-220 所示。

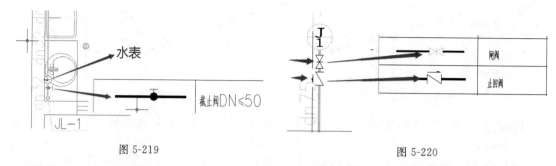

图 5-219   图 5-220

（2）软件层面分析

① 学习使用"载入族"命令载入阀门、水表部件。

② 学习使用"编辑类型"命令编辑阀门、水表部件参数。

③ 学习使用"管路附件"命令在管道上布置阀门的方法。

5.9.3　任务实施

根据水施-03 中的小卫生间给排水大样图（一）可知，卫生间给水支管上安装有截止阀和冷水水表。根据水施-04 一层给排水平面图可知，入户干管上安装有闸阀和止回阀。这些构件可通过载入族的方式，将 Revit 提供的阀门水表族载入到项目中。下面以《BIM 算量一图一练》中的专用宿舍楼项目，给水入户干管 J/1、③～④轴/Ⓔ～Ⓕ轴位置卫生间为例，讲解给水阀门部件布置的操作步骤。

（1）载入阀门、水表族。单击"插入"选项卡"从库中载入"面板中的"载入族"工具，在"载入族"窗口中打开"机电→阀门→截止阀"，选择"截止阀-J21 型-螺纹"，点击"打开"，将其载入，如图 5-221 所示。用同样的操作在"机电→阀门→闸阀"中载入"闸阀-Z41 型-明杆楔式单闸板-法兰式"，如图 5-222 所示。在"机电→阀门→止回阀"中载入"止回阀-H44 型-单瓣旋启式-法兰式"（载入止回阀时在"指定类型"窗口选择只载入规格为 65mm 的即可），如图 5-223、图 5-224 所示。在"机电→给排水附件→仪表"中载入"水表-旋翼式-15-40mm-螺纹"水表族，如图 5-225 所示。

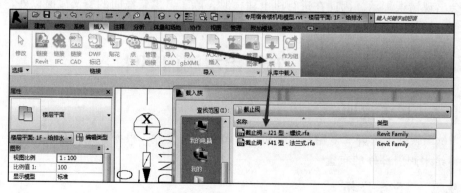

图 5-221

图 5-222

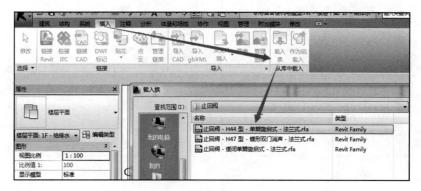

图 5-223

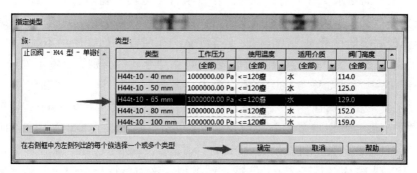

图 5-224

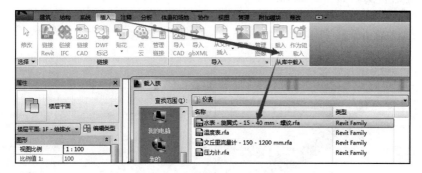

图 5-225

【注意】如项目中已经有对应的阀门族，则不需要重新载入。

（2）布置闸阀、止回阀。在"项目浏览器"窗口打开"1F-给排水"平面视图，单击"系统"选项卡"卫浴和管道"面板中的"管路附件"工具，在"属性"窗口选择"闸阀-Z41型-明杆楔式单闸板-法兰式 Z41T-10-65mm"，在给水入户干管 J/1 闸阀所在位置单击鼠标左键，布置闸阀，如图 5-226 所示。布置完闸阀后不中断命令，在"属性"窗口选择"止回阀-H44型-单瓣旋启式-法兰式"，在给水入户干管 J/1 止回阀所在位置单击鼠标左键，布置止回阀，如图 5-227 所示。打开"三维给排水"三维视图，在三维视图下查看最终结果并保存，如图 5-228 所示。

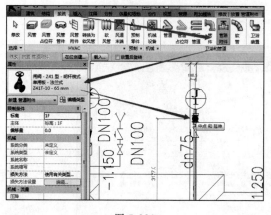

图 5-226   图 5-227

（3）布置卫生间给水支管上的截止阀。在"项目浏览器"窗口打开"1F-给排水"平面视图，为避免在布置截止阀时拾取到给水干管，给水干管标高为 -1150mm，可通过视图范围设置视图范围底部偏移量为 -700mm，使给水入户干管在平面视图中不显示，如图 5-229 所示。在"属性"窗口打开"可见性/图形替换"，在"导入的类别"页签下勾选"小卫生间给排水大样图（一）"，如图 5-230 所示。单击"系统"选项卡"卫浴和管道"面板中的"管路附件"工具，在"属性"窗口选择"截止阀-J21型-螺纹 J21-25-20mm"，单击"编辑类型"，在"类型属性"窗口复制新建"J21-25-25mm"截止阀类型，如图 5-231 所示。在"类型属性"窗口修改"公称直径"为 25mm，如图 5-232 所示。在"属性"窗口选择新建的"截止阀-J21型-螺纹 J21-25-25mm"截止阀类型，移动鼠标拾取卫生间给水支管，单击鼠标左键布置截止阀，如图 5-233 所示。

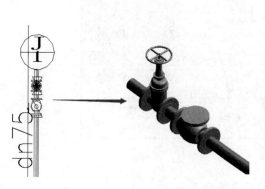

图 5-228

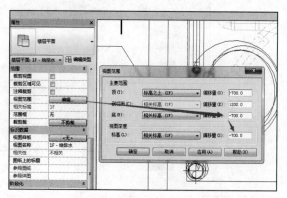

图 5-229

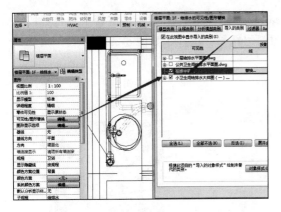

图 5-230

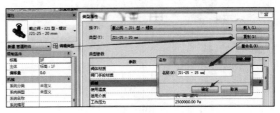

图 5-231

图 5-232

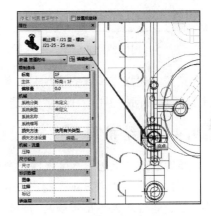

图 5-233

（4）布置卫生间给水支管上的水表。单击"系统"选项卡"卫浴和管道"面板中的"管路附件"，在"属性"窗口选择"水表-旋翼式-15-40mm-螺纹 25mm"，单击"编辑类型"，在"类型属性"窗口中"仪表长度"默认为225mm，如图 5-234 所示。而实际安装位置长度无法满足安装距离要求，因此需要将给水支管三通分支点位置向外侧移动，以保证水表的安装距离。按 Esc 键结束水表布置命令，单击"修改"选项卡"修改"面板中的"移动"工具，移动三通管件，使三通管件与给水立管间的距离能够满足水表的安装距离，如图 5-235 所示。移动

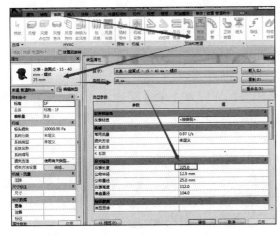

图 5-234

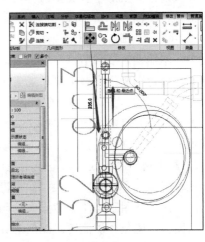

图 5-235

完成后按照上述操作方法布置"水表-旋翼式-15-40mm-螺纹 25mm"到给水支管水表位置，如图 5-236 所示。打开"三维给排水"三维视图查看最终结果并保存，如图 5-237 所示。

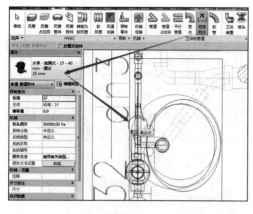

图 5-236

图 5-237

（5）按照上述操作步骤完成项目其他位置给水阀门部件的布置。布置完成后，单击 Revit 左上角快速访问栏上的"保存"功能，保存项目文件。

5.9.4　总结扩展

（1）步骤总结　上述 Revit 软件布置给水阀门部件的操作步骤主要分为两步。第一步：载入阀门部件族；第二步：布置阀门（含有布置闸阀、布置止回阀、布置截止阀、编辑截止阀尺寸参数、布置水表等小步骤）。按照本操作流程，读者可以完成专用宿舍楼项目给水阀门部件的布置。

（2）业务扩展　"阀门"中"阀"的定义是在流体系统中，用来控制流体的方向、压力、流量的装置。阀门是使配管和设备内的介质（液体、气体、粉末）流动或停止，并能控制其流量的装置。它具有截止、调节、导流、防止逆流、稳压、分流或溢流泄压等功能。用于流体控制系统的阀门，从最简单的截止阀到极为复杂的自控系统中所用的各种阀门，其品种和规格相当繁多。阀门可用于控制空气、水、蒸汽、各种腐蚀性介质、泥浆、油品、液态金属和放射性介质等各种类型流体的流动。本项目主要使用了闸阀、止回阀、截止阀和冷水水表部件，下面对于每种阀门的用途做以下介绍。

① 闸阀　闸阀的启闭件是闸板，闸板的运动方向与流体方向相垂直，闸阀只能做全开和全关，不能做调节和节流。闸板有两个密封面，最常用的模式是闸板阀的两个密封面形成楔形，楔形角随阀门参数而异，通常为 5°，介质温度不高时为 2°52′。

② 止回阀　又称单向阀或逆止阀，其作用是防止管路中的介质倒流，启闭件靠介质流动的力量自行开启或关闭，以防止介质倒流。止回阀属于自动阀类，主要用于介质单向流动的管道上，只允许介质向一个方向流动，以防止发生事故。

③ 截止阀　也叫截门，是使用最广泛的一种阀门，由于开闭过程中密封面之间摩擦力小，比较耐用，开启难度不大，制造容易，维修方便，所以被广泛应用。截止阀不仅适用于中低压，而且适用于高压。截止阀的闭合原理是，依靠阀杆压力，使阀瓣密封面与阀座密封面紧密贴合，阻止介质流通。阀门对其所在的管路中的介质起着切断和节流的重要作用，截止阀作为一种极其重要的截断类阀门，其密封是通过对阀杆施加扭矩，阀杆在轴向方向上向

阀瓣施加压力，使阀瓣密封面与阀座密封面紧密贴合，阻止介质沿密封面之间的缝隙泄漏。

④ 水表　是一种测量水的使用量的装置，常见于自来水的用户端，其度数是用以计算水费的依据。水表通常的测量单位为立方英尺（ft^3）或是立方米（m^3）。给水系统中常用的阀门部件如图 5-238 所示。

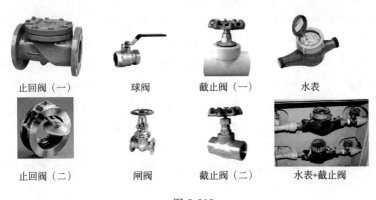

止回阀（一）　　　球阀　　　截止阀（一）　　　水表

止回阀（二）　　　闸阀　　　截止阀（二）　　　水表+截止阀

图 5-238

5.10 绘制排水立管、干管、布置排水部件

5.10.1 任务说明

在 Revit 软件中打开"专用宿舍楼机电模型"项目文件，根据专用宿舍楼图纸，完成专用宿舍楼排水立管、排水干管的绘制及排水部件的布置。

5.10.2 任务分析

（1）业务层面分析　根据水施-03 中排水系统图确定排水立管、排水干管编号和管径，确定排水横管在各层的标高，确定排水部件的位置（如检查口和通气帽）。

（2）根据水施-01 给排水设计总说明的"七、其他"中第五条给排水管所标管径与公称直径的对应关系表确定排水立管、干管公称直径。根据水施-04 一层给排水平面图确定排水入户干管位置、安装标高以及立管位置。根据水施-05 二层给排水平面图确定二层排水立管编号和位置。根据水施-06 屋面给排水平面图确定屋面排水立管编号和位置。

（3）软件层面分析

① 学习使用"管道"命令绘制排水管道。

② 学习使用"载入族"命令载入检查口、通气帽。

③ 学习掌握改变阀门部件方向的方法。

④ 学习使用"复制"命令快速创建相同位置管道。

⑤ 学习使用"修剪/延伸单个图元"命令连接排水支管与排水立管。

5.10.3 任务实施

根据水施-01 给排水设计总说明中"二、管道材料"的第二条可知，排水立管管材为"UPVC 螺旋管"，排水横管管材为"UPVC 排水管"。根据水施-03 中排水系统图管道标高和管径绘制排水横干管、立管。下面以《BIM算量—图—练》中的专用宿舍楼项目排水入户干管 W/2 与立管 WL-2 为例，讲解绘制排水立管、排水干管及布置排水部件的操作步骤。

（1）绘制排水干管 W/2。在"项目浏览器"窗口打开"1F-给排水"平面视图，单击"系统"选项卡"卫浴和管道"面板中的"管道"工具，Revit 自动切换至"修改|放置 管道"选项卡，在"放置工具"面板中取消选择"自动连接"，选择"向上坡度"，坡度值选择 0.3%（根据设计总说明中"四、管道敷设"中的"4.管道坡度"中排水横干管标准坡度与管径对应关系设置管道坡度值），在"属性"窗口选择"UPVC 排水管"，系统类型选择"排水系统"，选项栏中"直径"选择 150mm，"偏移量"设置为－1250mm，绘制排水入户干管 W/2，如图 5-239 所示。绘制排水干管时要确保干管中心与排水支管中心对齐，否则在绘制排水立管时排水立管将无法与排水支管连接，对齐方法可在绘制时利用 Revit 捕捉功能捕捉到支管中心线后绘制，也可在绘制完成后使用"修改"选项卡下"修改"面板中的"对齐"工具对齐排水横干管和排水支管，最终结果如图 5-240 所示。

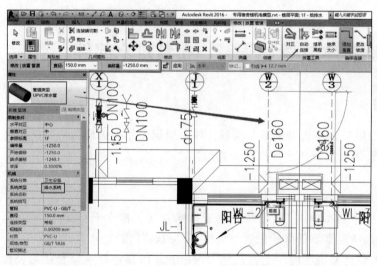

图 5-239

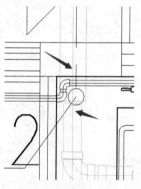

图 5-240

（2）绘制排水立管 WL-2。单击"系统"选项卡"卫浴和管道"面板中的"管道"工具，Revit 自动切换至"修改|放置 管道"选项卡，在"放置工具"面板中取消选择"自动连接"，选择"继承高程"，选择"禁用坡度"，在"属性"窗口选择"UPVC 螺旋管"，系统类型选择"排水系统"，选项栏中"直径"选择 100mm，移动鼠标到排水立管 WL-2 位置拾取排水横干管末端，点击鼠标左键后，以排水横干管端点为起始点绘制排水立管，如图 5-241 所示。通过"继承高程"命令可以拾取排水立管与排水横干管连接位置的偏移量，确定排水立管起始点后不中断绘制管道命令，在选项栏中修改"偏移量"为 9200mm（根据水施-03 中排水系统图可知排水立管标高为：出屋面＋2.0m，屋面标高为 7.2m，那么排水立管标高也就是 9.2m），设置好后点击"应用"，完成排水立管 WL-2 的绘制，如图 5-242 所示。打开"三维给排水"三维视图，查看最终结果并保存，如图 5-243 所示。

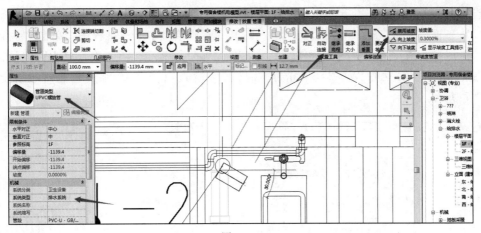

图 5-241

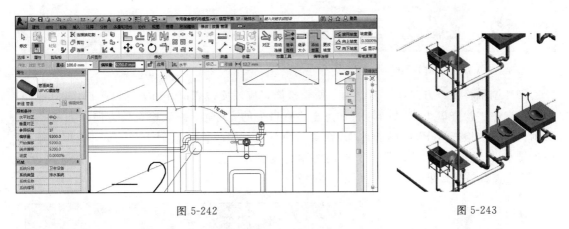

图 5-242　　　　　　　　　　　　　　　　　　图 5-243

（3）修改弯头大小。在"三维给排水"三维视图中单击鼠标左键选中排水立管与排水干管相交位置弯头，在选项栏位置修改弯头"直径"为 150mm，如图 5-244 所示。最终结果如图 5-245 所示。

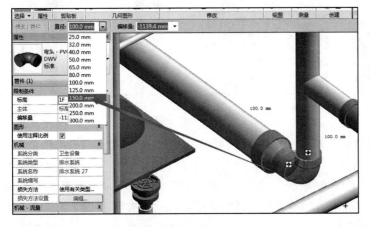

图 5-244　　　　　　　　　　　　　　　　　图 5-245

（4）在排水立管上添加检查口。单击"插入"选项卡"从库中载入"面板中的"载入族"工具，在"载入族"窗口打开"机电→水管管件→GBT 5836 PVC-U→承插"，选择

"检查口-PVC-U-排水",单击"打开"载入"检查口"族,如图 5-246 所示。

(5)布置检查口。载入"检查口"后,打开"三维给排水"三维视图,单击"系统"选项卡"卫浴和管道"面板中的"管件"工具,在"属性"窗口选择"检查口-PVC-U-排水",移动鼠标拾取排水立管 WL-2,单击鼠标左键将检查口布置到排水立管 WL-2 上,如图 5-247 所示。

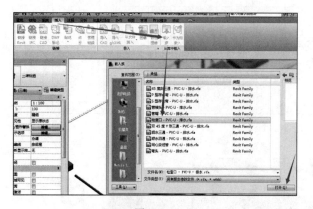

图 5-246   图 5-247

(6)调整检查口方向和标高。为了便于检修,应该使检查口开口方向便于操作,单击鼠标左键选中"检查口-PVC-U-排水",点击检查口上的 ⟳ 命令修改检查口方向,如图 5-248 所示。选中"检查口-PVC-U-排水",在"属性"窗口修改偏移量为 1000mm(根据水施-01 中给排水设计总说明"三、管件、阀门等附件的选用"第 3 条可知立管检修口距地高度为 1.0m),查看最终结果并保存,如图 5-249 所示。

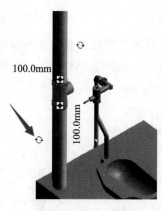
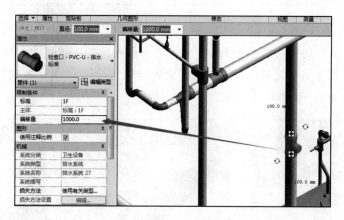

图 5-248   图 5-249

(7)安装屋面排水立管通气帽。单击"插入"选项卡"从库中载入"面板中的"载入族"工具,在"载入族"窗口打开"机电→给排水附件→通气帽",选择"通气帽-伞状-PVC-U",点击"打开"载入"通气帽-伞状-PVC-U"族,如图 5-250 所示。打开"三维给排水"三维视图,单击"系统"选项卡"卫浴和管道"面板中的"管路附件"工具,在"属性"窗口选择"通气帽-伞状-PVC-U 100mm",移动鼠标拾取排水立管 WL-2 顶部端点后单击鼠标左键,将"通气帽-伞状-PVC-U"布置到排水立管 WL-2 上,如图 5-251 所示。查看并保存最终结果,如图 5-252 所示。

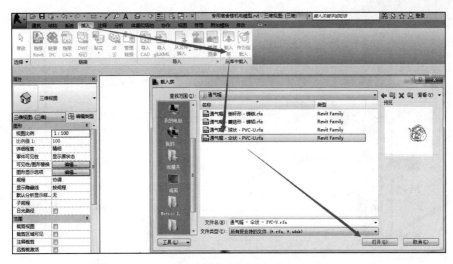

图 5-250

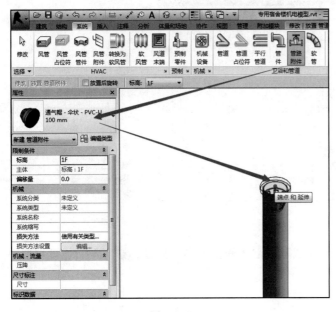

图 5-251

图 5-252

（8）至此，完成了排水入户干管 W/2 与立管 WL-2 的管道绘制和排水部件布置。其他卫生间位置排水立管、排水干管、排水部件可按照上述操作方法创建完成，也可使用"修改"选项卡"修改"面板中的"复制"工具将 W/2 与 WL-2 路线及构件复制到其他卫生间。

下面主要讲解使用"复制"的方法进行快速创建。在"三维给排水"三维视图中移动鼠标到排水立管上（不点击鼠标选择），此时鼠标所在位置立管为预选择状态，按键盘 Tab 键一次，与该段立管相连的部件均变为预选择状态后单击鼠标左键，此时选择到了整个排水横干管、排水立管管网以及上面的部件，如图 5-253 所示。在"属性"窗口查看选择数量为"通用（7）"，即选择到 7 个对象，如图 5-254 所示，保持这些构件处于选择状态下，打开"1F-给排水"平面视图，单击"修改"选项卡"修改"面板中的"复制"工具，勾选"约束"条件，以排水干管管道中心线为复制基点，将其复制到排水横干管 W/3～WL/3 位置，如图 5-255、图 5-256 所示。

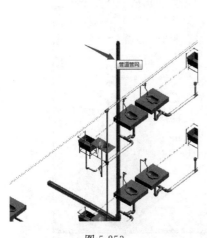

图 5-253

图 5-254

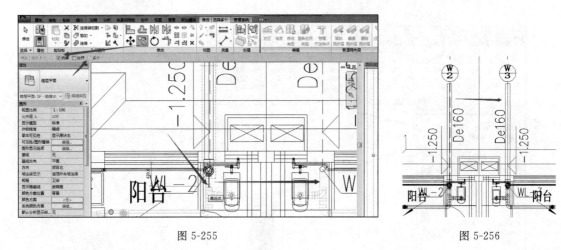

图 5-255

图 5-256

（9）按照上述复制的操作方法完成其他卫生间位置排水立管、排水干管、排水部件的创建，如图 5-257 所示。

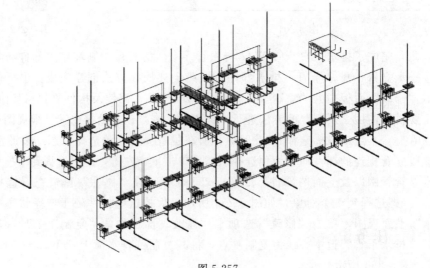

图 5-257

（10）连接排水支管与排水立管。在"三维给排水"三维视图中使用"修改"选项卡"修改"面板中的"修剪/延伸单个图元"工具连接排水支管与排水立管（操作方法参考给水支管与给水立管连接，此处不再赘述），如图 5-258 所示。在"三维给排水"三维视图下查看最终结果并保存，至此完成"专业宿舍楼机电模型"项目排水干管、排水立管、排水部件的创建，如图 5-259 所示。

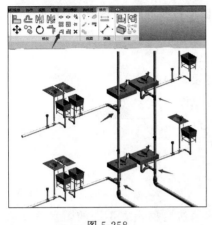

图 5-258　　　　　　　　　　　　　　　　　　图 5-259

5.10.4　总结扩展

（1）步骤总结　上述 Revit 软件创建排水干管、排水立管、排水部件的操作步骤主要分为四步。第一步：绘制排水干管和排水立管；第二步：布置立管检查口和屋面立管通气帽；第三步：复制排水干管和排水立管到其他卫生间位置；第四步：连接排水支管和排水立管。按照本操作流程，读者可以完成专用宿舍楼项目排水干管和排水立管的绘制。

（2）业务扩展　在建筑工程中，根据功能用途不同往往会使用不同的建筑材料，在本专用宿舍楼项目中排水立管管材采用"UPVC 螺旋管"，这种管材的特点是管道内壁有螺旋纹，水流在立管内顺着螺旋纹旋转流下，可以有效降低水流噪声，同时水流盘旋而下的过程中会在管道中心形成旋涡，起到一定的通气作用，因此一般只有排水立管才会使用"UPVC 螺旋管"管材。

根据水施-03 中排水系统图可知，排水立管出屋面高度 2.0m 处设置有通气帽。在排水立管设计中，排水立管出屋面高度根据屋面性质分为两种，安装在上人屋面位置的排水立管要求在保证高出屋面完成面高度 2m 处设置伸顶通气帽，安装在不上人屋面的排水立管要高于当地最大积雪厚度，一般设置 700mm 高左右或者由设计确定。

为了便于排水立管的检修，一般在排水立管的每一层或者每隔一层设置一个立管检修口，根据水施-03 中排水系统图可知，本项目排水立管在一层位置设置有检修口，根据水施-01 给排水设计总说明"三、管件、阀门等附件的选用"第 3 条可知立管检修口距地高度为 1.0m。

5.11　设置给排水系统过滤器

5.11.1　任务说明

在 Revit 软件中打开"专用宿舍楼机电模型"项目文件，根据专用宿舍楼图纸，完成专用宿舍楼给排水系统过滤器的设置。

5.11.2 任务分析

（1）业务层面分析 专用宿舍楼项目机电专业中包含小专业众多，在机电建模时为了能够清楚区分各专业管道系统，通常使用 Revit 过滤器的功能为各机电管线系统设置不同的颜色。另外，通过过滤器还可以实现机电各专业管线模型在不同视图下的显示状态。

（2）软件层面分析

① 学习使用"可见性/图形替换"命令设置系统过滤器。

② 学习使用"图案填充"命令为机电各专业系统设置填充颜色。

③ 学习使用"过滤器"命令在视图窗口设置图元的可见性。

④ 学习使用"视图样板"命令为不同的视图窗口设置过滤器显示。

⑤ 学习使用"保存选择集"命令保存不同的专业模型。

5.11.3 任务实施

在绘制完给排水管道模型后，可以为给水系统、排水系统管网设置不同的图案填充颜色，以便在视图窗口中能够通过颜色快速区分各系统。下面以《BIM算量一图一练》中的专用宿舍楼项目为例，讲解给排水系统过滤器设置方法的操作步骤。

（1）新建给水系统过滤器。在"项目浏览器"窗口中打开"1F-给排水"平面视图，在"属性"窗口中选择"可见性/图形替换"点击打开，在"可见性/图形替换"窗口"过滤器"页签中，单击下方"编辑/新建"，如图 5-260 所示。在"过滤器"窗口中有 Revit 提供的默认设定好的过滤器样板可供用户直接使用，在这里新建一个给水系统过滤器，点击"过滤器"窗口的左下角"新建"，在"过滤器名称"窗口中输入名称"给水系统"后点击"确定"，如图 5-261 所示。在"过滤器"窗口，选择"给水系统"，在过滤"类别"中勾选"管件""管道""管道附件"，如图 5-262 所示。在右侧"过滤器规则"位置选择过滤条件"系统类型"→"等于"→"给水系统"，点击"确定"，如图 5-263 所示。

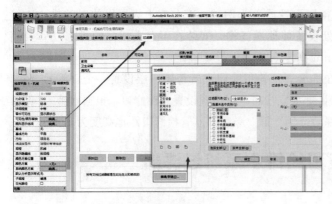

图 5-260

图 5-261

图 5-262　　　　　　　　　　　　　　　　图 5-263

（2）在"可见性/图形替换"窗口"过滤器"页签下点击左下角"添加"，在"添加过滤器"窗口中选择"给水系统"，点击"确定"，将"给水系统"过滤器添加到"过滤器"页签中，如图 5-264 所示。选中"家用""卫生设备""通风孔"过滤器点击下方"删除"将项目默认过滤器删除，如图 5-265 所示。

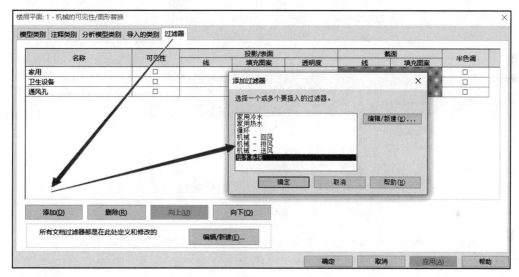

图 5-264

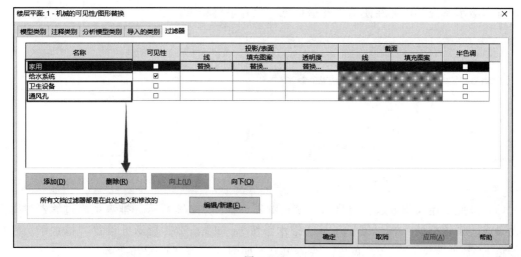

图 5-265

（3）设置"给水系统"过滤器颜色。在"可见性/图形替换"窗口"过滤器"页签中可设置对应过滤器名称的可见性、投影/表面显示，如图5-266所示。在"投影/表面"中点击"填充图案"下方"替换"，在"填充样式图形"窗口点击"颜色"右侧菜单，在"颜色"窗口设置RGB（0，0，255）蓝色，如图5-267所示，点击"确定"按钮。"填充图案"选择"实体填充"，如图5-268所示，点击"确定"按钮完成"填充图案"设置后，点击"确定"按钮，如图5-269所示。此时在"1F-给排水"平面视图中可以看到给水管道颜色显示为蓝色（本书显示为黑色），如图5-270所示。

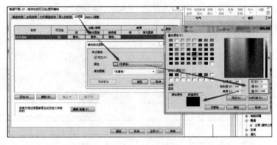

图5-266　　　　　　　　　　　图5-267

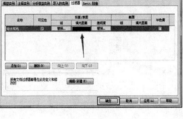
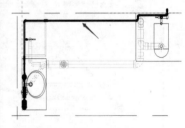

图5-268　　　　　图5-269　　　　　图5-270

（4）通过过滤器可见性调整给水管道显示状态。打开"可见性/图形替换"窗口"过滤器"页签，取消勾选"给水系统"可见性，如图5-271所示，点击"确定"后在"1F-给排水"平面视图下查看发现给水管道变为不可见，如图5-272所示。回到"过滤器"页签，重新勾选"给水系统"可见性使给水管道可见，保存最终结果。

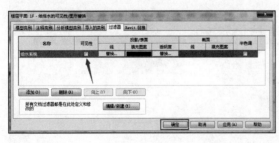
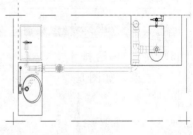

图5-271　　　　　　　　　　　图5-272

（5）按照上述操作方法新建排水系统过滤器，如图5-273所示。排水系统过滤器过滤条件设置为"系统类型"→"等于"→"排水系统"，如图5-274所示。设置"排水系统"填充颜色RGB（255，255，0）黄色，实体填充，如图5-275、图5-276所示。

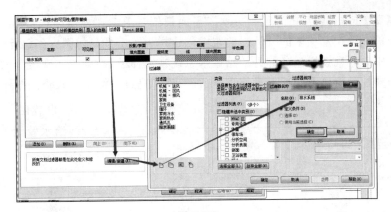

图 5-273

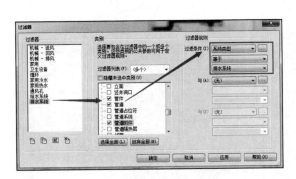

图 5-274

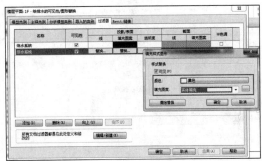

图 5-275

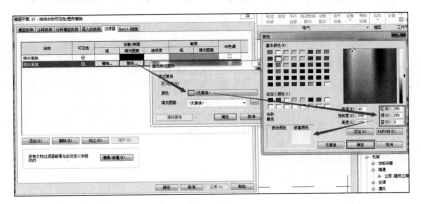

图 5-276

（6）在"1F-给排水"平面视图中查看并保存最终结果，如图 5-277 所示。

（7）通过以上操作步骤可以设置给水系统、排水系统管道在"1F-给排水"平面视图中的颜色显示，但该过滤器设置的颜色显示在"三维给排水"三维视图下没有起作用，这是因为 Revit 软件的视图显示设置只对当前视图起作用，要想在其他视图复用已经设置好的过滤器，可以使用视图样板的功能实现。

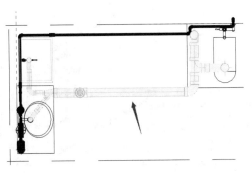

图 5-277

（8）创建视图样板。打开"1F-给排水"平面视图，单击"视图"选项卡"图形"面板中的"视图样板"下拉选项中的"从当前视图创建样板"工具，如图5-278所示。在"新视图样板"窗口中命名视图样板名称为"给排水系统视图样板"，点击"确定"，如图5-279所示。在"视图样板"窗口不做任何操作点击"确定"，完成"给排水系统视图样板"的创建，如图5-280所示。

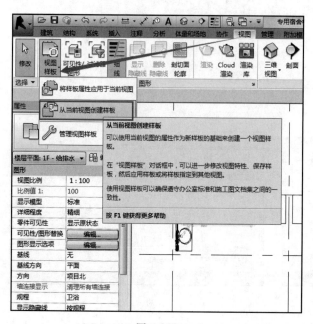

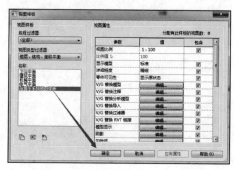

图 5-279

图 5-278

图 5-280

（9）打开"三维给排水"三维视图，单击"视图"选项卡"图形"面板中的"视图样板"下拉选项中的"将样板属性应用于当前视图"工具，如图5-281所示。在"应用视图样板"窗口选择"给排水系统视图样板"，点击"确定"，如图5-282所示。设置后模型显示如图5-283所示，在三维视图中选择"视觉样式"为"着色"，如图5-284所示。至此，完成"三维给排水"三维视图过滤器颜色显示设置。

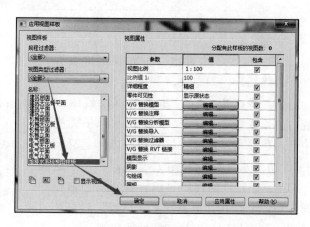

图 5-281

图 5-282

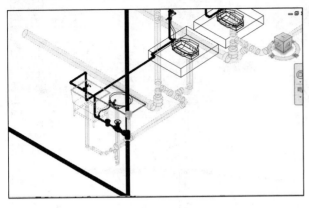
图 5-283

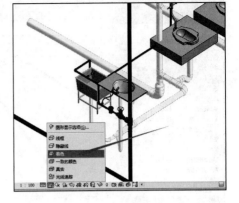
图 5-284

(10) 在上述操作步骤中，设置好给水系统和排水系统过滤器后，通过设置过滤器可见性能够使给水系统和排水系统管网在视图窗口中显示或者不显示，但对于给排水设备却不起作用。为了在后期绘制其他专业管道时不受影响，可以将给排水系统管网整体保存为选择集，将选择集添加到过滤器中，设置整个给排水系统管网的可见性。具体操作方法如下。

在"三维给排水"三维视图下，全部选中给排水系统模型，单击"修改|选择多个"选项卡"选择"面板中的"保存"工具，如图 5-285 所示。在弹出的"保存选择"窗口中命名为"给排水系统模型"，如图 5-286 所示。

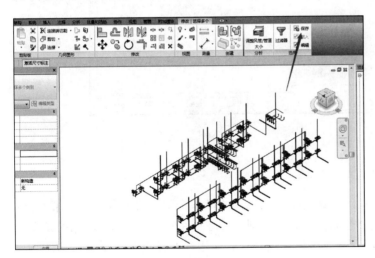
图 5-285

图 5-286

在"可见性/图形替换"窗口"过滤器"页签中，点击"添加"，在"添加过滤器"窗口选择保存的"给排水系统模型"选择集，将选择集添加到过滤器中，如图 5-287 所示。取消勾选"给排水系统模型"可见性后会将给排水模型全部隐藏，如图 5-288 所示。

【注意】通过选择集设置的过滤器可见性，控制优先级大于使用系统类型设置的过滤器可见性。

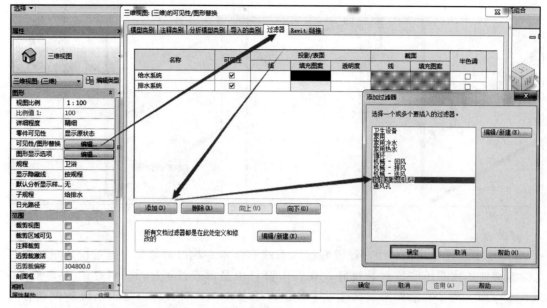

图 5-287

图 5-288

5.11.4 总结扩展

（1）步骤总结 上述 Revit 软件设置给排水过滤器的操作步骤主要分为三步。第一步：添加给排水系统过滤器（含有过滤器新建、过滤类别和过滤条件的设置、图案填充的设置等小步骤）；第二步：新建视图样板（含有新建视图样板、应用视图样板等小步骤）；第三步：设置选择集过滤器（含有保存选择集、设置选择集过滤器等小步骤）。按照本操作流程，读者可以完成专用宿舍楼项目给排水系统过滤器的设置。

（2）业务扩展 在绘制给水系统和排水系统模型时，已经在"属性"窗口设置好了对应的管道系统类型，因此，设置过滤器时可以直接使用系统类型的过滤条件，快速过滤出对应的管道系统。

在过滤器过滤条件选择中，除了可以通过系统类型过滤以外，还可以使用类型名称、系统分类等过滤。另外，过滤条件的选择取决于过滤类别的选择，过滤类别选择的项越多，过滤条件可选的项就越少。

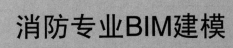

第6章

消防专业BIM建模

6.1 建模前期准备

6.1.1 消防专业图纸解析

专用宿舍楼项目涉及的消防专业图纸共有 8 张，分别为水施-01、水施-02、水施-04、水施-05、水施-06、水施-07、水施-08、水施-09，在消防专业建模中主要关注以下图纸信息。

（1）水施-01 关注给排水设计总说明中"一、设计依据"中的"2.消防设计参数"可知消火栓尺寸参数和安装标高，如图 6-1 所示。关注给排水设计总说明中"一、设计依据"中的"2.消防设计参数"可知自动喷淋系统喷头型号和喷头接管直径，如图 6-2 所示。

2.消防设计参数
（1）室内消防用水量：25L/s，室外消防用水量10L/s。

室内消防栓明装或半明装。箱内设DN65×19mm水枪一支，DN65衬胶水龙带一条，长25m，消防栓口距地面为1.1m。

图 6-1

（2）自动喷淋系统
① 本建筑灭火等级为中危险级（I级），设计喷水强度为6L/min·m²；作用面积为60m²。
② 喷头安装：宿舍内的喷头采用吊顶型喷头。喷头接管直径均为DN25，与配水管相接的管道直径为DN25。
③ 喷头动作温度：68℃，喷头的安装应严格执行《自动喷水与水喷雾灭火设施安装》（04S206）。
④ 除吊顶型喷头及吊源下安装的喷头外，直立型、下垂型下垂标准喷头，其溅水盘与顶板距离，不应小于75mm，不应大于150mm。其余特殊情况详见《自动喷水灭火系统设计规范》（GB 50084—2017）7.1.3条规定。

图 6-2

关注给排水设计总说明中"二、管道材料"中的第 3 条可知消防给水管道管材信息、管道连接方式，如图 6-3 所示。关注给排水设计总说明中"图例"表可知消火栓给水管、喷淋管道及相关设备图例所对应的线型和名称，如图 6-4 所示。

3.消防给水管道室外埋地部分采用球墨铸铁管，水泥捻口或橡胶圈接口方式连接；消火栓和喷淋室内管道采用内外热浸镀锌钢管，DN＞80为沟槽连接，其余螺纹连接。

图 6-3

图例	名称	图例	名称
⑥	末端试水装置	○ ▽	吊顶型喷头
⊗	通气帽	—— XH ——	消火栓给水管
· ▽	圆形地漏（贴地安装）	◤ ◐	单栓消火栓
——●——	截止阀DN≤50	——▶——	倒流防止器
——▷◁——	闸阀	⊸·	自动排气阀
——◹◸——	止回阀	⊘	压力表
—— ZP ——	喷淋管道	⋈	信号蝶阀
——◹◸——	蝶阀	⊾	水流指示器

图 6-4

（2）水施-02　关注消火栓管道横管、立管编号，横干管、立管管径，横干管、消火栓的安装标高，如图 6-5 所示。

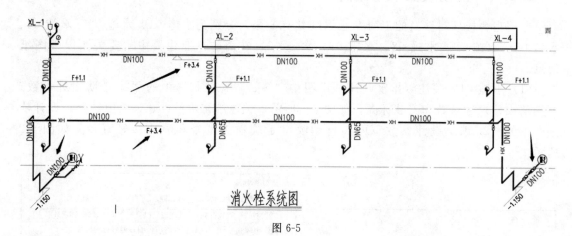

消火栓系统图

图 6-5

（3）水施-04　关注一层消火栓给水管入户干管位置、一层消火栓给水横管管径、一层消火栓给水立管位置及编号、一层消火栓箱安装位置及接口连接方式。

（4）水施-05　关注二层消火栓给水立管位置及编号、二层消火栓箱安装位置及接口连接方式、二层②～③轴/Ⓓ～Ⓕ轴位置楼梯间消火栓给水立管 XL-5 引出方向。

（5）水施-06　关注屋面层②～③轴/Ⓓ～Ⓕ轴位置楼梯间消火栓给水立管 XL-5 引出方向。

（6）水施-07　关注一层喷淋干管入户位置、管径和标高、一层喷淋立管位置及编号、一层喷头安装位置、一层喷淋支管管径尺寸、一层喷淋末端试水阀距地高度。

（7）水施-08　关注二层喷淋立管位置及编号、二层喷头安装位置、二层喷淋支管管径尺寸、二层喷淋末端试水装置距地高度及自动排气阀。

（8）水施-09　关注喷淋系统图中立管编号及管径、横管管径及标高、阀门设备的安装标高。

6.1.2　建模流程讲解

专用宿舍楼项目消防专业包含消火栓系统和自动喷淋系统，在创建消防专业模型时，可

以先创建消火栓系统，再创建自动喷淋系统。根据本专用宿舍楼项目提供的图纸信息并结合
Revit 软件的建模工具，归纳出本项目消防专业建模的流程，如图 6-6 所示。

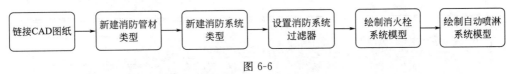

链接CAD图纸 → 新建消防管材类型 → 新建消防系统类型 → 设置消防系统过滤器 → 绘制消火栓系统模型 → 绘制自动喷淋系统模型

图 6-6

6.2　新建消防管材类型

6.2.1　任务说明

在 Revit 软件中打开"专用宿舍楼机电模型"项目文件，根据专用宿舍楼图纸设计说明，完成专用宿舍楼消防管材类型的创建。

6.2.2　任务分析

（1）业务层面分析　根据专用宿舍楼水施-01 给排水设计总说明中"二、管道材料"中的第 3 条可知，消防给水管道类型有两种，室外埋地部分采用球墨铸铁管，室内不管消火栓还是喷淋管道都采用内外热浸镀锌钢管，DN>80 为沟槽连接，其余螺纹连接。

（2）软件层面分析

① 学习使用"编辑类型"中"复制"命令创建管道类型。

② 学习使用"载入族"命令载入管道配件族。

③ 学习使用"布管系统配置"命令设置管道不同管径的连接方式。

6.2.3　任务实施

在 5.3 节中讲解了在 Revit 中新建给排水管材类型的具体操作方法，读者可以参考相关

内容新建消防管材类型。本节内容主要讲解在"类型属性"窗口中利用"布管系统配置"设置管材不同管径的连接方式，以便在使用内外热浸镀锌钢管管材绘制室内消防或喷淋管道时能够自动根据管径尺寸匹配正确的连接方式。下面以《BIM算量一图一练》中的专用宿舍楼项目为例，讲解在"类型属性"窗口中设置"布管系统配置"的操作步骤。

（1）单击"系统"选项卡"卫浴和管道"面板中的"管道"工具，在"类型属性"窗口中复制"钢塑复合管"，新建"热浸镀锌钢管"，如图 6-7 所示。

（2）在"热浸镀锌钢管"的"类型属性"窗口打开"布管系统配置"，如图 6-8

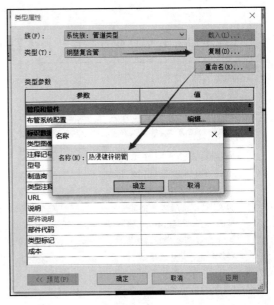

图 6-7

所示。在"布管系统配置"窗口中通过"载入族"工具载入本教材提供的"沟槽管件"族，点击"打开"，如图6-9所示。

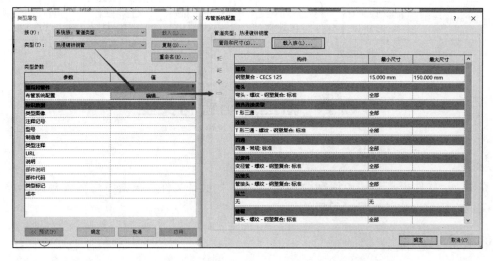

图 6-8

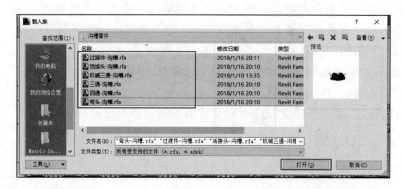

图 6-9

（3）在"布管系统配置"窗口设置热浸镀锌钢管连接方式为：DN＞80沟槽连接，DN≤80螺纹连接，在"弯头"选项栏位置单击鼠标左键激活弯头选项，移动鼠标到左侧点击 ，添加弯头选项栏，如图6-10所示。在第一行选项栏选择构件"弯头-螺纹-钢塑复合：标准"、最小尺寸"15mm"、最大尺寸"80mm"，第二行选项栏选择构件"弯头-沟槽：标准"、最小尺寸"80mm"、最大尺寸"150mm"，如图6-11所示。按照上述操作方法设置四通、过渡件、活接头的构件和最小尺寸、最大尺寸，最终结果如图6-12所示。

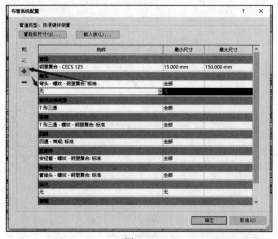

图 6-10

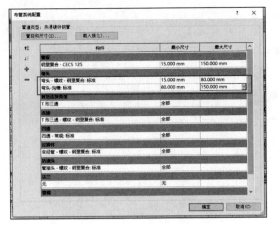

图 6-11

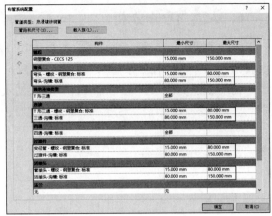

图 6-12

（4）单击 Revit 左上角快速访问栏上"保存"功能保存项目文件。

6.2.4　总结扩展

（1）步骤总结　上述在 Revit 软件中的"类型属性"窗口设置"布管系统配置"的操作步骤主要分为三步。第一步：复制新建"热浸镀锌钢管"管材类型；第二步：载入沟槽管件族；第三步：根据不同的管径，设置热浸镀锌钢管不同的连接方式。按照本操作流程，读者可以完成专用宿舍楼项目消防管材类型的创建。

（2）业务扩展　消防管道是指用于消防方面，连接消防设备、器材，输送消防灭火用水、气体或者其他介质的管道。由于其特殊用途，消防管道的厚度与材质都有特殊要求，并喷红色油漆。消防管道常见连接方式有沟槽连接、螺纹连接、焊接、法兰接头等形式，在《全国民用建筑工程设计技术措施-给水排水》中规定了消防管道连接方式及相关技术要求，具体要求如下。

① 消火栓给水系统管道当采用内外壁热浸镀锌钢管时，不应采用焊接。系统管道采用内壁不防腐管道时，可焊接连接，但管道焊接应符合相关要求。自动喷水灭火系统管道不能采用焊接，应采用螺纹、沟槽或法兰连接。

② 消火栓给水系统管径>100mm 的镀锌钢管，应采用法兰连接或沟槽连接。自动喷水灭火系统管径>100mm 的，没有明确要求不能使用螺纹连接，仅要求在管径≥100mm 的管段上应在一定距离上配设法兰连接或沟槽连接点。

③ 消火栓给水系统与自动喷水灭火系统管道，当采用法兰连接时推荐采用螺纹法兰，当采用焊接法兰时应进行二次镀锌。

④ 任何管段需要改变管径时，应使用符合标准的异径管接头和管件。

6.3　新建消防系统类型

6.3.1　任务说明

在 Revit 软件中打开"专用宿舍楼机电模型"项目文件，根据专用宿舍楼图纸，完成专用宿舍楼消防系统类型的创建。

6.3.2　任务分析

（1）业务层面分析　在水施-01"图例"表中可知，专用宿舍楼项目消防系统包含"喷淋管道"和"消火栓给水管"，如图 6-13 所示，在本节中，对应专用宿舍楼项目中的消防系统，需要新建完成"自动喷淋系统"和"消火栓系统"系统类型。

图例	名称	图例	名称
————	生活给水管	▯	洗衣机（安装高度900）
或	生活污水管	▭	电开水器（安装高度800）
○	末端试水装置	○ ↓	吊顶型喷头
⊛	通气帽	—— XH ——	消火栓给水管
· ▽	圆形地漏（贴地安装）	◤ φ	单栓消火栓
——●——	截止阀DN≤50	—▷—	倒流防止器
—◁—	闸阀	—▷—	自动排气阀
—◸—	止回阀	φ	压力表
—— ZP ——	喷淋管道	▷◁	信号蝶阀
——◸——	蝶阀	⊕	水流指示器

图 6-13

（2）软件层面分析

① 学习使用"复制"命令复制 Revit 提供的系统分类。

② 学习使用"重命名"命令创建新的系统类型。

6.3.3　任务实施

在 5.4 节中讲解了在 Revit 中新建给排水系统类型的具体操作方法，读者可以参考相关内容新建消防系统类型。本节内容主要讲解新建消防系统类型时，对于要参考复制的"系统分类"对象的选择。下面以《BIM 算量一图一练》中的专用宿舍楼项目为例，讲解消防系统类型创建的操作步骤。

（1）在"项目浏览器"窗口中展开"族"类别，在"族"类别中打开"管道系统"，以"湿式消防系统"为基础点击鼠标右键复制新建"消火栓系统"、"自动喷淋系统"，如图 6-14 所示。

（2）单击 Revit 左上角快速访问栏上"保存"功能保存项目文件。

6.3.4　总结扩展

（1）步骤总结　上述 Revit 软件新建消防系统类型的操作步骤主要分为两步。第一步：根据已有系统分类复制出需要的系统类型；第二步：重命名系统类型。按照本操作流程，读者可以完成专用宿舍楼项目消防系统类型的创建。

（2）业务扩展　在 Revit 软件中提供了"湿式消防系统""干式消防系统""其他消防系

图 6-14

统""预作用消防系统"四种消防系统分类，在水施-01 中给排水设计总说明"一、设计依据"中"2. 消防设计参数"中可知，本专用宿舍楼项目中自动喷淋系统为湿式喷淋系统，因此在新建自动喷淋系统时，复制"湿式消防系统"来新建自动喷淋系统和消火栓系统。

6.4　设置消防系统过滤器

6.4.1　任务说明

在 Revit 软件中打开"专用宿舍楼机电模型"项目文件，根据提供的专用宿舍楼图纸，完成专用宿舍楼消防系统过滤器的设置。

6.4.2　任务分析

（1）业务层面分析　本项目机电专业包含许多小专业，在机电建模时为了能够清楚区分各专业管道系统，通常会使用 Revit 过滤器的功能为各机电管线系统设置不同的颜色。另外，通过过滤器还可以实现机电各专业管线模型在不同视图下的显示状态。

在 5.11 节中讲解了新建"给排水视图样板"的操作方法，在"给排水视图样板"中可以设置给排水过滤器。在本节中需要新建消防系统过滤器，在后面章节还需要新建暖通和电气专业的过滤器。为了通用操作简化，在本节中可以新建一个各专业共用的视图样板，起名为"专用宿舍楼视图样板"，在后续操作中把各专业的系统过滤器新建到"专用宿舍楼视图样板"中即可。

（2）软件层面分析

① 学习使用"视图样板"命令，为专业宿舍楼新建共用的视图样板。

② 学习使用"过滤器规则"命令，为机电消防专业系统设置过滤规则条件。

③ 学习使用"图案填充"命令，为机电消防专业系统设置填充颜色。

④ 学习使用"过滤器"命令，在视图窗口设置图元的可见性。

6.4.3　任务实施

在建模设计中，为区分模型中不同专业的管道，会通过过滤器图案填充为各系统管道设置图案填充颜色。在本专用宿舍楼项目消防专业中，主要包含消火栓系统和自动喷淋系统，为了在绘制消防专业模型时能够区分消火栓管道和自动喷淋管道模型，需要在绘制消防专业模型前先通过过滤器为消火栓系统和自动喷淋系统分别设置不同的填充图案。在设置图案填充时，通常会将消火栓系统管道图案填充颜色设置为红色，自动喷淋系统设置为粉色。在5.11 节中详细讲解了在"可见性/图形替换"窗口"过滤器"页签下新建"给排水系统"过滤器的方法，读者可以参考相关内容创建消防系统过滤器。本节内容主要讲解创建各专业共用的视图样板的方法。下面以《BIM 算量一图一练》中的专用宿舍楼项目为例，讲解在视图样板中创建消防系统过滤器的操作步骤。

（1）复制新建"专用宿舍楼视图样板"。在"项目浏览器"窗口，双击打开"1F-消火栓"平面视图，单击"视图"选项卡"图形"面板中的"视图样板"下拉选项中的"管理视图样板"，如图 6-15 所示。在"视图样板"窗口选择"给排水系统视图样板"，点击下方"复制"命令，在弹出的"新视图样板"窗口输入名称"专用宿舍楼视图样板"，点击"确定"，如图 6-16 所示。

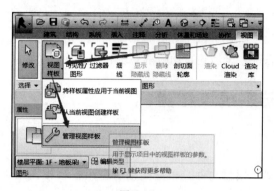

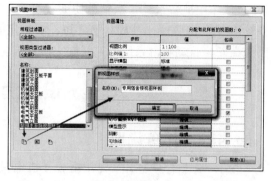

图 6-15　　　　　　　　　　　　　　　　　　图 6-16

（2）添加消防系统过滤器。在"视图样板"窗口中选择"专用宿舍楼视图样板"，在"视图属性"位置中选择"V/G 替换过滤器"选项，打开"专用宿舍楼视图样板的可见性/图形替换"窗口，如图 6-17 所示。在"过滤器"页签下新建"消火栓系统"过滤器和"自动喷淋系统"过滤器，选中"消火栓系统"，在过滤条件设置"系统类型"→"等于"→"消火栓系统"，如图 6-18。选中"自动喷淋系统"，在过滤条件位置设置"系统类型"→"等于"→"自动喷淋系统"，如图 6-19 所示。

（3）将"消火栓系统"和"自动喷淋系统"添加到"过滤器"页签下，设置"消火栓系统"图案填充颜色为 RGB（255，0，0）红色，"自动喷淋系统"图案填充颜色为 RGB（255，0，255）粉色，最终结果如图 6-20 所示。

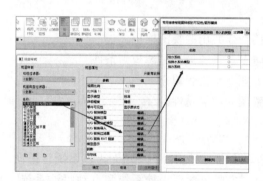

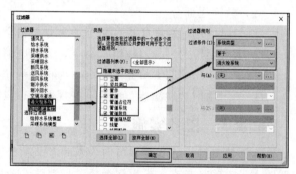

图 6-17　　　　　　　　　　　　　　　　　　图 6-18

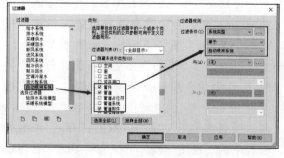

图 6-19　　　　　　　　　　　　　　　　　　图 6-20

（4）应用样板信息。单击"视图"选项卡"图形"面板中的"视图样板"下拉选项中的"将样板属性应用于当前视图"工具，如图 6-21 所示。在弹出的"应用视图样板"窗

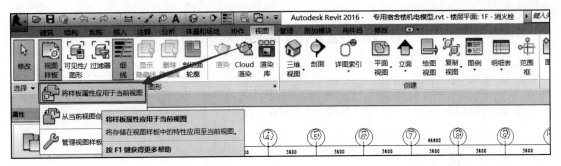

图 6-21

口中只保留勾选"V/G替换过滤器",其他项均取消勾选,如图 6-22 所示,点击"确定"。

（5）在"1F-消火栓"平面视图中,打开"属性"窗口中的"可见性/图形替换",在"过滤器"页签下只保留"消火栓系统"可见性勾选,其余均取消勾选,如图 6-23 所示,点击"确定"完成"1F-消火栓"平面视图中过滤器的设定。

图 6-22

楼层平面: 1F - 消火栓的可见性/图形替换

名称	可见性	投影/表面			截面		半色调
		线	填充图案	透明度	线	填充图案	
给水系统	☐						☐
消火栓系统	☑						☐
自动喷淋系统	☐						☐
给排水系统模型	☐						☐
排水系统	☐						☐

图 6-23

（6）同样的方式,按照上述步骤（4）、（5）中的操作完成"2F-消火栓""1F-喷淋""2F-喷淋"平面视图中过滤器的设定。

（7）单击 Revit 左上角快速访问栏上"保存"功能保存项目文件。

6.4.4 总结扩展

（1）步骤总结 上述 Revit 软件设置消防系统过滤器的操作步骤主要分为五步。第一步:复制新建"专用宿舍楼视图样板";第二步:添加消防系统过滤器;第三步:设置消防系统过滤器图案填充;第四步:将"专用宿舍楼视图样板"应用于消火栓平面视图中;第五步:设置过滤器下系统类型的可见性。按照本操作流程,读者可以完成专用宿舍楼项目消防系统过滤器的设置。

（2）业务扩展 在过滤器过滤条件选择中,除了可以通过系统类型过滤以外,还可以使用类型名称、系统分类等过滤。另外,过滤条件的选择取决于过滤类别的选择,过滤类别选择的项越多,过滤条件可选的项就越少。

6.5　绘制消火栓系统模型

6.5.1　任务说明

在 Revit 软件中打开"专用宿舍楼机电模型"项目文件，根据提供的专用宿舍楼图纸，完成专用宿舍楼消火栓系统模型的创建。

6.5.2　任务分析

（1）业务层面分析　根据水施-01 设计总说明"一、设计依据"中第 2 条第（1）点可知，消火栓口距地面 1.1m；根据水施-01 图例和水施-02 消火栓系统图可知，在消火栓入户干管位置安装有蝶阀和倒流防止器，在消火栓立管 XL-1 顶端安装有截止阀和自动排气阀；根据水施-02 消火栓系统图可知，消火栓入户干管安装标高为 -1.15m，户内消火栓横干管安装标高为（F＋3.4）m。

（2）软件层面分析

① 学习使用"管道"命令绘制消火栓管道模型。

② 学习使用"视图范围"命令设置消火栓管道可见性。

③ 学习使用"连接到"命令连接消火栓箱与消火栓立管。

④ 学习使用"保存选择集"命令保存消火栓系统模型。

6.5.3　任务实施

Revit 软件提供了"管道"工具可以绘制消火栓系统模型，在绘制时注意设置消火栓系统类型。下面以《BIM 算量一图一练》中的专用宿舍楼项目为例，讲解消火栓系统模型创建的操作步骤。

（1）链接 CAD 底图。在"项目浏览器"窗口中打开"1F-消火栓"平面视图，单击"插入"选项卡"链接"面板中的"链接 CAD"工具，将"一层给排水平面图"链接到"1F-消火栓"平面视图中，在弹出的窗口中点击"是"，如图 6-24、图 6-25 所示。

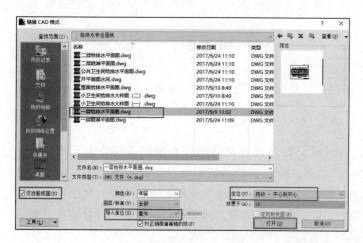

图 6-24

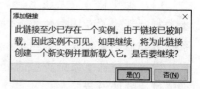

图 6-25

（2）设置图纸可见性。在"属性"窗口打开"可见性/图形替换"，在"导入的类别"页签下选择"一层给排水平面图"，在可见性位置设置其可见，如图 6-26 所示。

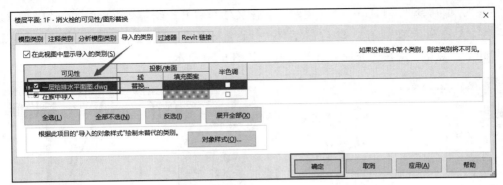

图 6-26

（3）对齐轴网并锁定 CAD 底图。使用"修改"选项卡"修改"面板中的"对齐"工具，将"一层给排水平面图"CAD 底图中的轴网与项目中创建好的轴网对齐，并使用"锁定"工具将 CAD 图纸锁定，如图 6-27 所示。

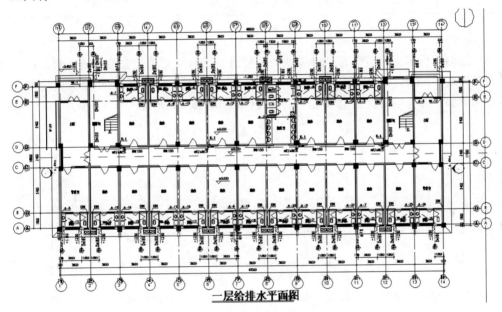

一层给排水平面图

图 6-27

（4）设置"1F-消火栓"平面视图的视图范围。因为消火栓入户干管安装标高为−1.150m，为了保证在绘制消火栓入户干管时管道在平面视图中可见，在绘制管道前需要先在平面视图中设置视图范围，在"属性"窗口点击"视图范围"编辑按钮，在"视图范围"窗口设置底偏移量为−2000，视图深度标高偏移量为−2000，如图 6-28 所示（视图范围设置方法见 5.7 节中总结扩展内容）。

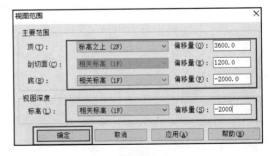

图 6-28

（5）绘制消火栓入户干管。单击"系统"选项卡"卫浴和管道"面板中的"管道"工具，在"属性"窗口选择"热浸镀锌钢管"管道类型，"消火栓系统"系统类型，直径

"100mm"，偏移量"－1150mm"，从入户干管 X/1 位置开始绘制消火栓管道，如图 6-29 所示。绘制入户横干管到有立管位置后不中断绘制命令，在选项栏位置修改偏移量为"3400mm"，点击"应用"完成立管的绘制，如图 6-30 所示。

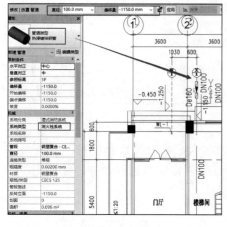
图 6-29

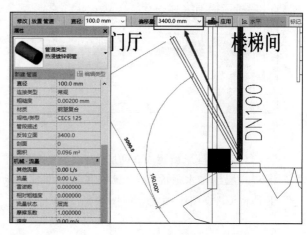
图 6-30

（6）绘制室内消火栓横干管。继续使用"管道"工具从立管位置绘制横干管，横干管偏移量设置为 3400mm，如图 6-31 所示。打开"三维消火栓"三维视图查看消火栓模型，保存最终结果到"专业宿舍楼机电模型"项目文件，如图 6-32 所示。

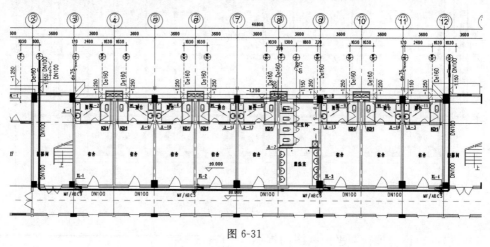
图 6-31

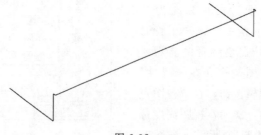
图 6-32

（7）绘制消火栓立管。具体绘制方法参考 5.8 节绘制给水立管内容，需要注意在绘制消火栓立管时，需要在二层（F＋3.4）m 标高位置绘制，在一层使用立管绘制时，绘制立管顶端偏移量应该设置为7000mm（3600＋3400＝7000），如图6-33所示。连接消火栓立管和一层消火栓横干管，在"三维消火栓"三维视图下查看消火栓立管模型，如图6-34所示。

（8）按照上述操作方法，在"2F-消火栓"平面视图中链接"二层给排水平面图"CAD图纸，绘制二层消火栓横干管并连接消火栓立管与消火栓横干管，最终结果如图6-35所示。

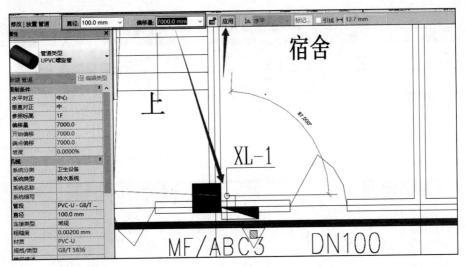

图 6-33

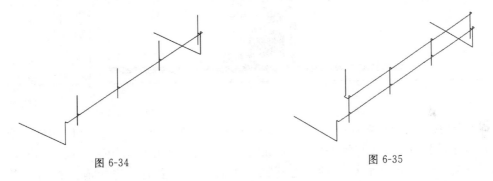

图 6-34　　　　　　　　　　　　　　图 6-35

（9）载入消火栓。单击"插入"选项卡"从库中载入"面板中的"载入族"工具，在"载入族"窗口打开教材提供的"族文件→消防"文件夹，选择"消火栓"，单击"打开"将消火栓载入到项目中，如图6-36所示。

图 6-36

（10）布置消火栓。单击"系统"选项卡"模型"面板中的"构件"下拉选项中的"放置构件"工具，如图 6-37 所示。在"属性"窗口选择"消火栓"，在"偏移量"位置输入 1100mm，在"1F-消火栓"平面视图中消火栓立管 XL-1 位置布置消火栓，如图 6-38 所示。

（11）设置消火栓可见。因为消火栓族类别为"火警设备"，Revit 平面视图中默认"火警设备"为不可见，所以需要在"可见性/图形替换"的模型类别中设置"火警设备"为可见，如图 6-39 所示。

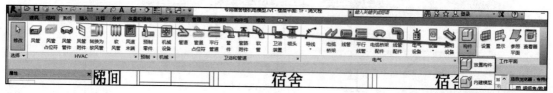

图 6-37

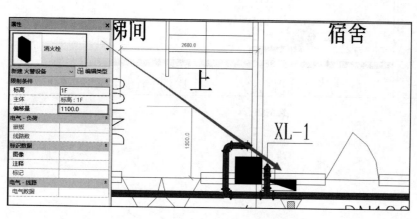

图 6-38

图 6-39

（12）连接消火栓与立管。打开"三维消火栓"三维视图，选中一层位置消火栓立管 XL-1，在选项栏位置修改直径为 65mm，如图 6-40 所示。选中消火栓箱，单击"修改|火警设备"选项卡"布局"面板中的"连接到"工具，选择立管，连接消火栓与立管，如图 6-41 所示。最终结果如图 6-42 所示。

（13）按照上述操作步骤布置一层 XL-2～XL-4 位置消火栓，修改消火栓立管管径，连接消火栓与消火栓立管，最终结果如图 6-43 所示。

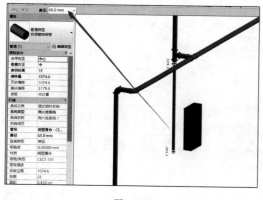

图 6-40

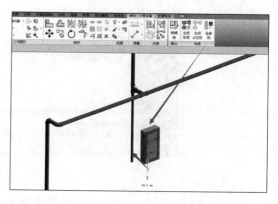

图 6-41

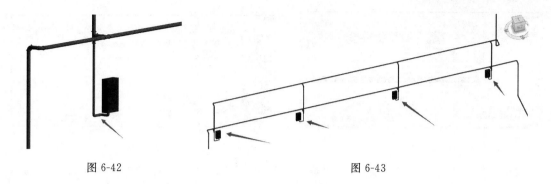

图 6-42

图 6-43

（14）布置二层相应位置消火栓，连接消火栓与消火栓立管，如图 6-44 所示。

（15）在"项目浏览器"窗口打开"屋面-消火栓"平面视图，链接"屋面给排水平面图"，布置屋面消火栓立管 XL-5 位置消火栓，连接消火栓与消火栓立管，如图 6-45 所示。

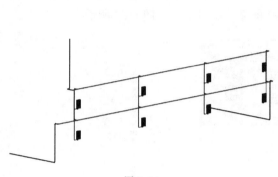
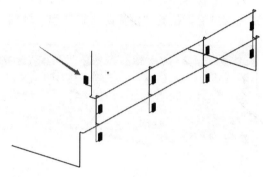

图 6-44

图 6-45

（16）载入阀门部件。单击"插入"选项卡"从库中载入"面板下"载入族"工具，在载入族窗口"机电→阀门→蝶阀"路径下选择"蝶阀-D71 型-手柄传动-对夹式"，单击"打开"，在"指定类型"窗口选择"D71X-6-100mm"类型，将蝶阀载入到项目中，如图 6-46、图 6-47 所示。在"载入族"

图 6-46

窗口中打开"机电→阀门→排气阀"，选择"排气阀-复合式-法兰式"，点击"打开"，在"指定类型"窗口选择"100mm-1.0MPa"类型，载入排气阀，如图 6-48、图 6-49 所示。在"载入族"窗口打开教材提供的"族文件→消防"文件夹下选择"倒流防止器-法兰式"族，单击"打开"将"倒流防止器"载入到项目中，如图 6-50 所示。

图 6-47

图 6-48

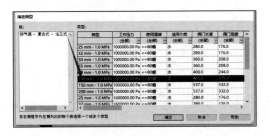

图 6-49

图 6-50

【注意】在 5.9 节中已经载入过"截止阀"族,所以在本操作步骤中不需要再次载入"截止阀"族。

(17) 布置蝶阀和倒流防止器。打开"1F-消火栓"平面视图,单击"系统"选项卡"卫浴和管道"面板中的"管路附件"工具,在"属性"窗口选择"蝶阀",移动鼠标拾取消火栓入户干管 X/1,单击鼠标左键完成布置,如图 6-51 所示。采用上述方法分别完成 X/1、X/2 入户干管位置"倒流防止器"和"蝶阀"的布置,如图 6-52、图 6-53 所示。

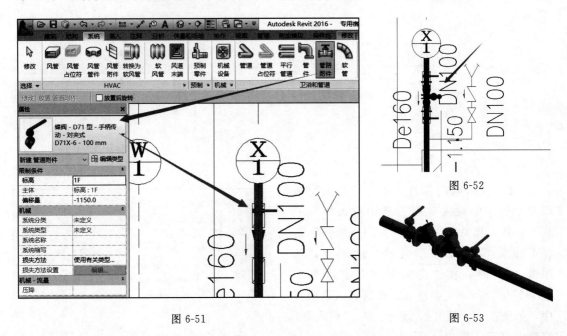

图 6-51

图 6-52

图 6-53

(18) 布置消火栓立管 XL-1 顶端自动排气阀与截止阀。由水施-02 中消火栓系统图可知,消火栓立管 XL-1 顶端设置有自动排气阀和截止阀,但具体阀门规格尺寸没有给出,一般情况下,消火栓立管顶端自动排气阀和截止阀安装尺寸为 DN15,因此在本项目中可以为消火栓立管顶端安装 DN15 规格的截止阀和自动排气阀。打开"三维消火栓"三维视图,单击"修改"选项卡下"修改"面板中的"拆分图元"工具,如图 6-54 所示。在消火栓立管 XL-1 顶端添加图元连接件,如图 6-55 所示。修改连接件偏移量为"8500mm",如图 6-56 所示。修改连接件上方管道管件为 DN15,如图 6-57 所示。单击"系统"选项卡"卫浴和管道"面板中的"管路附件"工具,在"属性"窗口选择"截止阀-J21 型-螺纹 J21-25-15mm",移动鼠标拾取消火栓立管中心位置,点击鼠标左键布置截止阀,如图 6-58 所示。在"属性"窗口继续选择"排气阀-自动-螺纹 15mm",移动鼠标拾取 XL-1 立管顶端中心,单击鼠标左键完成自动排气阀布置,如图 6-59 所示。最终结果如图 6-60 所示。

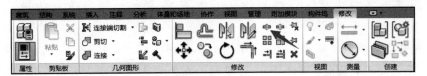

图 6-54

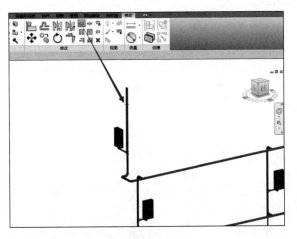

图 6-55

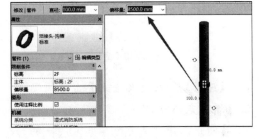

图 6-56

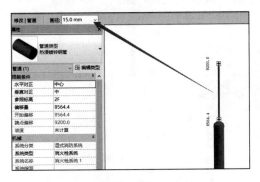

图 6-57

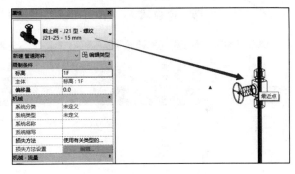

图 6-58

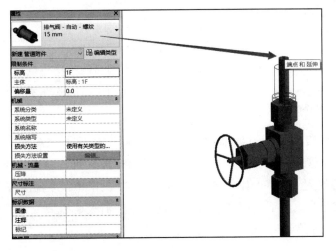

图 6-59

图 6-60

（19）在"三维消火栓"三维视图下查看最终消火栓阀门布置结果，如图6-61所示。

（20）布置立管蝶阀。根据水施-02中消火栓系统图所示，打开"三维消火栓"三维视图，在消火栓各立管和横管对应位置布置蝶阀，布置方式与布置立管截止阀方式相同，如图6-62所示。

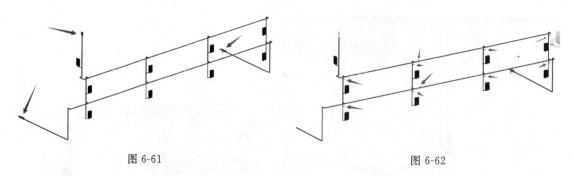

图 6-61   图 6-62

【注意】一层消火栓立管上蝶阀规格为DN65，可在编辑类型中复制DN100规格蝶阀并修改蝶阀直径为DN65后进行布置。

（21）创建"消火栓模型"选择集。在"三维消火栓"三维视图下，全部选择消火栓模型，单击"修改|选择多个"选项卡"选择"面板中的"保存"工具，如图6-63所示。在弹出的"保存选择"窗口输入"消火栓模型"点击"确定"，如图6-64所示。

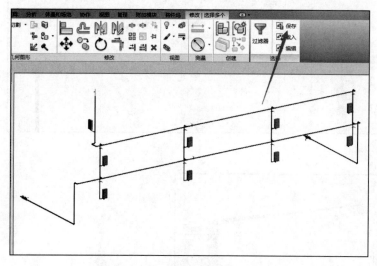

图 6-63

图 6-64

（22）将消火栓模型选择集添加到过滤器中。单击"视图"选项卡"图形"面板中的"视图样板"下拉选项中的"管理视图样板"工具，在"视图样板"窗口选择"专业宿舍楼视图样板"，打开"V/G替换过滤器"，如图6-65所示。在"专用宿舍楼视图样板的可见性/图形替换"窗口"过滤器"页签下使用"添加"工具，将"消火栓模型"选择集添加到过滤器中，如图6-66所示。最终结果如图6-67所示。

图 6-65

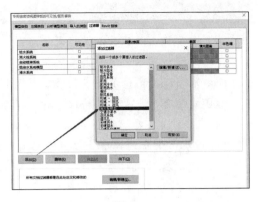

图 6-66

名称	可见性	投影/表面			截面		半色调
		线	填充图案	透明度	线	填充图案	
给水系统	☐		████				☐
消火栓模型	☑						☐
消火栓系统	☑		████				☐
自动喷淋系统	☐	·					☐
给排水系统模型	☐						☐
排水系统	☐						☐

图 6-67

（23）单击 Revit 左上角快速访问栏上"保存"功能保存项目文件。

6.5.4　总结扩展

（1）步骤总结　上述 Revit 软件中绘制消火栓系统模型的操作步骤主要分为五步。第一步：绘制消火栓主干管（含有链接 CAD 图纸、视图范围设置等小步骤）；第二步：绘制消火栓立管（含有绘制立管、连接立管与横干管等小步骤）；第三步：布置消火栓（含有载入消火栓族、布置消火栓、连接消火栓与消火栓立管等小步骤）；第四步：布置消火栓系统阀门（含有载入阀门族、布置阀门等小步骤）；第五步：将绘制完成的消火栓模型保存为选择集，并将其添加到可见性/图形替换过滤器中。按照本操作流程，读者可以完成专用宿舍楼项目消火栓系统模型的创建。

（2）业务扩展　根据水施-02 中消火栓系统图可知，消火栓给水管网设置有两个入户点，在宿舍楼内通过立管连接成环状管网，这是因为消防给水管道是输送消防用水的重要设施，消防给水管道的安全直接关系到消防用水的可靠性。因此，在任何情况下都要保证火场用水，都要保证消防给水管道的安全。

根据《消防给水及消火栓系统技术规范》（GB 50974—2014）中规定，建筑消防系统设计应遵循以下条文规定。

8.1.2　下列消防给水应采用环状给水管网：

① 向两栋或两座及以上建筑供水时；

② 向两种及以上水灭火系统供水时；

③ 采用设有高位消防水箱的临时高压消防给水系统时；

④ 向两个及以上报警阀控制的自动水灭火系统供水时。

8.1.3　向室外、室内环状消防给水管网供水的输水干管不应少于两条，当其中一条发生故障时，其余的输水干管应仍能满足消防给水设计流量。

8.1.4　室外消防给水管网应符合下列规定：

① 室外消防给水采用两路消防供水时应采用环状管网，但当采用一路消防供水时可采用枝状管网；

② 管道的直径应根据流量、流速和压力要求经计算确定，但不应小于DN100；

③ 消防给水管道应采用阀门分成若干独立段，每段内室外消火栓的数量不宜超过5个；

④ 管道设计的其他要求应符合现行国家标准《室外给水设计规范》GB 50013的有关规定。

8.1.5　室内消防给水管网应符合下列规定：

① 室内消火栓系统管网应布置成环状，当室外消火栓设计流量不大于20L/s，且室内消火栓不超过10个时，除本规范第8.1.2条外，可布置成枝状；

② 当由室外生产生活消防合用系统直接供水时，合用系统除应满足室外消防给水设计流量及生产和生活最大小时设计流量的要求外，还应满足室内消防给水系统的设计流量和压力要求；

③ 室内消防管道管径应根据系统设计流量、流速和压力要求经计算确定；室内消火栓竖管管径应根据竖管最低流量经计算确定，但不应小于DN100。

8.1.6　室内消火栓环状给水管道检修时应符合下列规定：

① 室内消火栓竖管应保证检修管道时关闭停用的竖管不超过1根，当竖管超过4根时，可关闭不相邻的2根；

② 每根竖管与供水横干管相接处应设置阀门。

8.1.7　室内消火栓给水管网宜与自动喷水等其他水灭火系统的管网分开设置；当合用消防泵时，供水管路沿水流方向应在报警阀前分开设置。

8.1.8　消防给水管道的设计流速不宜大于2.5m/s，自动水灭火系统管道设计流速，应符合现行国家标准《自动喷水灭火系统设计规范》GB 50084、《泡沫灭火系统设计规范》GB 50151、《水喷雾灭火系统技术规范》GB 50219和《固定消防炮灭火系统设计规范》GB 50338的有关规定，但任何消防管道的给水流速不应大于7m/s。

6.6　绘制自动喷淋系统模型

6.6.1　任务说明

在Revit软件中打开"专用宿舍楼机电模型"项目文件，根据专用宿舍楼图纸，完成专用宿舍楼自动喷淋系统模型的创建。

6.6.2　任务分析

（1）业务层面分析　根据水施-09中喷淋系统图可知，喷淋入户横干管安装标高为
－1.150m，室内喷淋横干管安装标高为（F＋3.0）m，喷头形式为下喷，喷头安装高度未给
定，通过分析各专业管道，设定喷头安装高度为（F＋2.7）m（注：在喷淋系统安装过程中，
下喷喷头安装高度一般由装饰装修专业吊顶安装高度决定）。根据水施-01图例和水施-09喷淋
系统图可知，阀门设备有水流指示器、信号蝶阀、末端试水阀（末端试水装置）。根据水施-
07、水施-08喷淋平面图中喷头位置和各喷淋支管管径绘制专用宿舍楼喷淋系统模型。

（2）软件层面分析

① 学习使用"管道"命令绘制喷淋管道模型。

② 学习使用"连接到"命令连接喷头与喷淋支管。

③ 学习使用"自动连接"命令连接喷淋主管与喷淋支管。

④ 学习使用"保存选择集"命令保存自动喷淋系统模型。

6.6.3　任务实施

Revit软件提供了"管道"工具可以绘制喷淋系统模型，在绘制时应注意设置喷淋系统
类型。根据喷淋平面图中喷头位置布置喷头，分析图纸可知，在喷淋平面图中每个喷淋支管
所连接的喷头及主管连接的支管均相同或相似。在绘制喷淋管网时，可以绘制完一个支管后
将绘制好的模型复制到其他支管位置。下面以《BIM算量一图一练》中的专用宿舍楼项目
中①～②轴/Ⓐ～Ⓔ轴位置喷淋支管为例，讲解自动喷淋系统模型创建的操作步骤。

（1）载入喷淋图纸并对齐锁定。在"项目浏览器"窗口"卫浴"类别中打开"1F-喷淋"
平面视图，设置"1F-喷淋"平面视图中模型显示精细程度为"精细"，视觉样式为"着色"。
单击"插入"选项卡"链接"面板中的"链接CAD"工具，链接"一层喷淋平面图.dwg"
CAD图纸，将链接到项目的CAD图纸中的轴网与项目轴网对齐并使用"锁定"工具锁定，
最终结果如图6-68所示。

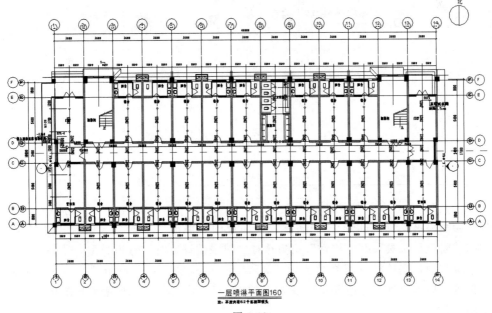

一层喷淋平面图160

图 6-68

　　（2）载入喷头族。单击"插入"选项卡"从库中载入"面板中的"载入族"工具，载入教材提供的"族文件→消防"文件夹中的"直立型喷头-下喷"族，单击"打开"将喷头载入到项目中，如图6-69所示。

图 6-69

　　（3）布置喷头。单击"系统"选项卡"卫浴和管道"面板中的"喷头"工具，在"属性"窗口选择"直立型喷头-下喷"，在"偏移量"位置输入"2700"，在①～②轴/Ⓐ～Ⓔ轴位置布置喷头，如图6-70所示。打开"三维喷淋"三维视图查看三维结果，如图6-71所示。

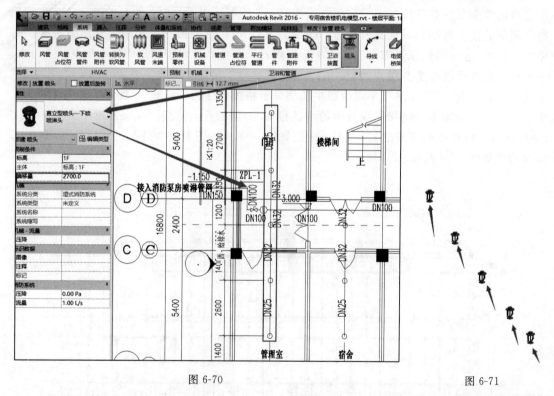

图 6-70　　　　　　　　　　　　　　　　　　　　　　　图 6-71

　　（4）绘制喷淋支管。打开"1F-喷淋"平面视图，单击"系统"选项卡"卫浴和管道"面板中的"管道"工具，在"属性"窗口选择"热浸镀锌钢管"管道类型，选择"自动喷淋系统"系统类型，选项栏位置直径选择"25mm"，偏移量为"3000mm"，移动鼠标到第一个喷头位置，单击鼠标左键绘制喷淋支管，如图6-72所示。在三维视图下查看喷淋支管模型，如图6-73所示。

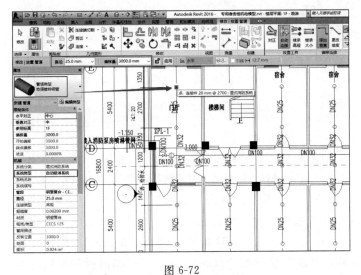

图 6-72

图 6-73

（5）连接喷头与喷淋支管。选中喷头，单击"修改|喷头"选项卡"布局"面板中的"连接到"工具，拾取喷淋横支管，连接喷头与支管，如图 6-74 所示。按照上述操作方法连接所有已经布置的喷头与喷淋支管，最终结果如图 6-75 所示。根据 CAD 平面图中所标喷淋支管管径调整喷淋支管模型管径，如图 6-76、图 6-77 所示。

（6）复制喷淋支管。使用"修改"选项卡"修改"面板中的"复制"工具，复制绘制好的喷头和喷淋支管模型到其他位置，对于不完全一样的位置可以手动进行修改，完成"1F-喷淋"平面视图喷淋支管绘制，如图 6-78 所示。

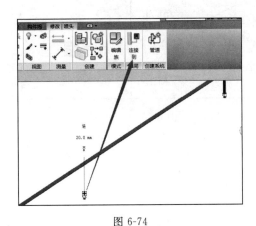

图 6-74

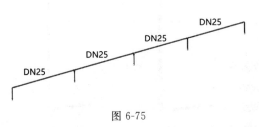

图 6-75

图 6-76

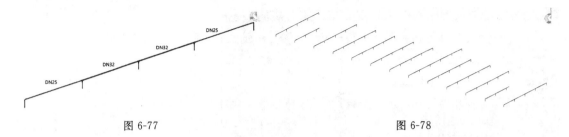

图 6-77   图 6-78

（7）绘制喷淋主干管、立管。因为喷淋入户主干管安装标高为－1.150mm，为保证喷淋入户干管在平面视图中可见，需要在"1F-喷淋"平面视图中设置视图范围"底部偏移量"和"视图深度"偏移量均为－1200，如图 6-79 所示。单击"系统"选项卡"卫浴和管道"面板中的"管道"工具，在"属性"窗口选择"热浸镀锌钢管"管道类型，系统类型选择"自动喷淋系统"，选项栏位置管径选择"150mm"，偏移量输入"－1150mm"，如图 6-80 所示。绘制到喷淋立管 ZPL-1 位置后，修改偏移量为"7500mm"（二层喷淋横管安装标高为 6.6m，喷淋立管末端安装有自动排气阀，在图中未给出自动排气阀安装高度，在这里可以设置自动排气阀安装高度为 7500mm），点击"应用"，完成喷淋立管 ZPL-1 的绘制，如图 6-81、图 6-82 所示。根据水施-09 中喷淋系统图可知，喷淋立管管径为 DN100，因此需要选中喷淋立管，在选项栏位置修改喷淋立管管径为 DN100，最终结果如图 6-83 所示。

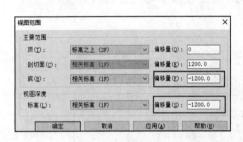

图 6-79

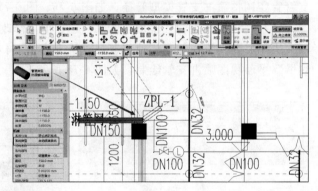

图 6-80

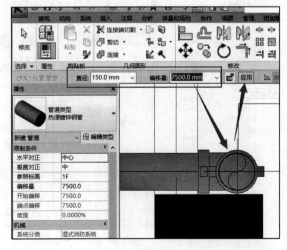

图 6-81

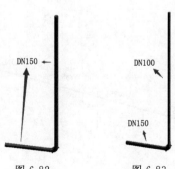

图 6-82   图 6-83

（8）绘制喷淋横管。打开"1F-喷淋"平面视图，单击"系统"选项卡"卫浴和管道"面板中的"管道"工具，在"属性"窗口选择"热浸镀锌钢管"管道类型，系统类型选择"自动喷淋系统"，选项栏管径选择"100mm"，偏移量为"3000mm"，在"修改|放置 管道"选项卡"放置工具"面板中选择"自动连接"工具，绘制喷淋横管，如图6-84所示。在绘制横管过程中遇到管径有变化的位置，不中断绘制命令，在选项栏位置直接修改直径为"80mm"，继续绘制管道，如图6-85所示。按照此方法完成喷淋横干管绘制，最终结果如图6-86所示。

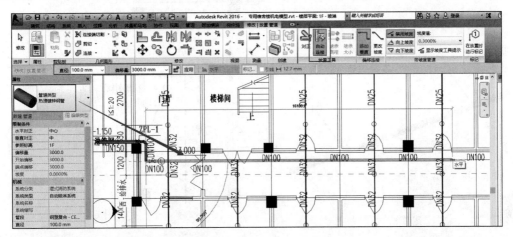

图 6-84

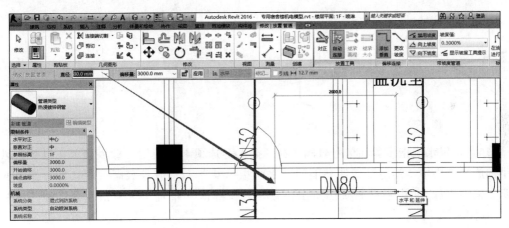

图 6-85

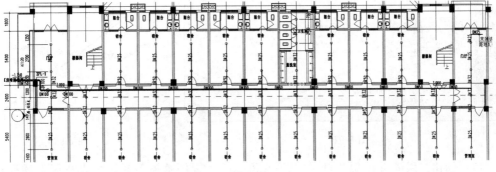

图 6-86

【注意】在绘制管道时勾选"自动连接"命令后，与当前绘制管道相同标高位置的交叉管道会自动与当前绘制管道连接，如图6-87所示。

（9）绘制末端试水装置管道。按照上述管道绘制操作步骤绘制喷淋末端试水管道，最终结果如图6-88、图6-89所示。在"三维喷淋"三维视图下查看最终结果，如图6-90所示。

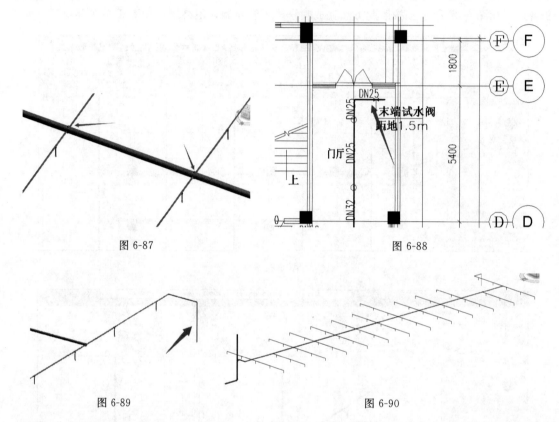

图6-87

图6-88

图6-89

图6-90

（10）布置水流指示器和信号蝶阀。在"插入"选项卡下使用"载入族"工具载入教材提供的族文件夹中"消防"文件夹下的"水流指示器"和"信号蝶阀"族文件，如图6-91所示。根据水施-09中喷淋系统图所示位置，为喷淋横管布置"水流指示器"和"信号蝶阀"，如图6-92所示。

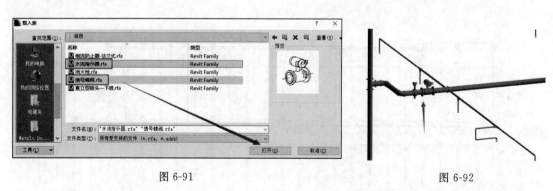

图6-91

图6-92

（11）创建二层喷淋模型。对于"2F-喷淋"平面视图喷淋管道，可以按照上述操作方法，重新绘制二层喷淋管道，也可以使用"修改"选项卡"剪贴板"面板中的"复制"工具，复制"1F-喷淋"中喷淋管道模型到"2F-喷淋"平面视图，连接"2F-喷淋"平面视图中喷淋横管与喷淋立管，最终结果如图6-93所示。

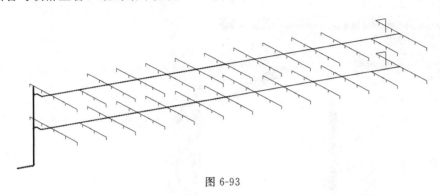

图 6-93

（12）修改喷淋立管顶端管道管径为DN20。在6.2节创建热浸镀锌钢管管道类型时，已经在布管系统配置中设置管道过渡件管径DN15～DN80之间用螺纹连接，DN80～DN150之间用沟槽连接。根据水施-09中喷淋系统图可知，喷淋立管顶端管径为DN20，而喷淋主立管管径为DN100，需要由DN100管径直接过渡到DN20，在前面的布管系统配置方案中管径无法直接由DN100过渡到DN20，如果直接修改管径为DN20，则管道会与原立管断开连接，所以，在修改管径前，需要在热浸镀锌钢管"布管系统配置"窗口中将"过渡件"管径范围修改为DN15～DN150管径使用螺纹连接（修改后只影响后面绘制的管道，对已经绘制完成的管道不会产生影响，如后期还需要其他管径尺寸变化，均可通过此方法修改布管系统配置），如图6-94所示。修改完成之后，在"三维喷淋"三维视图下选中顶端立管，修改直径为20mm，如图6-95所示。

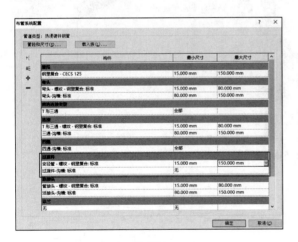

图 6-94

图 6-95

（13）布置阀门。单击"系统"选项卡"卫浴和管道"面板中的"管路附件"工具，在"属性"窗口选择"截止阀-J21型-螺纹 J21-25-20mm"，移动鼠标拾取立管中心位置，单击鼠标左键完成截止阀布置，如图6-96所示。单击"插入"选项卡"从库中载入"面板中的"载入族"工具，在"载入族"窗口中打开"机电→阀门→排气阀"，选择"排气阀-自动-螺纹"，点击"打开"载入排气阀，如图6-97所示。单击"系统"选项卡"卫浴和管道"面板中的"管路附件"工具，在"属性"窗口选择"排气阀-自动-螺纹 20mm"，移动鼠标拾取立管顶端中心后，单击鼠标左键完成排气阀布置，如图 6-98 所示，最终结果如图 6-99、图 6-100 所示。

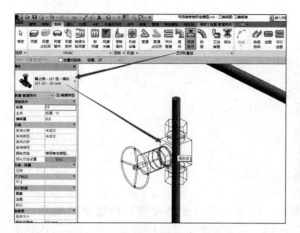

图 6-96

图 6-97

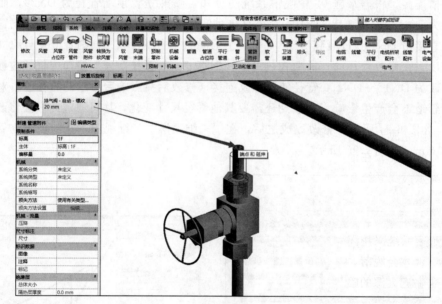

图 6-98

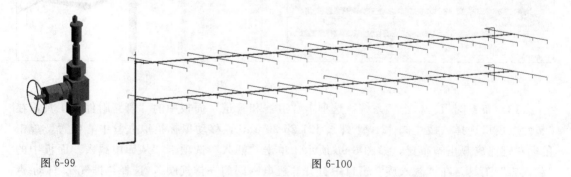

图 6-99   图 6-100

（14）按照 6.5 中"6.5.3 任务实施"中第（21）操作步骤，保存"自动喷淋系统"选择集并添加到视图样板"专用宿舍楼视图样板"过滤器页签中，并控制其可见。如

图 6-101 所示。

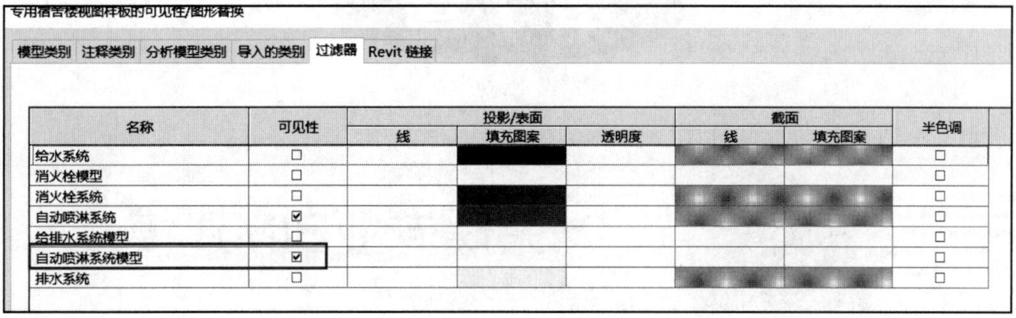

名称	可见性	投影/表面			截面		半色调
		线	填充图案	透明度	线	填充图案	
给水系统	☐						☐
消火栓模型	☐						☐
消火栓系统	☐						☐
自动喷淋系统	☑						☐
给排水系统模型	☐						☐
自动喷淋系统模型	☑						☐
排水系统	☐						☐

图 6-101

（15）单击 Revit 左上角快速访问栏上“保存”功能保存项目文件。

6.6.4 总结扩展

（1）步骤总结　上述 Revit 软件绘制自动喷淋系统模型的操作步骤主要分为六步。第一步：链接 CAD 图纸；第二步：布置喷头（含有载入喷头族、布置喷头等小步骤）；第三步：绘制喷淋支管（含有绘制管道、连接喷头与支管等小步骤）；第四步：绘制喷淋干管（含有绘制横管、复制 1F 喷淋模型到 2F 等小步骤）；第五步：布置喷淋管道阀门（含有布置横管信号蝶阀和水流指示器、立管截止阀、布置自动排气阀等小步骤）；第六步：将绘制完成的自动喷淋系统模型保存为选择集，并将其添加到可见性/图形替换过滤器中。按照本操作流程，读者可以完成专用宿舍楼项目自动喷淋系统模型的创建。

（2）业务扩展　在消防自动喷淋系统中，通常根据系统所使用的喷头形式的不同，分为闭式自动喷水灭火系统和开式自动喷水灭火系统两大类。

闭式自动喷水灭火系统包括湿式自动喷水灭火系统、干式自动喷水灭火系统、干湿交替式自动喷水灭火系统、预作用自动喷水灭火系统、重复启闭预作用自动喷水灭火系统。闭式自动喷水灭火系统采用闭式喷头，它是一种常闭喷头，喷头的感温、闭锁装置只有在预定的温度环境下，才会脱落，开启喷头。因此，在发生火灾时，闭式自动喷水灭火系统只有处于火焰之中或临近火源的喷头才会开启灭火。

开式自动喷水灭火系统包括雨淋灭火系统、水幕灭火系统、水喷雾灭火系统。开式自动喷水灭火系统采用的是开式喷头，开式喷头不带感温、闭锁装置，处于常开状态。发生火灾时，火灾所处的系统保护区域内的所有开式喷头一起出水灭火。

第7章

采暖专业BIM建模

7.1 建模前期准备

7.1.1 采暖专业图纸解析

专用宿舍楼项目涉及的采暖专业图纸共有 5 张，分别为暖施-01、暖施-02、暖施-03、暖施-04、暖施-05，在采暖专业建模中主要关注以下图纸信息。

（1）暖施-01

① 根据暖通设计及施工说明中"三、供暖部分"中的"（一）供暖热源及热力入口"可知，采暖的二次侧供回水温度为 45～35℃。

② 根据暖通设计及施工说明中"三、供暖部分"中的"（二）采暖系统"可知，本工程采用低温地板敷设采暖，供暖立管采用共用立管下供下回垂直双立管系统。

③ 根据暖通设计及施工说明中"五、管道、管材、试压及保温做法"中的"1.1"可知，采暖主干管、立管采用内外热浸镀锌钢管，DN≤80mm 螺纹连接，DN＞80mm 法兰连接。

④ 根据暖通设计及施工说明中"五、管道、管材、试压及保温做法"中的"2.1加热管、连接管"可知，采暖地热盘管采用 PE-RT 耐高温聚乙烯管，管径 dn＝20mm，壁厚2.3mm。分集水器与采暖供回水立管之间的管道采用 PB 耐高温聚丁烯管，其外径为 32mm、壁厚为 2.9mm。

⑤ 根据暖通设计及施工说明中"五、管道、管材、试压及保温做法"中的第"2.3 安装"可知，室内垫层内地热盘管安装不得有接头。

⑥ 根据暖通设计及施工说明中"六、阀门、附件"中的第"1."可知，供回水干管、立管管径小于50mm 采用铜质球阀，管径大于50mm 采用铜质对夹式蝶阀。

⑦ 根据暖通设计及施工说明中"十一、图例"可知，采暖供回水管图例和阀门部件图例，如图 7-1 所示。

序号	名 称	图 例	备 注
1	采暖供水管	——NG——	热镀锌钢管
2	采暖回水管	——NH——	热镀锌钢管
3	固定支架	×—×	
4	温控阀		供暖支管上
5	闸阀		
6	截止阀（球阀）		
7	自动排气阀		ZP-1
8	球形锁闭阀		铜质
9	热量计量表		
10	过滤器		
11	热量计量表		
12	采暖供水立管	NG1	
13	采暖回水立管	NH1	

图 7-1

（2）暖施-02 关注采暖入户干管安装高度，室内地沟内采暖横干管安装高度及管道尺寸、采暖立管安装位置及编号。

（3）暖施-03 关注采暖分集水器安装位置及对应采暖立管编号、采暖地热盘管安装间距、供水支管接分水器距地面标高0.55m、回水支管接集水器距地面标高0.35m。

（4）暖施-04 关注采暖分集水器安装位置及对应采暖立管编号、采暖地热盘管安装间距、供水支管接分水器距地面标高0.55m、回水支管接集水器距地面标高0.35m。

（5）暖施-05 关注采暖系统图中采暖横干管和采暖立管管径尺寸、采暖分集水器安装高度、采暖分集水器与采暖立管间连接管道直径尺寸、采暖立管顶端自动排气阀安装规格尺寸、楼层供暖敷设地板做法示意图中地热盘管的安装标高。

7.1.2 建模流程讲解

专用宿舍楼项目采暖系统为地板采暖，在创建采暖专业模型时，可以先创建采暖干管和采暖立管再创建采暖支管。根据本专用宿舍楼项目提供的图纸信息并结合Revit软件的建模工具，归纳出本项目采暖专业建模的流程，如图7-2所示。

图 7-2

7.2 新建采暖管材类型

7.2.1 任务说明

在Revit软件中打开"专用宿舍楼机电模型"项目文件，根据提供的专用宿舍楼图纸设计说明，完成专用宿舍楼采暖管材类型的创建。

7.2.2 任务分析

（1）业务层面分析 根据暖施-01暖通设计及施工说明中"五、管道、管材、试压及保温做法"中的第"2.3安装"可知，在室内垫层内地热盘管安装过程中，盘管不得有接头，即在地热盘管实际安装过程中，垫层内盘管出地面与分集水器连接是不能设置弯头的，如图7-3所示。在使用Revit软件绘制采暖地热盘管时无法绘制图7-3所示模型，因此在垫层内地热盘管与分集水器连接位置需要设置90°弯头连接。

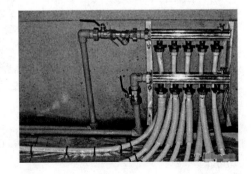

根据暖施-01暖通设计及施工说明中"五、管道、管材、试压及保温做法"中的"1.1"可知，采暖主干管、立管采用内外热浸镀锌钢管，DN≤80mm螺纹连接，DN>80mm法兰连接。

图 7-3

根据暖施-01暖通设计及施工说明中"五、管道、管材、试压及保温做法"中的"2.1加热管、连接管"可知，采暖地热盘管采用 PE-RT 耐高温聚乙烯管，管径 dn＝20mm，壁厚 2.3mm。分集水器与采暖供回水立管之间的管道采用 PB 耐高温聚丁烯管，其外径为 32mm、壁厚为 2.9mm。

（2）软件层面分析

① 学习使用"编辑类型"中"复制"命令创建管道类型。

② 学习使用"载入族"命令载入管道配件族。

③ 学习使用"布管系统配置"命令设置管道不同管径的连接方式。

7.2.3　任务实施

在 5.3 节中讲解了在 Revit 中新建给排水管材类型的具体操作方法，读者可以参考相关内容新建采暖管材类型；在 6.2 节中已经创建了"热浸镀锌钢管"，本节内容主要讲解在"类型属性"窗口创建 PE-RT 耐高温聚乙烯管、PB 耐高温聚丁烯管管材类型。下面以《BIM算量一图一练》中的专用宿舍楼项目为例，讲解新建 PE-RT 耐高温聚乙烯管、PB 耐高温聚丁烯管的操作步骤。

（1）新建 PE-RT 耐高温聚乙烯管。单击"系统"选项卡"卫浴和管道"面板中的"管道"工具，在"类型属性"窗口中复制"无规共聚聚丙烯 PP-R 管"，新建"PE-RT 耐高温聚乙烯管"，如图 7-4 所示。

（2）在"PE-RT 耐高温聚乙烯管"的"类型属性"窗口打开"布管系统配置"，在"布管系统配置"窗口中通过"载入族"工具载入 Revit 软件默认路径"机电→水管管件→GBT 13663 PE→热熔承插"下提供的 PE-RT 管件族，如图 7-5 所示。

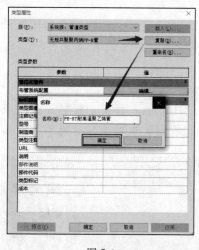

图 7-4

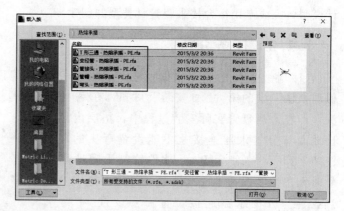

图 7-5

（3）在"布管系统配置"窗口设置"PE-RT 耐高温聚乙烯管"管件配置，如图 7-6 所示。

（4）新建 PB 耐高温聚丁烯管。在管道"类型属性"窗口复制"PE-RT 耐高温聚乙烯管"，新建"PB 耐高温聚丁烯管"，如图 7-7 所示。

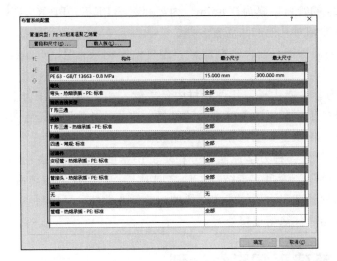

图 7-6

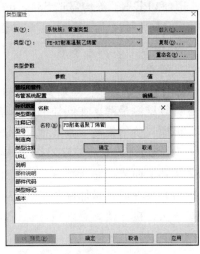

图 7-7

（5）保留"PB 耐高温聚丁烯管"管件配置与"PE-RT 耐高温聚乙烯管"管件配置相同，如图 7-8 所示，至此完成了采暖管材类型的创建。

（6）单击 Revit 左上角快速访问栏上"保存"功能保存项目文件。

7.2.4 总结扩展

（1）步骤总结 上述 Revit 软件创建采暖管材类型的操作步骤主要分为三步。第一步：复制新建"PE-RT 耐高温聚乙烯管"管材类型；第二步：载入 PE-RT 管

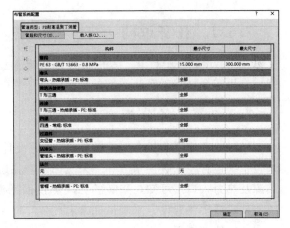

图 7-8

件族并进行配置；第三步：复制新建"PB 耐高温聚丁烯管"管材类型。按照本操作流程读者可以完成专用宿舍楼项目采暖管材类型的创建。

（2）业务扩展 目前，国内在地板辐射采暖系统中经常选用的采暖管材主要有以下几种。

① PE-X：交联聚乙烯。采用中密度聚乙烯或高密度聚乙烯与硅烷交联或过氧化物交联的方法，在聚乙烯的线性长分子链之间进行化学键连接，形成立体网状分子链结构。相对一般的聚乙烯而言，提高了拉伸强度、耐热性、抗老化性、耐应力开裂性和尺寸稳定性等性能。整个生产过程属于化学反应过程。该品种具有交联剂不易分散均匀、交联度较难控制一致和需要定时清理螺杆以防止产生凝胶颗粒等难点，产品的质量控制难度较大，一般的小型生产企业难以做好。合格 PE-X 管材具有力学性能好、耐高温和低温性能好等优点。但是，PE-X 管材没有热塑性能，不能用热熔焊接的方法连接和修复。

② PP-B：耐冲击共聚聚丙烯。耐低温性能好、弯曲模量高、连接性能优越和原料成本低。但在地板辐射采暖系统 0.6MPa 的设计压力下需要选用 S3.2 系列的管材（PE-X、PP-

R、PB 和 PE-RT 等均需选 S5)，de20 的管材壁厚为 2.8mm，内径相对于 PE-X、PP-R、PB 和 PE-RT 品种减小 1.6mm。耐热性能相对其他产品而言较差。

③ PP-R：无规共聚聚丙烯。耐高温性能好、力学性能好和连接性能优越。但耐低温冲击性能较差。

④ PB：聚丁烯。耐蠕变性能和力学性能优越，几种管材中最柔软，相同的设计压力下设计计算壁厚最薄。在同样的使用条件下，相同的壁厚系列的管材，该品种的使用安全性最高。但原料价格最高，是其他品种的一倍以上，当前在国内应用较少。

⑤ PE-RT：耐高温聚乙烯。该原料是一种力学性能十分稳定的中密度聚乙烯，由乙烯和辛烯共聚而成。它所特有的乙烯主链和辛烯短支链结构，使之同时具有乙烯优越的韧性、耐应力开裂性能、耐低温冲击、杰出的长期耐水压性能和辛烯的耐热蠕变性能。可以用热熔连接方法连接，遭到意外损坏也可以用管件热熔连接修复。

7.3　新建采暖系统类型

7.3.1　任务说明

在 Revit 软件中打开"专用宿舍楼机电模型"项目文件，根据提供的专用宿舍楼图纸，完成专用宿舍楼采暖系统类型的创建。

7.3.2　任务分析

(1) 业务层面分析　根据暖施-01 暖通设计及施工说明中"十一、图例"可知，本项目采暖系统包含"采暖供水"和"采暖回水"系统，根据"三、供暖部分"中的"（一）供暖热源及热力入口"可知，采暖的二次侧供回水温度为 45～35℃，因此在新建采暖供回水系统类型时需要注意设定采暖供回水温度。

(2) 软件层面分析

① 学习使用"复制"命令复制 Revit 提供的系统分类。

② 学习使用"重命名"命令创建新的系统类型。

③ 学习使用在"机械设置"中添加流体温度。

7.3.3　任务实施

在 5.4 节中讲解了在 Revit 中新建给排水系统类型的具体操作方法，读者可以参考相关内容新建采暖系统类型。本节内容主要讲解新建采暖系统时复制"系统分类"对象的选择，以及添加采暖供回水流体温度的方法。下面以《BIM 算量一图一练》中的专用宿舍楼项目为例，讲解采暖系统类型创建的操作步骤。

(1) 新建流体温度。单击"管理"选项卡"设置"面板中的"MEP 设置"下拉选项中的"机械设置"工具，如图 7-9 所示。在"机械设置"窗口中选择"管道设置"分类下的"流体"选项，流体名称选择"水"，点击"新建温度"，添加供水温度"45℃"，点击"确定"，如图 7-10 所示。使用同样的方法新建回水温度 35℃，最终结果如图 7-11 所示。

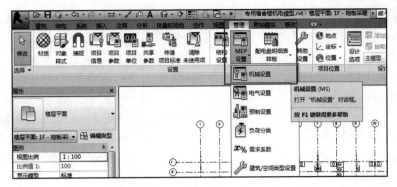

图 7-9

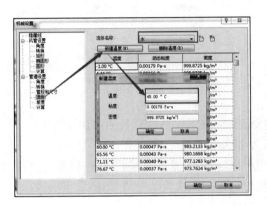

图 7-10

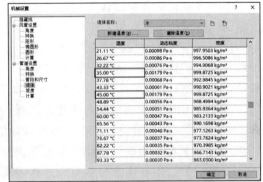

图 7-11

（2）新建采暖供水系统。在"项目浏览器"窗口中展开"族"类别，在族类别中打开"管道系统"，选中"循环供水"，右键复制创建"循环供水2"系统，将其重命名为"采暖供水"系统类型。同样的方式，选中"循环回水"复制创建"采暖回水"系统类型，最终结果如图 7-12 所示。

（3）选中"采暖供水"，双击鼠标左键打开采暖供水"类型属性"，在"类型属性"窗口中流体类型选择"水"，流体温度选择"45℃"，如图 7-13 所示。

图 7-12

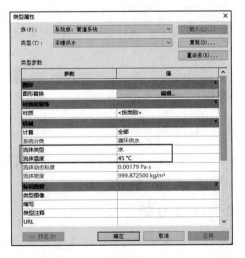

图 7-13

（4）同样的方式，选中"采暖回水"，双击鼠标左键打开采暖回水"类型属性"，在"类型属性"窗口中流体类型选择"水"，流体温度选择"35℃"，如图 7-14 所示。

（5）单击 Revit 左上角快速访问栏上"保存"功能保存项目文件。

7.3.4　总结扩展

（1）步骤总结　总结上述 Revit 软件创建采暖系统类型的操作步骤主要分为三步。第一步：添加采暖供回水流体温度；第二步：新建采暖供水和采暖回水系统类型；第三步：在"编辑类型"窗口设置采暖供回水流体温度。按照本操作流程读者可以完成专用宿舍楼项目采暖系统类型的创建。

（2）业务扩展　按照《民用建筑供暖通风与空气调节设计规范》（GB 50736—2012）规定如下。

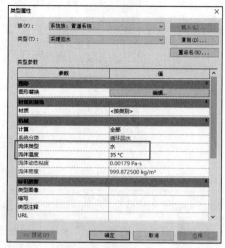

图 7-14

① 散热器供暖系统应采用热水作为热媒；散热器集中供暖系统宜按热媒温度为 75/50℃ 或 85/60℃ 连续供暖进行设计（供回温差设计值为 20℃）。

② 热水地面辐射供暖系统供水温度不应超过 60℃，供水温度宜采用 35～45℃，供回温差不宜大于 10℃，本专用宿舍楼项目地热采暖盘管的供回水温度为 45℃/35℃，符合设计规范要求。

目前的供暖设计中，二次网的供水温度设计是 60～65℃，回水温度设计是 45～50℃，温差是 15～20℃。在供热运行中很多地区都能达到 15～20℃ 的供回水温差设计指标。

然而，到目前为止，仍然有不少地区，其最大供回水温差小于 15℃，最高只能达到 12℃ 左右，在供热的初期，供回水温差只有 7℃ 左右。造成这一现状的原因是大流量运行，大流量运行使得热源送出的热水在用户散热器里面停留的时间过短，即流速过快，热量还没有散发完，就被循环泵给强行拽了回来。但如果降低循环泵的流量，减小循环水的流速，就会出现以下两种情况。一是供热系统的前端用户温度达标，供热系统的末端用户供热效果差，温度不达标；二是当满足末端用户的供热温度时，近端用户的温度就会过高，造成很多住户开窗户的现象，造成热量的大量浪费。这种情况产生的根本原因是水力不平衡，管网缺乏有效的平衡手段。

7.4　设置采暖系统过滤器

7.4.1　任务说明

在 Revit 软件中打开"专用宿舍楼机电模型"项目文件，根据专用宿舍楼图纸，完成专用宿舍楼采暖系统过滤器的设置。

7.4.2　任务分析

（1）业务层面分析　本项目机电专业包含许多小专业，在机电建模时为了能够清楚区分各专业管道系统，通常会使用 Revit 过滤器的功能为各机电管线系统设置不同的颜色。另外，通过过滤器还可以实现机电各专业管线模型在不同视图下的显示状态。

为了便于机电各专业系统过滤器颜色的设置，在6.4节中通过"视图样板"功能新建了"专用宿舍楼视图样板"，在本节中新建采暖系统过滤器时，可以直接打开此样板，在其中添加采暖系统过滤器，最后将添加完"采暖系统"过滤器的"专用宿舍楼视图样板"应用到采暖平面视图和三维视图中。

（2）软件层面分析

① 学习使用在"专用宿舍楼视图样板"中添加采暖系统过滤器。

② 学习使用"图案填充"命令为采暖系统设置填充颜色。

③ 学习使用"将样板属性应用于当前视图"命令应用设置好的视图。

④ 学习使用"可见性/图形替换"设置当前视图过滤器的可见性。

7.4.3 任务实施

在5.11节中详细讲解了在"可见性/图形替换"窗口"过滤器"页签下新建"给排水系统"过滤器的方法，读者可以参考相关内容创建采暖系统过滤器。本节内容主要讲解在"专用宿舍楼视图样板"中添加采暖系统过滤器的方法以及复制应用到采暖平面及三维视图的方法。下面以《BIM算量—图—练》中的专用宿舍楼项目为例，讲解采暖系统过滤器设置的操作步骤。

（1）添加"采暖供水"系统过滤器。在"项目浏览器"窗口，打开"1F-地板采暖"平面视图，单击"视图"选项卡"图形"面板中的"视图样板"下拉选项中的"管理视图样板"，如图7-15所示。在"视图样板"窗口选择"专用宿舍楼视图样板"，在"视图属性"位置点击"V/G替换过滤器"后的"编辑"命令，

图 7-15

如图7-16所示。在"专用宿舍楼视图样板的可见性/图形替换"窗口的"过滤器"页签下点击"添加"按钮打开"添加过滤器"窗口，如图7-17所示，在"添加过滤器"窗口点击"编辑/新建"新建"采暖供水"过滤器，如图7-18所示。选择"采暖供水"过滤器，在类别位置勾选"管件、管道、管道附件"，过滤条件选择"系统类型→等于→采暖供水"，如图7-19所示，点击"确定"完成"采暖供水"过滤器添加。

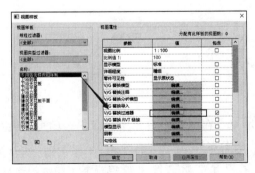

图 7-16

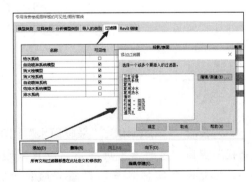

图 7-17

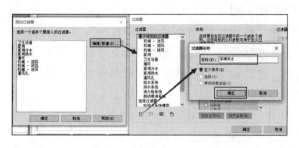
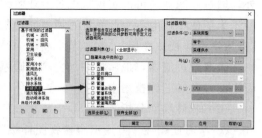

图 7-18   图 7-19

（2）按照上述操作，添加"采暖回水"过滤器，如图 7-20 所示。选择"采暖回水"过滤器，在类别位置勾选"管件、管道、管道附件"，过滤条件选择"系统类型→等于→采暖回水"，如图 7-21 所示。点击"确定"完成"采暖回水"过滤器设定。

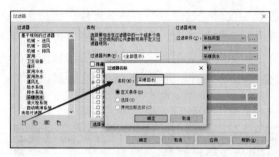

图 7-20   图 7-21

（3）在"添加过滤器"窗口选中"采暖供水"、"采暖回水"点击"确定"，将其添加到"专业宿舍楼视图样板的可见性/图形替换"中的"过滤器"页签下，如图 7-22 所示，最终结果如图 7-23 所示。

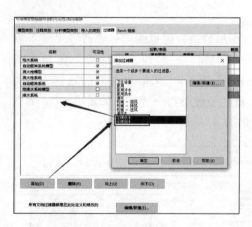

图 7-22   图 7-23

（4）设置"采暖供水"、"采暖回水"图案填充。在"专用宿舍楼视图样板的可见性/图形替换"窗口"过滤器"页签下，设置采暖供水图案填充，颜色为紫色（RGB：255，0，255），填充图案实体填充，设置采暖回水图案填充，颜色为土黄色（RGB：220，185，000），填充图案实体填充，点击"确定"，最终结果如图 7-24 所示。

（5）单击"视图"选项卡"图形"面板中的"视图样板"下拉选项中的"将样板属性应用于当前视图"工具，如图7-25所示，在弹出的"应用视图样板"窗口中选择"专用宿舍楼视图样板"，在视图属性位置只保留勾选"V/G替换过滤器"，其他项均取消勾选，如图7-26所示，点击"确定"。

图 7-24

图 7-25

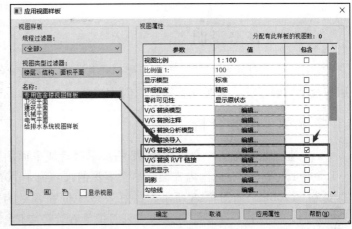

图 7-26

（6）在"1F-地板采暖"平面视图中，打开"属性"窗口中的"可见性/图形替换"，在"过滤器"页签下只保留"采暖供水"、"采暖回水"可见性勾选，如图7-27所示，点击"确定"完成"1F-地板采暖"平面视图中过滤器的设定。

图 7-27

（7）参照上述步骤（5）、（6），切换到相应视图中，完成"2F-地板采暖"平面视图、"三维地板采暖"三维视图中过滤器的设定。

（8）单击Revit左上角快速访问栏上"保存"功能保存项目文件。

7.4.4 总结扩展

（1）步骤总结 上述Revit软件设置采暖系统过滤器的操作步骤主要分为三步。第一步：在"专用宿舍楼视图样板"中添加"采暖供水"、"采暖回水"过滤器（含添加过滤器、设置过滤器图案填充等小步骤）；第二步：将"专用宿舍楼视图样板"应用于"1F-地板采暖"、"2F-地板采暖"、"三维地板采暖"视图中；第三步：在"可见性/图形替换"中设置"1F-地板采暖"、"2F-地板采暖"、"三维地板采暖"视图过滤器的可见性。按照本操作流程，读者可以完成专用宿舍楼项目采暖系统过滤器的设置。

（2）业务扩展　在过滤器过滤条件选择中，除了可以通过系统类型过滤以外，还可以使用类型名称、系统分类等过滤，另外过滤条件的选择取决于过滤类别的选择，过滤类别选择的项越多，过滤条件可选的项就越少。

7.5　绘制采暖干管、立管

7.5.1　任务说明

在 Revit 软件中打开"专用宿舍楼机电模型"项目文件，根据专用宿舍楼图纸，完成专用宿舍楼采暖干管、采暖立管模型的创建。

7.5.2　任务分析

（1）业务层面分析　根据暖施-02 一层采暖管线平面图可知，采暖进户干管安装标高为 −1.500m，入户后在地沟内安装，地沟宽深的尺寸为 1000mm×1200mm，地沟内管道安装高度为 −1.00m，如图 7-28 所示。在图 7-28 中位置 A 处为管道固定支架，用于固定采暖横管在地沟内的位置，需要注意地沟内采暖横管有管径变化。

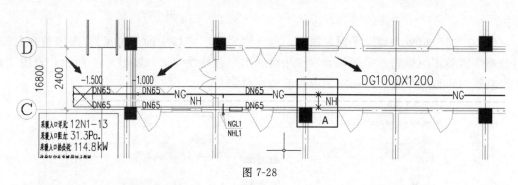

图 7-28

（2）软件层面分析

① 学习使用"链接 CAD"命令链接采暖 CAD 底图。

② 学习使用"视图范围"命令设置平面视图中采暖管道可见性。

③ 学习使用"管道"命令绘制采暖横管、采暖立管模型。

④ 学习使用"平行管道"命令快速创建管道模型。

7.5.3　任务实施

Revit 软件提供了"管道"工具可以绘制采暖系统模型，在绘制时注意设置采暖供回水系统类型。下面以《BIM算量—图—练》中的专用宿舍楼项目为例，讲解采暖干管、采暖立管模型创建的操作步骤。

（1）链接 CAD 底图。在"项目浏览器"窗口中打开"1F-地板采暖"平面视图，单击"插入"选项卡"链接"面板中的"链接 CAD"工具，将"一层采暖管线平面图"链接到"1F-地板采暖"平面视图中，将 CAD 图纸中的轴网与项目轴网对齐并锁定 CAD 图纸，最终结果如图 7-29 所示。

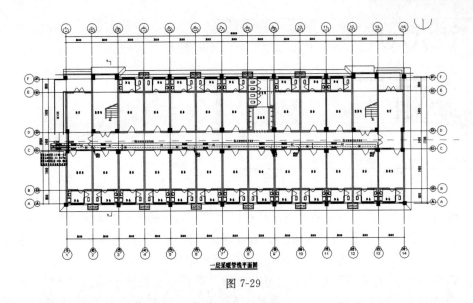

图 7-29

(2) 设置"1F-地板采暖"平面视图的视图范围。因为采暖入户干管安装标高为−1.500m，

地沟内采暖横管安装标高为−1.00m，为了保证在绘制采暖入户干管时，管道在平面视图中可见，在绘制管道前需要先在平面视图中设置视图范围，在"属性"窗口打开"视图范围"工具，在"视图范围"窗口设置底偏移量为−2000，视图深度标高偏移量为−2000，如图 7-30 所示（视图范围设置要求见 5.7 节中总结扩展内容）。

图 7-30

(3) 绘制采暖供水管。单击"系统"选项卡"卫浴和管道"面板中的"管道"工具，在激活的"修改|放置 管道"选项卡下选择"自动连接"、"禁用坡度"，在"属性"窗口选择"热浸镀锌钢管"管道类型，"采暖供水"系统类型，直径"65mm"，偏移量"−1500mm"，从采暖入户干管位置开始绘制采暖管道，如图 7-31 所示，不中断绘制命令，绘制到竖向立管管道位置，修改偏移量为−1000mm 后，点击"应用"，如图 7-32 所示，按照 CAD 图纸中管道位置绘制管道至采暖立管 NGL5 位置后，修改偏移量为 4500mm，点击"应用"，完成 NGL5 采暖立管的绘制，如图 7-33 所示，打开"三维地板采暖"三维视图查看最终结果并保存，如图 7-34 所示。

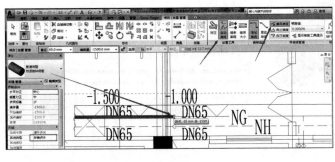

图 6-31

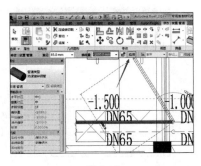

图 7-32

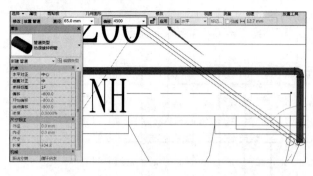

图 7-33　　　　　　　　　　　　　　　　　　　图 7-34

（4）绘制采暖回水管。绘制采暖回水管可以采用绘制采暖供水管方法绘制，也可以使用"平行管道"功能复制已有管路来创建。下面主要讲解使用"平行管道"的命令来创建采暖回水管道。单击"系统"选项卡"卫浴和管道"面板中的"平行管道"工具，如图 7-35 所示。在"修改|放置平行管道"选项卡"平行管道"面板中设定水平数为 2（即在水平方向上复制一个管道），水平偏移为 250（测量 CAD 可知，复制管道与原管道的中心间距为250mm），如图 7-36 所示。设定完后将鼠标放在采暖供水管上使管道处于预选择状态（不点击鼠标），按键盘"Tab"切换键一次，当整个管路均处于预选择状态时，单击鼠标左键完成管路复制，如图 7-37、图 7-38 所示。

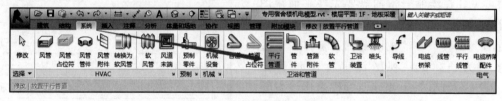

图 7-35

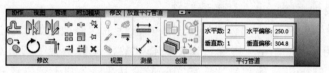

图 7-36

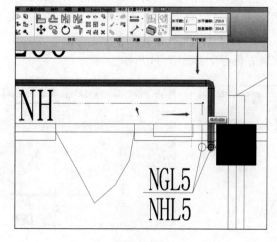

图 7-37

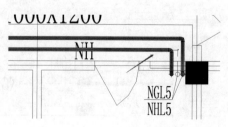

图 7-38

（5）修改管道系统类型。通过"平行管道"功能复制的管路系统类型将继承原管道系统类型，这里需要选中复制出的管路中任意一段管道，在"属性"窗口修改该管道系统类型为"采暖回水"，如图7-39所示。因为在Revit中管道系统具有关联性，因此修改管路中任一管段系统类型后，整个管路系统类型均会发生改变。

（6）绘制采暖立管。使用绘制管道命令，在"属性"窗口选择"热浸镀锌钢管"管道类型，系统类型选择"采暖供水"，修改直径为40mm，取消选择"自动连接"，选择"继承高程"，从采暖供水干管位置开始绘制采暖立管，如图7-40所示，绘制到立管NGL4位置后修改偏移量为4500mm，点击"应用"，完成采暖供水立管NGL4的绘制，如图7-41所示。按照上述操作方法完成采暖回水立管NHL4的绘制，如图7-42所示。

（7）按照步骤（6）中操作方法完成采暖立管NGL1、NHL1、NGL2、NHL2、NGL3、NHL3的绘制，按照CAD图纸修改采暖横干管管径，在三维下查看最终结果并保存，如图7-43所示。

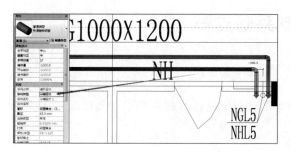

图 7-39

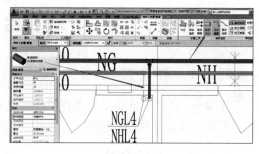

图 7-40

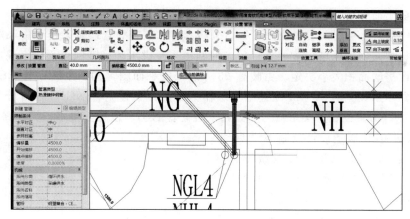

图 7-41

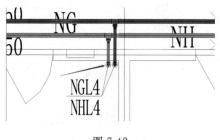

图 7-42

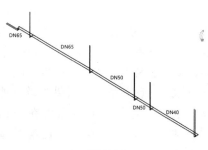

图 7-43

（8）单击 Revit 左上角快速访问栏上"保存"功能保存项目文件。

7.5.4　总结扩展

（1）步骤总结　上述 Revit 软件绘制采暖干管、采暖立管模型的操作步骤主要分为三步。第一步：链接 CAD 图纸，设置视图范围；第二步：绘制采暖干管（含有平行管道小步骤）；第三步：绘制采暖立管。按照本操作流程，读者可以完成专用宿舍楼项目采暖干管、采暖立管模型的创建。

（2）业务扩展　在采暖系统设计中，室内采暖地下干管应该敷设在地沟内或沿地面架设，不应直埋。除非是热媒温度在 60℃ 以下，否则会出现将地皮拱起来的不良后果；另外一个原因是如果采暖管道采用直埋方式，后期不便于检修。

采暖地沟可分为三种方式，即通行地沟、半通行地沟及不通行地沟。室内采暖干管地沟一般采用不通行地沟，地沟内设置固定支架。

7.6　绘制采暖支管

7.6.1　任务说明

在 Revit 软件中打开"专用宿舍楼机电模型"项目文件，根据专用宿舍楼图纸，完成专用宿舍楼采暖支管模型的创建。

7.6.2　任务分析

（1）业务层面分析

① 根据暖施-03 一层采暖平面图可知，采暖盘管和采暖立管通过采暖分集水器连接，地板采暖一般按房间功能区域设置回路，每个回路由采暖供水和采暖回水系统组成，采暖分集水器回路数由房间面积大小决定。由暖施-03 一层采暖平面图可知，采暖立管 NGL1 位置分集水器为 5 路，采暖立管 NGL2 位置分集水器为 6 路，采暖立管 NGL3 位置分集水器为 4 路，采暖立管 NGL4 位置分集水器为 4 路，采暖立管 NGL5 位置分集水器为 5 路。

② 根据暖施-01 暖通设计及施工说明中"五、管道、管材、试压及保温做法"中的"2.1 加热管、连接管"可知，采暖地热盘管采用 PE-RT 耐高温聚乙烯管，管径 dn＝20mm，分集水器与采暖供回水立管之间的管道采用 PB 耐高温聚丁烯管，其外径为 32mm，在第 5.1 节中图 5-5 可知，dn＝20mm 为公称外径，对应管道公称直径为 DN＝15mm，dn＝32mm 公称外径，对应公称直径为 DN＝25mm。

③ 根据暖施-05 中"楼层供暖敷设地板做法示意图"可知，地暖盘管在地面完成面下大约 50mm 位置外，建模时暂时设定为 30mm。如图 7-44 所示。

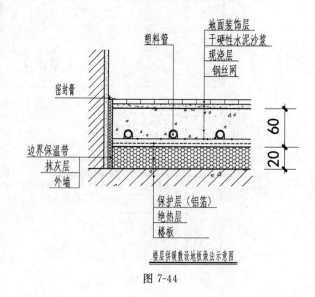

图 7-44

（2）软件层面分析

① 学习使用"管道"命令绘制地板采暖盘管模型。

② 学习使用"载入族"命令载入采暖分集水器族。

7.6.3　任务实施

在地暖盘管实际安装过程中，垫层内盘管出地面与分集水器连接是不允许设置弯头的，在使用 Revit 软件绘制采暖地暖盘管时，在垫层内地暖盘管与分集水器连接位置需要设置90°弯头连接。下面以《BIM 算量一图一练》中的专用宿舍楼项目采暖立管 NGL1、NHL1位置分集水器所接地暖盘管为例，讲解采暖支管模型创建的操作步骤。

（1）链接"一层采暖平面图"。在"项目浏览器"窗口中打开"1F-地板采暖"平面视图，打开"属性"窗口中"可见性/图形替换"命令，在"导入的类别"页签下取消勾选"一层采暖管线平面图"，如图 7-45 所示。在"1F-地板采暖"平面视图中链接 CAD 图纸"一层采暖平面图"，将 CAD 图纸中轴网与项目轴网对齐并锁定 CAD 图纸，最终结果如图 7-46 所示。

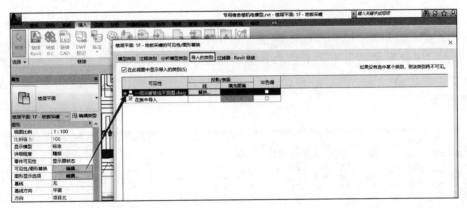

图 7-45

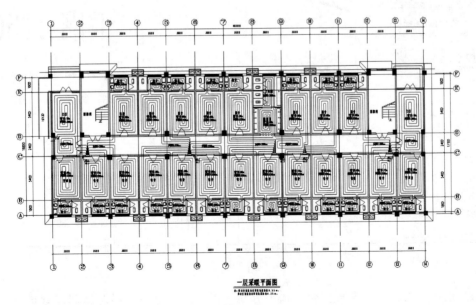

一层采暖平面图

图 7-46

155

（2）载入分集水器族。单击"插入"选项卡下"从库中载入"面板中的"载入族"工具，在"载入族"窗口打开教材提供的"族文件→分集水器构件"文件夹，将其载入到项目中，如图 7-47 所示。

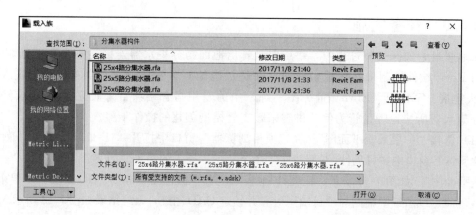

图 7-47

（3）布置采暖分集水器。根据平面图可确定采暖立管 NGL1、NHL1 位置分集水器为 5 路，单击"系统"选项卡下"卫浴和管道"面板中的"管路附件"工具，在"属性"窗口选择"20×5 路分集水器"，放置到采暖立管 NGL1、NHL1 位置分集水器处，如图 7-48 所示。

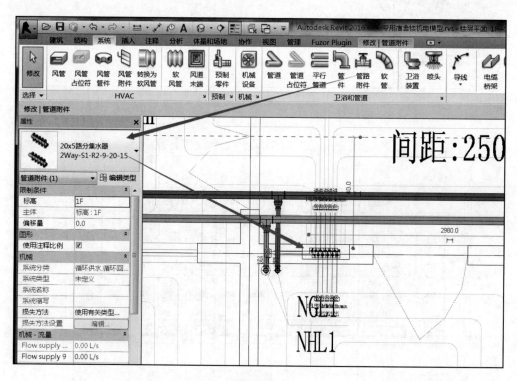

图 7-48

（4）连接分集水器与采暖立管。选中分集水器，点击分集水器左侧创建管道按钮，如图 7-49 所示。在"属性"窗口选择"PB 耐高温聚丁烯管"管道类型，管径为 25mm，在

"修改|放置 管道"选项卡中取消选择"自动连接"命令，绘制管道与采暖回水立管连接，如图7-50～图7-52所示。

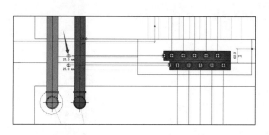

图 7-49

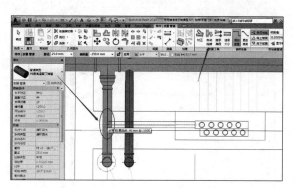

图 7-50

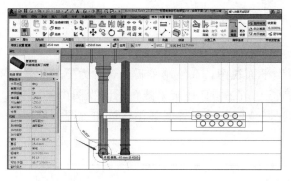

图 7-51

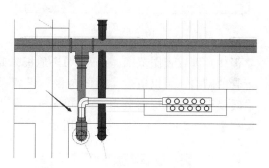

图 7-52

（5）修改采暖支管系统类型。选择绘制完成的采暖支管，在"属性"窗口修改采暖支管系统类型为"采暖回水"，如图7-53所示。

（6）按照（4）、（5）中的操作步骤完成分集水器与采暖供水立管连接，最终结果如图7-54所示。

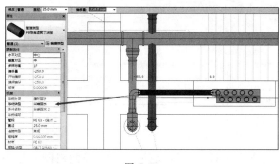

图 7-53

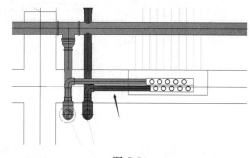

图 7-54

（7）根据暖施-03中注释可知，分集水器采暖回水支管安装高度为350mm，打开"三维地板采暖"三维视图，选择分集水器采暖回水支管，在"属性"窗口中修改偏移量为350mm，如图7-55所示。

（8）按照上述（1）～（7）的操作步骤，完成采暖立管 NGL2～NGL5 位置所有分集水器的布置及与采暖立管的连接，在着色模式下查看最终结果，如图 7-56 所示。

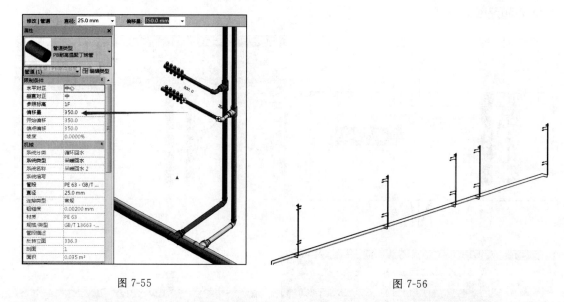

图 7-55　　　　　　　　　　　　　　　　　　图 7-56

　　（9）设置视图范围。打开"1F-地板采暖"平面视图，在绘制采暖支管时为了避免采暖干管的影响，可以通过"视图范围"设置采暖干管在"1F-地板采暖"平面视图中不可见，采暖横干管管道标高最高为−800mm，在"视图范围"中设置底部偏移量和视图深度标高偏移量为−500mm，如图 7-57 所示。

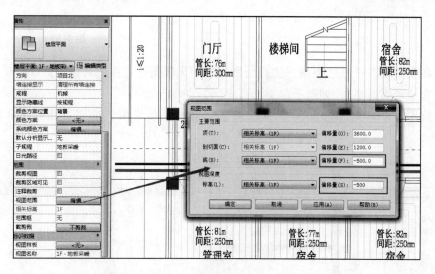

图 7-57

　　（10）绘制采暖立管 NGL1、NHL1 位置采暖支管。打开"1F-地板采暖"平面视图，选中分集水器，点击分集水器上进水引出点，如图 7-58 所示，在"属性"窗口选择管道类型为"PE-RT 耐高温聚乙烯管"，偏移量设置为−30mm，绘制采暖回水支管如图 7-59 所示。分集水器族默认的回水支管系统为循环回水，选中绘制的管道在"属性"窗口修改支管系统类型为"采暖回水"，如图 7-60 所示。选中回水支管，鼠标放置在管道末端，点击鼠标右键选择"绘制管道"，如图 7-61 所示。按照 CAD 底图绘制采暖支管到采暖回路中间位置，如图 7-62 所示。

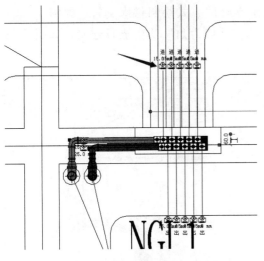

图 7-58

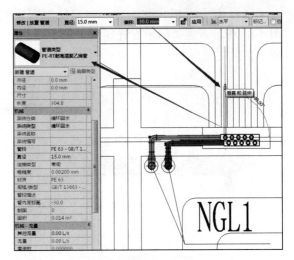

图 7-59

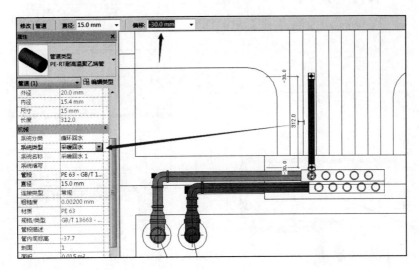

图 7-60

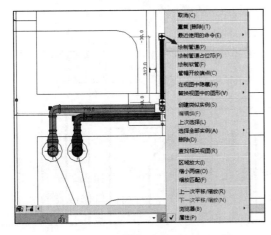

图 7-61

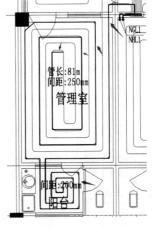

图 7-62

（11）绘制采暖供水支管。按照绘制采暖回水支管的方式绘制供水支管，如图7-63～图7-67所示。在供回水支管连接位置处使用"修剪/延伸为角"功能进行连接，如图7-68所示。

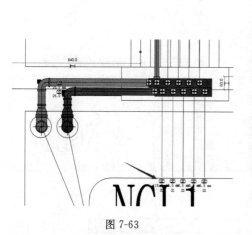

图 7-63

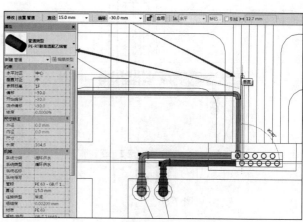

图 7-64

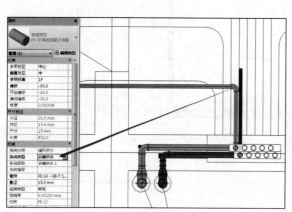

图 7-65

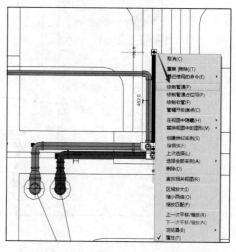

图 7-66

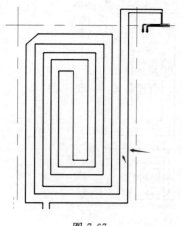

图 7-67

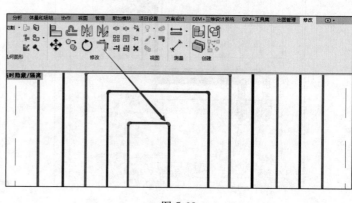

图 7-68

（12）打开"三维地板采暖"三维视图查看采暖支管模型并保存项目文件，如图 7-69 所示。

（13）按照（10）、（11）操作步骤，完成采暖立管 NGL1、NHL1 位置分集水器到其他房间采暖支管的绘制，最终结果如图 7-70、图 7-71 所示。

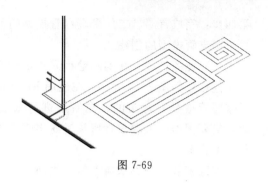

图 7-69

【注意】绘制时需要注意房间位置与分集水器支管连接的部位，避免各房间采暖支管回路管道之间出现交叉碰撞。

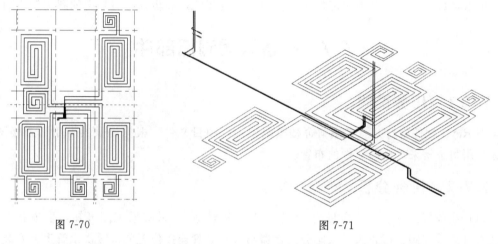

图 7-70   图 7-71

（14）参照 NGL1、NHL1 的采暖支管绘制方式，完成首层和二层位置其他分集水器的采暖支管绘制。如图 7-72 所示。

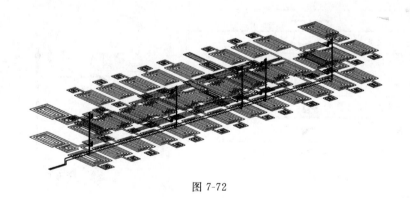

图 7-72

（15）单击 Revit 左上角快速访问栏上"保存"功能保存项目文件。

7.6.4 总结扩展

（1）步骤总结 上述 Revit 软件绘制采暖支管模型的操作步骤主要分为四步。第一步：图纸与族的导入（包含链接 CAD 图纸、载入分集水器族等小步骤）；第二步：布置分集水器并与立管连接（包含布置分集水器、连接分集水器与采暖立管、调整分集水器安装高度等小步骤）；第三步：绘制采暖盘管模型（包含绘制采暖回路回水支管、供水支管等小步骤）；

第四步：完成首层、二层采暖盘管模型的创建。按照本操作流程读者可以完成专用宿舍楼项目采暖支管模型的创建。

（2）业务扩展　在实际地板采暖盘管敷设时不允许出现弯头连接，如图 7-73 所示。在使用 Revit 软件绘制完成的地板采暖管道是有弯头的，在后期进行采暖管道明细表统计时，需要把地板采暖盘管弯头过滤出来不进行统计，具体操作后面讲解。

图 7-73

实际安装中分集水器上每个供回水支路是一个闭合的环路管道，在 Revit 软件中绘制地板盘管时为了区分供回水管道，可以将每个管道支路中间部位作为供回水过渡部位，如步骤（11）中的图 7-68 所示。

7.7　布置采暖阀门部件

7.7.1　任务说明

在 Revit 软件中打开"专用宿舍楼机电模型"项目文件，根据提供的专用宿舍楼图纸，完成专用宿舍楼采暖阀门部件的布置。

7.7.2　任务分析

（1）业务层面分析　结合暖施-01 中图例表和暖施-05 采暖系统图可知，采暖立管末端安装有自动排气阀、截止阀；采暖分集水器与采暖立管连接位置的采暖供水管道上安装有过滤器、球形锁闭阀，回水管道上安装有球形锁闭阀。如图 7-74、图 7-75 所示。

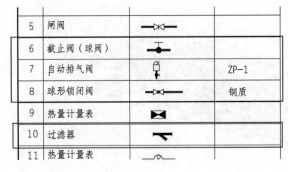

图 7-74

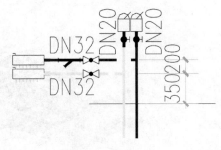

图 7-75

（2）软件层面分析

① 学习使用"载入族"命令载入采暖阀门部件族。

② 学习使用"管路附件"命令布置采暖阀门部件。

③ 学习使用"保存选择集"命令保存采暖系统模型。

7.7.3　任务实施

在 5.9 节中讲解了布置给排水阀门部件的操作步骤，读者可以参考相关内容进行布置。本节内容主要讲解在采暖立管末端布置截止阀、自动排气阀；在分集水器支管上布置过滤器和球形锁闭阀的操作步骤。下面以《BIM 算量一图一练》中的专用宿舍楼项目 NGL1、NHL1 为例，讲解采暖阀门部件布置的操作步骤。

（1）载入采暖阀门部件族。单击"插入"选项卡"从库中载入"面板中的"载入族"工具，在"载入族"窗口打开教材提供的"族文件→采暖阀部件"文件夹，将"过滤器"、"球形锁闭阀"、"自动排气阀"族载入到项目中，如图 7-76 所示。

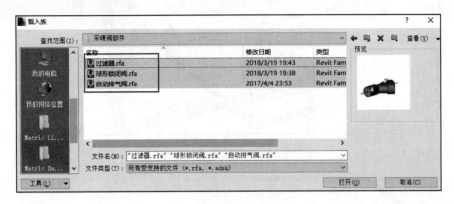

图 7-76

（2）布置截止阀。打开"三维地板采暖"三维视图，单击"系统"选项卡下"卫浴和管道"面板中的"管路附件"工具，在"属性"窗口选择"截止阀-J21 型-螺纹 J21-25-20mm"，拾取采暖供水立管 NGL1 中心（拾取图中虚线位置），点击鼠标左键布置截止阀，如 7-77 所示。选中截止阀在"属性"窗口设置截止阀偏移为 4400mm，如图 7-78 所示。

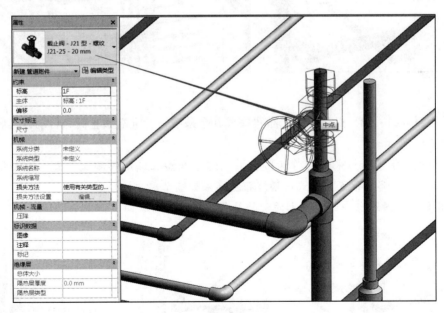

图 7-77

（3）布置自动排气阀。单击"系统"选项卡下"卫浴和管道"面板中的"管路附件"工具，在"属性"窗口选择"排气阀-自动-螺纹 20mm"，拾取采暖供水立管 NGL1 末端管道中心点（图中虚线为立管中心线），点击鼠标左键布置自动排气阀，如图 7-79 所示。最终结果如图 7-80 所示。

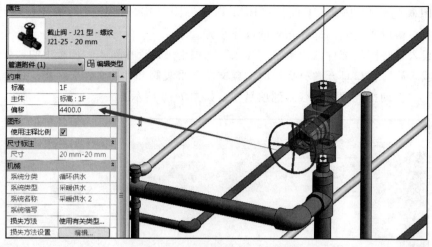

图 7-78

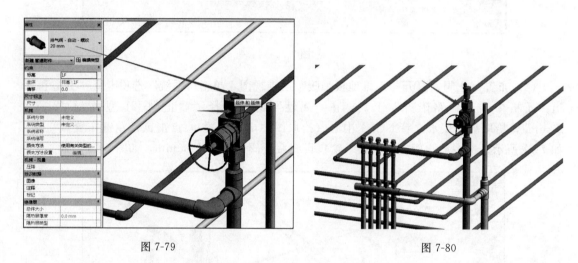

图 7-79

图 7-80

（4）按照（2）、（3）操作步骤，布置完成其余采暖立管末端截止阀和自动排气阀，最终结果如图 7-81 所示。

（5）布置分集水器与采暖立管连接管道上的过滤器和球形锁闭阀。具体操作步骤参考 5.9 节给排水阀门部件布置的方式，最终布置结果如图 7-82 所示。

【注意】可以通过点击过滤器上的旋转符号旋转过滤器朝向，如图 7-83 所示。

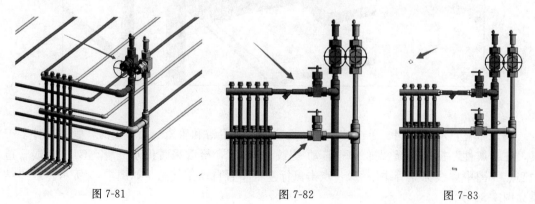

图 7-81　　　　　　　　图 7-82　　　　　　　　图 7-83

（6）保存“采暖模型”选择集。按照 6.5 节中“6.5.3 任务实施”中（21）、（22）操作步骤保存“采暖模型”选择集并添加到视图样板“专用宿舍楼视图样板”过滤器页签中，如图 7-84 所示。

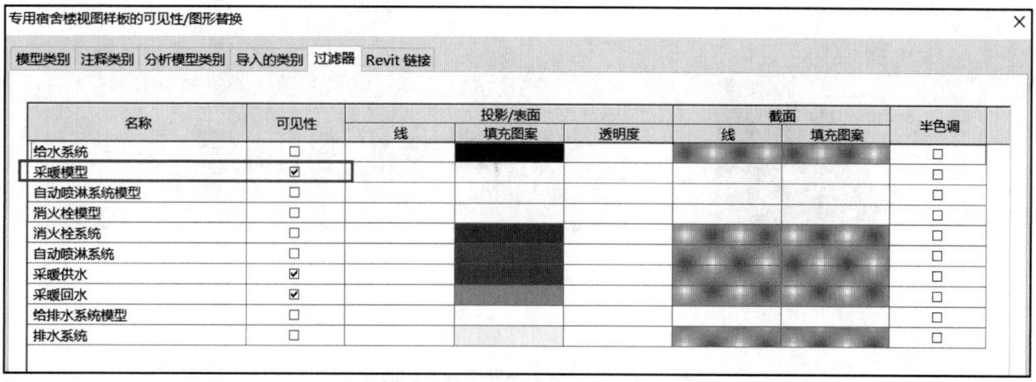

名称	可见性	投影/表面			截面		半色调
		线	填充图案	透明度	线	填充图案	
给水系统	☐						☐
采暖模型	☑						☐
自动喷淋系统模型	☐						☐
消火栓模型	☐						☐
消火栓系统	☐						☐
自动喷淋系统	☐						☐
采暖供水	☑						☐
采暖回水	☑						☐
给排水系统模型	☐						☐
排水系统	☐						☐

图 7-84

（7）单击 Revit 左上角快速访问栏上“保存”功能保存项目文件。

7.7.4 总结扩展

（1）步骤总结　上述 Revit 软件布置采暖阀门部件的操作步骤主要分为五步。第一步：载入采暖阀门部件族；第二步：布置截止阀；第三步：布置自动排气阀；第四步：布置过滤器和球形锁闭阀；第五步，保存采暖模型选择集，并加入过滤器中。按照本操作流程，读者可以完成专用宿舍楼项目采暖系统阀门部件的布置。

（2）业务扩展　自动排气阀一般都安装在暖气系统的制高点，在安装自动排气阀时应该注意以下事项。

① 地暖自动排气阀必须垂直于地面安装，必须保证阀体内浮筒处于竖直状态，不能倒立或水平安装。

② 由于气体密度比水小，因此气体会沿着管道一直爬到系统最高点并聚集在此，为了提高排气效率，排气阀一般都安装在暖气系统的制高点。

③ 为了便于采暖系统的检修，排气阀一般跟隔断阀（截止阀）一起使用，这样拆卸排气阀时不需要关停整个采暖系统。

④ 自动排气装置安装好后必须拧松螺帽才能排气，但不要全部拧开，谨防大量跑水，排气之后记得拧紧防尘帽。

第8章

通风专业BIM建模

8.1 建模前期准备

8.1.1 通风专业图纸解析

专用宿舍楼项目图纸中涉及通风专业的图纸共有4张，分别为暖施-01、暖施-06、暖施-07、暖施-11，在通风专业建模中主要关注以下图纸信息。

（1）暖施-01

① 根据暖通设计及施工说明中"四、空调部分"中的第1条可知，本工程空调系统采用直流变频多联式空调系统。

② 根据暖通设计及施工说明中"四、空调部分"中的第7条可知，本工程通风系统管道采用镀锌钢板制作，厚度及做法详见《通风与空调工程施工质量验收规范》（GB 50243—2016）。

③ 根据暖通设计及施工说明中"四、空调部分"中的第8条可知，风管保温材料为难燃B级橡塑保温，厚度10mm。

④ 关注暖通设计及施工说明中"十一、图例"中的风管与设备部件的图例。

（2）暖施-06

① 关注一层空调风管平面图中风机盘管型号规格。

② 关注双层活动百叶送风口规格尺寸及安装位置。

③ 关注单层活动百叶回风口规格尺寸及安装位置。

④ 关注风管管径尺寸。

（3）暖施-07

① 关注二层空调风管平面图中风机盘管型号规格。

② 关注双层活动百叶送风口规格尺寸及安装位置。

③ 关注单层活动百叶回风口规格尺寸及安装位置。

④ 关注风管管径尺寸。

（4）暖施-11 关注空调设备表中空调室内机和室外机外形尺寸和设备风量参数信息，如图8-1所示。

空调设备表

序号	设备名称	型号规格	设备制冷量/kW	设备制热量/kW	外形尺寸/ $(mm \times mm \times mm)$ $D \times W \times H$	设备风量/ (m^3/h)	制冷额定功率/ kW	制热额定功率/ kW	配电功率/ kW	数量/台	重量	备注
3	室内机薄型风管机ZF系列	HVR-36ZF	3.6	4.2	900×447×192	600/480/420	0.07		0.07	21	8	
2	室内机薄型风管机ZF系列	HVR-28ZF	2.8	3.3	900×447×192	480/420/360	0.05		0.05	21	19	
1	室外机	HVR-1235W	123.5	137.5	750×3370×1720	555	34.85	35.48	42	863	1	

设备表

图 8-1

8.1.2　建模流程讲解

专用宿舍楼项目空调系统为室内多联机系统，通风系统与多联机系统连接，在创建通风系统模型时，需要先布置空调室内机，再与通风管道连接。根据本专用宿舍楼项目提供的图纸信息并结合 Revit 软件的建模工具，归纳出本项目通风专业建模的流程，如图 8-2 所示。

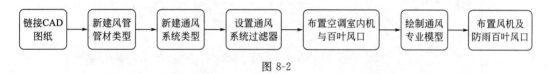

图 8-2

8.2　新建风管管材类型

8.2.1　任务说明

在 Revit 软件中打开"专用宿舍楼机电模型"项目文件，根据提供的专用宿舍楼图纸设计说明，完成专用宿舍楼风管管材类型的创建。

8.2.2　任务分析

（1）业务层面分析　根据暖施-06、暖施-07 中风管平面图可知，空调室内机两端通过风管道分别连接有双层活动百叶送风口和单层活动百叶回风口，与送风口连接的管道可以称之为送风管道，与回风口连接的管道可以称之为回风管道。由图中可知，在送风管道上接有风管道，该风管道系统从室外接入，通过风机将室外空气输送到室内空调送风系统内，在实际工作中，一般称该通风管道系统为新风系统。因此，在新建通风系统管材时可以按照不同的系统新建风管管材。

（2）软件层面分析

① 学习使用"编辑类型"中"复制"命令创建风管管材类型。

② 学习使用"布管系统配置"命令设置风管管件配置。

8.2.3　任务实施

Revit 软件默认提供了"圆形风管"、"椭圆形风管"、"矩形风管"三种不同的风管类型，每种风管类型下根据风管连接方式的不同提供了多种风管管材类型，用户在使用 Revit 软件绘制通风管道时，可在此基础上复制新建需要的风管管材类型。通过 8.2.2 中的"业务层面分析"可知，在专用宿舍楼项目通风专业中包含了送风管、回风管、新风管三种通风系统，为了便于后期模型的识别与管理，通常在新建风管管材类型时以通风系统分类为参考新建风管管材，即分别新建送风管、回风管、新风管三种风管管材类型。下面以《BIM算量—图—练》中的专用宿舍楼项目为例，讲解通过"类型属性"新建风管管材类型的操作步骤。

（1）在"项目浏览器"窗口"机械"类别下打开"1F-通风"平面视图，单击"系统"选项卡"HVAC"面板中的"风管"工具，在"属性"窗口选择矩形风管（半径弯头/T形三通），单击"编辑类型"，在"类型属性"窗口复制新建"新风管"管材类型，如图8-3所示。

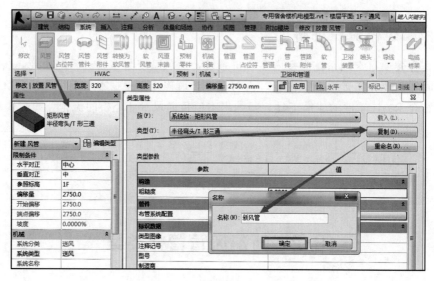

图 8-3

（2）在新风管"类型属性"窗口打开"布管系统配置"，对新风管管件进行配置，本项目新风管使用默认配置，如图8-4所示。

（3）按照（1）、（2）的操作步骤，新建"送风管"、"回风管"风管类型，最终结果如图8-5所示。

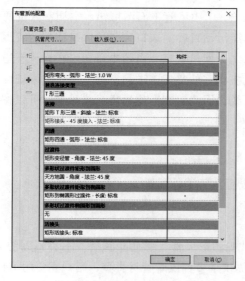

图 8-4

图 8-5

（4）单击 Revit 左上角快速访问栏上"保存"功能保存项目文件。

8.2.4 总结扩展

（1）步骤总结 上述 Revit 软件创建通风管材类型的操作步骤主要分为两步。第一步：复制新建"新风管"、"送风管"、"回风管"管材类型；第二步：设置风管类型布管系统配置。按照本操作流程，读者可以完成专用宿舍楼项目通风管材类型的创建。

（2）业务扩展 通风管道是使空气流通，降低有害气体浓度的一种市政基础设施。风管制作与安装所用板材、型材以及其他主要成品材料，应符合设计及相关产品国家现行标准的规定，并应有出厂检验合格证明，材料进场时应按国家现行有关标准进行验收。

风管可按截面形状和材质分类。按截面形状，风管可分为圆形风管、矩形风管、椭圆形风管等。其中圆形风管阻力最小，但高度最大，制作复杂，所以应用以矩形风管为主。

通风空调工程中常见的风管有普通薄钢板、镀锌薄钢板、不锈钢板、铝板等金属风管，硬聚氯乙烯塑料板、塑料复合钢板（由普通薄钢板表面喷上一层 0.2~0.4mm 厚的塑料层）和玻璃钢风管等。玻璃钢风管又分为保温和不保温两类，不保温的玻璃钢风管叫作玻璃钢风管，带有保温层（即蜂窝夹层或保温板夹层）的玻璃钢风管叫作夹心结构风管。另外还有砖、混凝土、炉渣石膏板等做成的风管。

目前，常见的风管主要有四种：镀锌薄钢板风管、无机玻璃钢风管、复合玻纤板风管、纤维织物风管，其各自的使用特点如下。

① 镀锌薄钢板风管。最早使用的风管之一，采用镀锌薄钢板制作，适合含湿量小的一般性气体的输送，易生锈，无保温和消声功能，制作安装周期长。

② 无机玻璃钢风管。采用玻璃纤维增强无机材料制作，遇火不燃、耐腐蚀、分量重，硬度大但较脆，受自重影响易变形酥裂，无保温和消声性能，制作安装周期长。

③ 复合玻纤板风管。以离心玻纤板为基材，内附玻璃丝布，外附防潮铝箔布（进口板材为内涂热敏黑色丙烯酸聚合物，外层为稀纹布或铝箔或牛皮纸），用防火黏结剂复合干燥后，再经切割、开槽、粘接加固等工艺而制成，根据风管断面尺寸、风压大小再采用适当的加固措施。

④ 纤维织物风管。又常被称作布袋风管、布风管、纤维织物空气分布器，是目前最新的风管类型，是一种由特殊纤维织成的柔性空气分布系统，是替代传统送风管、风阀、散流器、绝热材料等的一种送风末端系统。它是主要靠纤维渗透和喷孔射流的独特出风模式均匀送风的送风末端系统，具有风量大，无吹风感；整体送风均匀分布；防凝露；易清洁维护，健康环保；美观高档、色彩多样、个性化突出；重量轻，屋顶负重可忽略不计；系统运行宁静，可改善环境品质；安装简单，缩短工程周期；安装灵活，可重复使用；系统成本全面节省，性价比高等优点。

8.3 新建通风系统类型

8.3.1 任务说明

在 Revit 软件中打开"专用宿舍楼机电模型"项目文件，根据专用宿舍楼图纸，完成专用宿舍楼通风系统类型的创建。

8.3.2　任务分析

（1）业务层面分析　在8.2节中可知，专业宿舍楼项目通风风管类型分为送风管、回风管、新风管，其对应通风系统类型应为送风系统、回风系统、新风系统。

（2）软件层面分析

① 学习使用"复制"命令复制Revit提供的系统分类。

② 学习使用"重命名"命令创建新的系统类型。

8.3.3　任务实施

在5.4节中讲解了在Revit中新建给排水系统类型的具体操作方法，读者可以参考相关内容新建通风系统类型。本节内容主要讲解新建不同的通风系统类型，因为送风系统和新风系统都属于从室外向室内输送空气，所以都属于送风系统大分类下，可以以Revit提供的送风系统分类为基础复制新建，回风系统类型则需要以回风系统分类为基础复制新建。下面以《BIM算量一图一练》中的专用宿舍楼项目为例，讲解通风系统类型创建的操作步骤。

（1）在"项目浏览器"窗口中展开"族"类别，在族类别中打开"风管系统"，以"送风"为基础，点击鼠标右键复制新建"送风系统"、"新风系统"系统类型，如图8-6所示。

（2）按照步骤（1）中的操作方式复制"回风"新建"回风系统"，最终结果如图8-7所示。

图 8-6

图 8-7

（3）单击Revit左上角快速访问栏上"保存"功能保存项目文件。

8.3.4　总结扩展

（1）步骤总结　上述Revit软件创建通风系统类型的操作步骤主要分为两步。第一步：根据已有系统分类复制出需要的系统类型；第二步：重命名系统类型。按照本操作流程，读者可以完成专用宿舍楼项目通风系统类型的创建。

（2）业务扩展　通风是借助换气稀释或通风排除等手段，控制空气污染物的传播与危害，实现室内外空气环境质量的保障的一种建筑环境控制技术。通风系统就是实现通风这一功能，包括进风口、排风口、送风管道、风机、降温及采暖、过滤器、控制系统以及其他附属设备在内的一整套装置。一般情况下，通风工程系统有以下三种分类方法。

① 按通风系统的动力划分，可分为自然通风和机械通风。

② 按通风系统的作用范围划分，可分为全面通风和局部通风。

③ 按通风系统的特征划分，可分为进气式通风和排气式通风。

8.4 设置通风系统过滤器

8.4.1 任务说明

在 Revit 软件中打开"专用宿舍楼机电模型"项目文件，根据提供的专用宿舍楼图纸，完成专用宿舍楼通风系统过滤器的设置。

8.4.2 任务分析

（1）业务层面分析 本项目机电专业包含许多小专业，在机电建模时为了能够清楚区分各专业管道系统，通常会使用 Revit 过滤器的功能为各机电管线系统设置不同的颜色。另外，通过过滤器还可以实现机电各专业管线模型在不同视图下的显示状态。

为了便于机电各专业系统过滤器颜色的设置，在 6.4 节中通过"视图样板"功能新建了"专用宿舍楼视图样板"，在本节中新建通风系统过滤器时，可以直接打开此样板，在其中添加通风系统过滤器，最后将添加完"通风系统"过滤器的"专用宿舍楼视图样板"应用到通风平面视图和三维视图中。

（2）软件层面分析

① 学习使用"管理视图样板"命令在"专用宿舍楼视图样板"中添加通风系统过滤器。

② 学习使用"图案填充"命令为通风系统设置填充颜色。

③ 学习使用"将样板属性应用于当前视图"命令应用设置好的视图。

④ 学习使用"可见性/图形替换"设置当前视图过滤器的可见性。

8.4.3 任务实施

在 7.4 节中详细讲解了在"专用宿舍楼视图样板"中添加采暖系统过滤器的方法，本小节主要讲解在"专用宿舍楼视图样板"中添加通风系统过滤器时过滤规则中过滤条件的设置。下面以《BIM算量一图一练》中的专用宿舍楼项目为例，讲解通风系统过滤器设置的操作步骤。

（1）添加"新风系统"过滤器。在"项目浏览器"窗口，打开"1F-通风"平面视图，单击"视图"选项卡"图形"面板中的"视图样板"下拉选项中的"管理视图样板"工具，如图 8-8 所示。在"视图样板"窗口选择"专用宿舍楼视图样板"，在"视图属性"位置点击"V/G 替换过滤器"后的"编辑"命令，在"专用宿舍楼视图样板的可见性/图形替换"窗口中"过滤器"页签下点击"编辑/新建"按钮，如图 8-9 所示。在"过滤器"窗口点击左下角"新建"图标按钮新建"新风系统"，如图 8-10 所示。选择"新风系统"，在类别位置勾选"风管、风管管件、风管附件、风道末端"，过滤条件选择"系统类型→等于→新风系统"，如图 8-11 所示。点击"确定"完成"新风系统"过滤器添加。

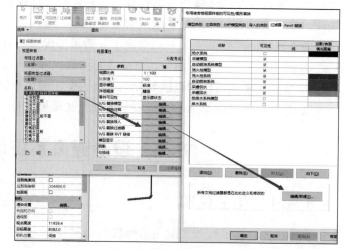

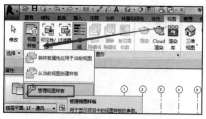

图 8-8

图 8-9

图 8-10

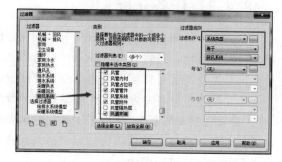

图 8-11

（2）按照步骤（1）中的操作，新建"送风系统"、"回风系统"过滤器，在过滤条件中分别选择"系统类型→等于→送风系统"、"系统类型→等于→回风系统"，最终结果如图 8-12 所示。

（3）将"新风系统"、"送风系统"、"回风系统"添加到"可见性/图形替换"窗口"过滤器"页签下。设置"新风系统"图案填充颜色为 RGB（0，255，0）绿色，填充图案"实体填充"；设置"送风系统"图案填充颜色为 RGB（0，255，255）青色，填充图案"实体填充"；设置"回风系统"图案填充颜色为 RGB（255，128，0）棕黄色，填充图案"实体填充"，最终结果如图 8-13 所示，点击"确定"完成通风系统过滤器的添加。

图 8-12

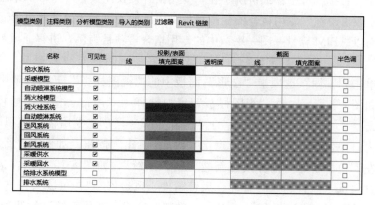

图 8-13

（4）在"1F-通风"平面视图，单击"视图"选项卡"图形"面板中的"视图样板"下拉选项中的"将样板属性应用于当前视图"工具，如图 8-14 所示。在弹出的"应用视图样板"窗口中只保留勾选"V/G 替换过滤器"，其他项均取消勾选，如图 8-15 所示，点击"确定"。

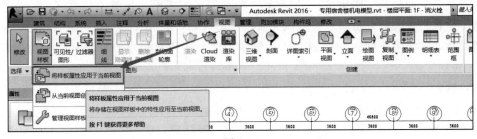

图 8-14

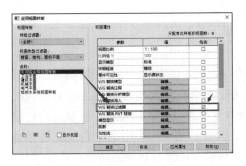

图 8-15

图 8-16

（5）在"1F-通风"平面视图中，打开"属性"窗口中的"可见性/图形替换"，在"过滤器"页签下只保留"新风系统"、"送风系统"、"回风系统"可见性勾选，如图 8-16 所示，点击"确定"完成"1F-通风"平面视图中过滤器的设定。

（6）参照上述步骤（4）、（5），切换到相应视图中，完成"2F-通风"平面视图、"三维通风"三维视图中过滤器的设定。

（7）单击 Revit 左上角快速访问栏上"保存"功能保存项目文件。

8.4.4 总结扩展

（1）步骤总结 上述 Revit 软件设置通风系统过滤器的操作步骤主要分为三步。第一步：在"专用宿舍楼视图样板"中添加通风系统过滤器；第二步：设置通风系统过滤器图案填充；第三步：将"专用宿舍楼视图样板"应用于通风平面视图和三维视图中。按照本操作流程，读者可以完成专用宿舍楼项目通风系统过滤器的设置。

（2）业务扩展 在过滤器过滤条件选择中，除了可以通过系统类型过滤以外，还可以使用类型名称、系统分类等过滤，另外，过滤条件的选择取决于过滤类别的选择，过滤类别选择的项越多，过滤条件可选的项就越少。

8.5 布置空调室内机与百叶风口

8.5.1 任务说明

在 Revit 软件中打开"专用宿舍楼机电模型"项目文件，根据提供的专用宿舍楼图纸，完成专用宿舍楼空调室内机和百叶风口的布置。

8.5.2　任务分析

（1）业务层面分析　暖施-06一层空调风管平面图中未给出风管安装高度，结合给排水和消防专业管道安装标高以及一层空调风管平面图可知，新风管与空调送风管连接，回风管通过室内机与送风管连接，在绘制通风系统模型时，通风管道中心安装标高可统一设置为（$H+2850$）mm。

（2）软件层面分析

① 学习使用"链接CAD"命令链接通风CAD底图。

② 学习使用"载入族"命令载入空调室内机和百叶风口族。

③ 学习使用"风管"命令绘制通风管道。

④ 学习使用"风道末端安装到风管上"命令布置送风口、回风口。

8.5.3　任务实施

业务层面的分析已经确定了通风管道中心安装标高为（$H+2850$）mm，在绘制送、回风管前需要先布置空调室内机。空调室内机的安装高度需要根据室内机所连接的送、回风管决定，因此在建模时，可以先布置好空调室内机，再绘制与室内机连接的风管道，将室内机连接的管道的中心标高修改为2850mm即可。下面以《BIM算量一图一练》中的专用宿舍楼项目③～④轴/⑧～⑥轴位置空调室内机为例，讲解空调室内机和百叶风口布置的操作步骤。

（1）链接CAD底图。在"项目浏览器"窗口中打开"1F-通风"平面视图，单击"插入"选项卡"链接"面板中的"链接CAD"工具，将"一层空调风管平面图"链接到"1F-通风"平面视图中，对齐CAD图纸轴网与项目轴网并锁定，最终结果如图8-17所示。

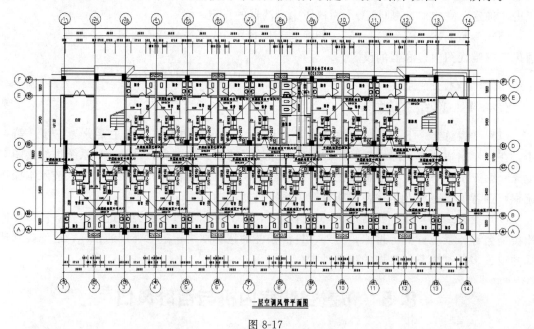

图8-17

（2）载入空调室内机和百叶风口族。单击"插入"选项卡"从库中载入"面板中的"载入族"工具，在"载入族"窗口打开教材提供的"族文件→通风设备部件"文件夹中的"HVR-

28ZF"、"单层活动百叶回风口"、"双层活动百叶送风口"族载入到项目中，如图 8-18 所示。

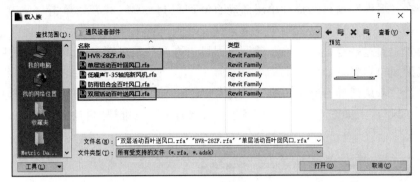

图 8-18

（3）布置"HVR-28ZF"。单击"系统"选项卡"机械"面板中的"机械设备"工具，在"属性"窗口选择"HVR-28ZF 1850W"，点击左键布置室内机到平面视图③～④轴/①～Ⓔ轴位置，如图 8-19 所示。选中室内机，根据暖施-08 一层空调管路平面图中室内机接口方向，通过键盘"空格"键调整室内机接冷媒管接口方向，如图 8-20 所示。

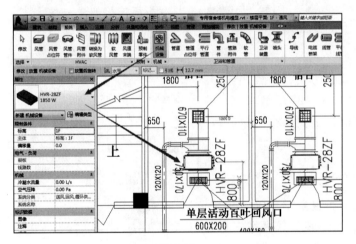

图 8-19

图 8-20

（4）绘制送风管。选中室内机，点击出风口引出位置点创建送风管道，如图 8-21 所示。选中绘制好的送风管，在"属性"窗口修改送风管管道类型为"送风管"，系统类型为"送风系统"，偏移量为"2850mm"，如图 8-22 所示。按照上述操作步骤，点击室内机回风口位置创建回风管，并修改回风管管道类型为"回风管"，系统类型为"回风系统"，如图 8-23 所示。

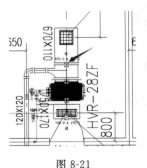

图 8-21

图 8-22

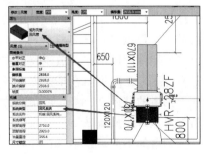

图 8-23

(5) 布置"单层活动百叶回风口"。单击"系统"选项卡"HVAC"面板中的"风道末端"工具，在"属性"窗口选择"单层活动百叶回风口600×200"，单击"修改|放置风道末端装置"选项卡"布局"面板中"风道末端安装到风管上"工具，移动鼠标放置到回风管道中心线位置，通过按键盘"空格"键调整回风口方向与回风管中心线方向一致后，点击鼠标左键完成回风口布置，如图8-24所示。

(6) 布置"双层活动百叶送风口"。按照步骤(5)中的操作步骤，在送风管上布置"双层活动百叶送风口"，如图8-25所示。打开"三维通风"三维视图查看最终结果，如图8-26所示。

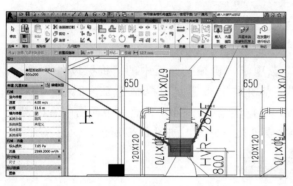

图8-24

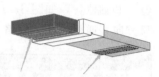

图8-25

图8-26

(7) 按照步骤(3)～(6)中的操作方法，布置③～④轴/⑧～⑥轴位置的构件，最终结果如图8-27所示。

(8) 单击Revit左上角快速访问栏上"保存"功能保存项目文件。

8.5.4 总结扩展

(1) 步骤总结 上述Revit软件布置空调室内机和百叶风口的操作步骤主要分为四步。第一步：载入室内机、百叶风口族；第二步：布置室内空调机；第三步：绘制送、回风管（含有修改送回风管管道类型和系统类型等小步骤）；第四步：布置百叶风口（含有布置单层活动百叶回风口和双层活动百叶送风口等小步骤）。按照本操作流程，读者可以完成专用宿舍楼项目空调室内机和百叶风口的绘制。

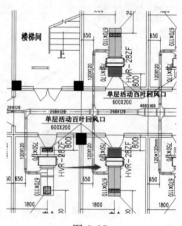

图8-27

(2) 业务扩展 为了向室内送入或向室外排出空气，在通风管上设置了各种形式的送风口或回风口，以调节送入或吸出的空气量。风口的类型很多，常用的类型是装有网状和条形格栅的矩形风口，设有联动调节装置，其他的类型没有联动调节装置。风口分为单层、双层、三层及不同形式的散流器。在实际中，单层和双层百叶风口都属于百叶风口，两者虽然只有一字之差，但是在某些方面还是有一定区别的。

两者的共同点：都是可调叶片，并且能够得到不同的送风距离和不同的扩散角，制作材料都可选择铝质或铁质。

两者的不同点：单层百叶风口不仅可作为送风口还可作为回风口，而双层百叶风口只可作为送风口；单层百叶风口作为送风口时分别与调节阀配合使用，双层也可以，但是单层百叶风口作为回风口时，可制成可开结构，与滤网配合使用。两者最主要的区别是单层只能上下调节风向，而双层可以上下左右调节风向。

8.6 绘制通风专业模型

8.6.1 任务说明

在 Revit 软件中打开"专用宿舍楼机电模型"项目文件，根据提供的专用宿舍楼图纸，完成专用宿舍楼通风专业模型的创建。

8.6.2 任务分析

（1）业务层面分析 根据暖施-06 一层空调风管平面图可知，新风管与送风管连接，通过新风主管连接到室外，通过新风系统将室外新鲜空气补充到室内送风系统中，以保证空调送风系统满足室内要求。

（2）软件层面分析

① 学习使用"复制"命令复制空调室内机模型。

② 学习使用"风管"命令绘制新风管道模型。

③ 学习使用"自动连接"命令连接新风主管与新风支管。

④ 学习使用"复制到剪贴板"、"粘贴"、"与选定的标高对齐"命令快速创建二层通风模型。

8.6.3 任务实施

根据暖施-06 中一层空调风管平面图可知，各房间内空调室内机布置方式相同，因此可以将已经绘制好的③～④轴/Ⓑ～Ⓔ轴位置的空调室内机模型复制到其他位置，布置完成空调室内机后再绘制新风管系统模型。下面以《BIM算量—图—练》中的专用宿舍楼项目为例，讲解通风专业中新风系统模型创建的操作步骤。

（1）在"项目浏览器"窗口中打开"1F-通风"平面视图，使用"修改"选项卡下"修改"面板中的"复制"工具，将③～④轴/Ⓑ～Ⓔ轴位置绘制好的空调室内机模型复制到①～⑭轴/Ⓑ～Ⓔ轴的其他位置，如图 8-28 所示。

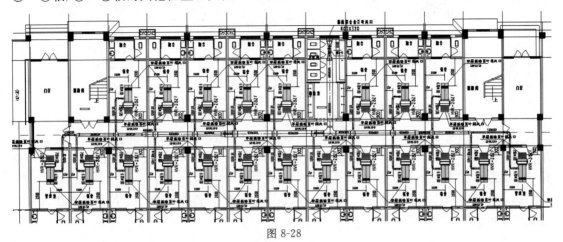

图 8-28

（2）绘制新风支管。单击"系统"选项卡下"HVAC"面板中的"风管"工具，在"属性"窗口选择"新风管"，系统类型选择"新风系统"，在选项栏位置设置风管宽度为120mm，高度为120mm，偏移量为2850mm，在"修改|放置 风管"选项卡下选择"自动连接"、"继承高程"，如图8-29所示，按照CAD图纸所示位置从送风管上引出新风支管，最终结果如图8-30所示。

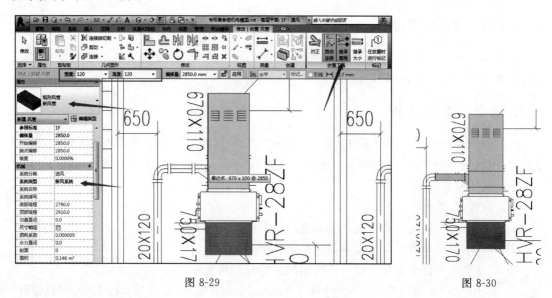

图 8-29　　　　　　　　　　　　　　　　　　　　图 8-30

【注意】在绘制新风管道时如果出现如图8-31所示提示，则表示新风支管与送风管道连接处与送风管道末端距离太小无法放置三通，此时可先在距送风管道末端远一些的位置绘制新风管道，如图8-32所示，然后再调整到CAD图纸对应位置（选中三通通过点击 ⇅ 切换三通方向，如图8-33所示）。

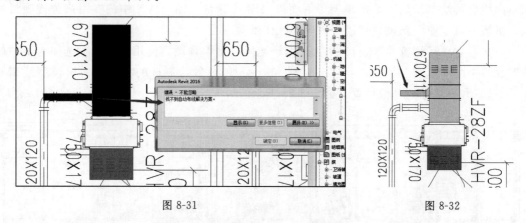

图 8-31　　　　　　　　　　　　　　　　　　　　图 8-32

（3）选中绘制好的新风支管，继续绘制新风支管模型，如图8-34所示。

（4）按照步骤（2）、（3）中的操作方法，绘制③～④轴/Ⓑ～Ⓒ轴位置的新风支管，最终结果如图8-35所示。

（5）使用"修改"选项卡下"修改"面板中的"修剪/延伸为角"工具，连接新风主管位置的新风支管，如图8-36所示。

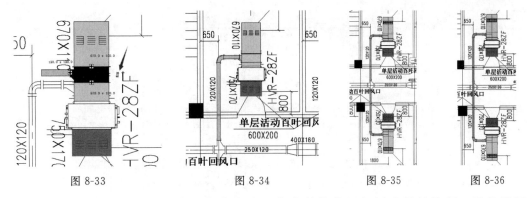

| 图 8-33 | 图 8-34 | 图 8-35 | 图 8-36 |

（6）按照步骤（2）～（5）中的操作方法，完成其他位置新风支管的绘制，最终结果如图 8-37 所示。

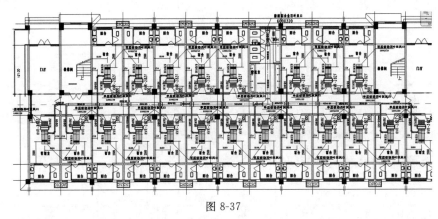

图 8-37

（7）绘制新风主管。单击"系统"选项卡下"HVAC"面板中的"风管"工具，在"属性"窗口选择"新风管"、系统类型选择"新风系统"、宽度选择 400，高度选择 160，偏移量选择 2850mm，在"修改|放置 风管"选项卡下选择"自动连接"，从最左侧空调室内机新风支管位置开始绘制新风主管，如图 8-38 所示。绘制到最右侧空调室内机新风支管位置，与新风支管连接。因为在绘制新风主管时选择了"自动连接"功能，所以在绘制新风主管时，只要与新风主管有交叉的新风支管都会和新风主管"自动连接"，如图 8-39 所示。

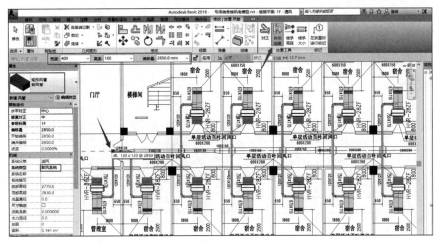

图 8-38

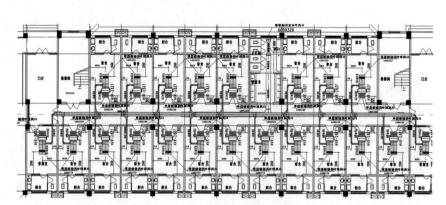

图 8-39

（8）修改新风主管管径。根据 CAD 图纸中新风主管管道尺寸，选中风管后，在选项栏位置修改新风主管尺寸和三通管件尺寸，最终结果如图 8-40 所示。

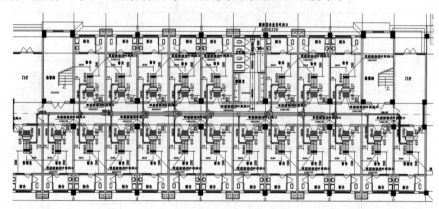

图 8-40

（9）绘制新风入户主管。单击"系统"选项卡下"HVAC"面板中的"风管"工具，在"属性"窗口选择"新风管"、系统类型选择"新风系统"、宽度选择 500，高度选择 200，偏移量选择 2850mm，在"修改|放置 风管"选项卡下选择"自动连接"，从新风主管位置引出新风入户主管，如图 8-41 所示。

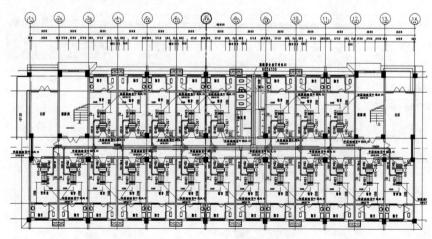

图 8-41

（10）打开"三维通风"三维视图，使用"修改"选项卡"剪切板"面板中的"复制到剪贴板"、"粘贴"、"与选定的标高对齐"功能复制"1F-通风"中的模型到"2F-通风"中，最终结果如图8-42所示。

（11）单击 Revit 左上角快速访问栏上的"保存"功能，保存项目文件。

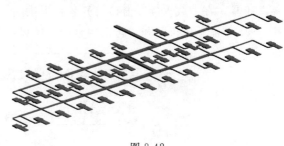

图 8-42

8.6.4　总结扩展

（1）步骤总结　上述 Revit 软件绘制通风专业模型的操作步骤主要分为五步。第一步：绘制空调室内机新风支管；第二步：绘制新风主管；第三步：修改新风主管尺寸；第四步：绘制新风入户主管；第五步：复制首层通风专业模型创建二层通风专业模型。按照本操作流程，读者可以完成专用宿舍楼项目通风专业模型的创建。

（2）业务扩展　在设计图纸中，通风管道安装高度标注有三种方式，分别为底部高度、顶部高度和中心高度。在 Revit 中绘制管道时"偏移量"是指管道中心高度，所以在绘制通风矩形管道时，需要注意 CAD 图纸中给定的管道高度及标高的方式。

8.7　布置风机及防雨百叶风口

8.7.1　任务说明

在 Revit 软件中打开"专用宿舍楼机电模型"项目文件，根据提供的专用宿舍楼图纸，完成专用宿舍楼风机和室外防雨百叶风口的布置。

8.7.2　任务分析

（1）业务层面分析　根据暖施-06 一层空调风管平面图中新风入户主管位置可知，在新风主管室内位置上布置有风机"XFJ-1"，此风机安装在新风主管上；在室外布置有"防雨铝合金百叶风口"，此风口安装在新风管道末端，尺寸为 600mm×320mm。结合暖施-11 中"通风设备表"可知，风机设备名称型号为"低噪声 T-35 轴流新风机"，按照 CAD 图纸所示位置，在专用宿舍楼项目中可以完成新风机及防雨铝合金百叶风口的布置。

（2）软件层面分析

① 学习使用"风道末端安装到风管上"命令布置室外防雨百叶风口。

② 学习使用"风管附件"命令在风管道上布置风机。

③ 学习使用"保存选择集"命令保存通风系统模型。

8.7.3　任务实施

根据暖施-01 暖通设计及施工说明中"四、空调部分"中的第 10 条可知，"风管与机组进出口相连处，应设置长度为 200～300mm 节能伸缩软管"；根据暖施-06 一层空调风管平面图可知，风机与风管连接部位为软风管，在建模时可先不绘制此部分模型，直接在矩形新风管道上布置风机。下面以《BIM算量一图一练》中的专用宿舍楼项目为例，讲解风机及防雨百叶风口布置的操作步骤。

（1）载入风机及防雨百叶风口族。单击"插入"选项卡"从库中载入"面板中的"载入族"工具，在"载入族"窗口打开教材提供的"族文件→通风设备部件"文件夹，将"低噪声 T-35 轴流新风机"和"防雨铝合金百叶风口"族载入到项目中，如图 8-43 所示。

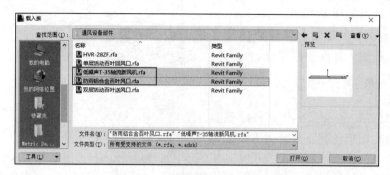

图 8-43

（2）布置"防雨铝合金百叶风口"。单击"系统"选项卡下"HVAC"面板中的"风道末端"工具，在"属性"窗口选择"防雨铝合金百叶风口"，单击"修改│放置 风道末端装置"选项卡下"布局"面板中的"风道末端安装到风管上"工具，移动鼠标拾取风管末端中心点位置，如图 8-44 所示，点击鼠标左键完成风口布置，最终结果如图 8-45 所示。

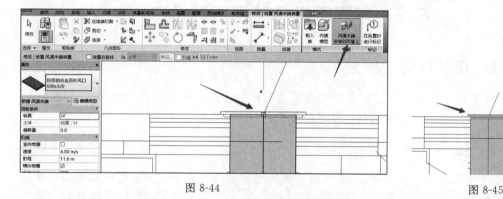

图 8-44　　　　　　　　　　　　　　　　　　　　　　图 8-45

（3）布置"低噪声 T-35 轴流新风机"。单击"系统"选项卡下"HVAC"面板中的"风管附件"工具，在"属性"窗口选择"低噪声 T-35 轴流新风机 XFJ-1"，移动鼠标到 CAD 图纸风机位置后，拾取风管中心线位置，点击鼠标左键完成风机布置，如图 8-46、图 8-47 所示。

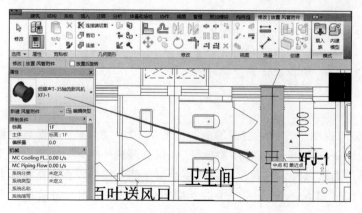
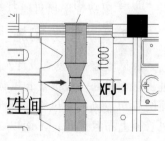

图 8-46　　　　　　　　　　　　　　　　　　　　　　图 8-47

（4）按照步骤（2）、（3）的操作方法，布置"2F-通风"的风机及防雨百叶风口，最终结果如图8-48所示。

（5）保存"通风模型"选择集。按照6.5节中"6.5.3 任务实施"中第（21）、（22）操作步骤创建"通风模型"选择集并添加到视图样板"专用宿舍楼视图样板"过滤器页签中，如图8-49所示。

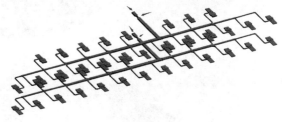

图 8-48

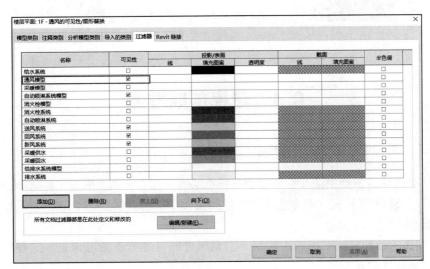

图 8-49

（6）单击Revit左上角快速访问栏上"保存"功能保存项目文件。

8.7.4　总结扩展

（1）步骤总结　上述Revit软件布置风机及防雨百叶风口的操作步骤主要分为四步。第一步：载入"低噪声T-35轴流新风机"、"防雨铝合金百叶风口"族；第二步：布置"防雨铝合金百叶风口"族；第三步：布置"低噪声T-35轴流新风机"族；第四步：保存通风模型选择集，并加入过滤器中。按照本操作流程，读者可以完成专用宿舍楼项目风机及防雨百叶风口的布置。

（2）业务扩展　风机是依靠输入的机械能，提高气体压力并排送气体的机械，它是一种从动的流体机械。风机是中国对气体压缩和气体输送机械的习惯简称，通常所说的风机包括通风机、鼓风机、风力发电机。

本专用宿舍楼项目通风系统中使用的风机类型为轴流风机，在实际使用中轴流风机用途非常广泛，其之所以被称为"轴流式"，是因为气体平行于风机轴流动。轴流风机主要由风机叶轮和机壳组成，结构简单但是数据要求非常高，通常用在流量要求较高而压力要求较低的场合。

根据暖施-01暖通设计及施工说明中"四、空调部分"中的第10条可知，"风管与机组进出口相连处，应设置长度为200~300mm的节能伸缩软管"，在实际施工过程中柔性短管（软管接头）多用于风管与设备的连接，其主要起伸缩和隔震的作用，以防止风机的震动通过风管传到室内。

第9章

空调专业BIM建模

9.1 建模前期准备

9.1.1 空调专业图纸解析

专用宿舍楼项目图纸中涉及空调专业的图纸共有5张，分别为暖施-01、暖施-08、暖施-09、暖施-10、暖施-11，在空调专业建模中主要关注以下图纸信息。

（1）暖施-01

① 根据暖通设计及施工说明中"四、空调部分"中的第1条可知，本工程空调系统采用直流变频多联式空调系统。

② 根据暖通设计及施工说明中"四、空调部分"中"4.空气冷凝水管"可知，空调冷凝水管必须与建筑中其他污水管、排水管分开设置，冷凝水管标高为梁下设置，冷凝水管采用内外热镀锌钢管，管道安装坡度为0.01，坡向泄水点，冷凝水管接入卫生间与排水地漏应有10cm空气间隔（即冷凝水泄水口距地10cm）。

③ 根据暖通设计及施工说明中"四、空调部分"中第7条可知，冷媒管道采用VRV系统专用铜制管道。

④ 关注暖通设计及施工说明中"十一、图例"中的空调管道与设备部件的图例。

（2）暖施-08

① 关注一层空调管路平面图中室内空调机冷媒管和冷凝水管接口位置。

② 关注冷媒管和冷凝水管管径尺寸及管道路线走向。

③ 关注公共卫生间内冷媒管立管LM1安装位置。

④ 关注公共卫生间内冷凝水管泄水点位置。

（3）暖施-09

① 关注二层空调管路平面图中室内空调机冷媒管和冷凝水管接口位置。

② 关注冷媒管和冷凝水管管径尺寸及管道路线走向。

③ 关注公共卫生间内冷媒管立管LM1安装位置。

④ 关注公共卫生间内冷凝水管泄水点位置。

（4）暖施-10

① 关注屋顶空调室外机安装位置。

② 关注屋顶冷媒管管径尺寸和安装位置。

（5）暖施-11

① 关注空调系统原理图中冷媒管管径与空调室内机数量关系。

② 关注附表1中铜管外径与铜管壁厚的关系。

9.1.2　建模流程讲解

专用宿舍楼项目空调系统为室内多联机系统，由于在第8章中已经完成了室内多联机的布置，所以在本章中将重点讲解冷媒管、冷凝水管的创建方式。根据本专用宿舍楼项目提供的图纸信息并结合Revit软件的建模工具，归纳出本项目空调专业建模的流程，如图9-1所示。

图 9-1

9.2　新建空调管材类型

9.2.1　任务说明

在Revit软件中打开"专用宿舍楼机电模型"项目文件，根据提供的专用宿舍楼图纸设计说明，完成专用宿舍楼空调管材类型的创建。

9.2.2　任务分析

（1）业务层面分析　根据暖施-01暖通设计及施工说明可知，空调冷媒管管材为铜制，冷凝水管管材为热浸镀锌钢管；根据暖施-08、暖施-09空调管路平面图可知，空调冷媒管各分支由分歧管连接，如图9-2所示。在新建空调冷媒管时需要注意在冷媒管的"布管系统配置"中为冷媒管设置"分歧管"连接件。

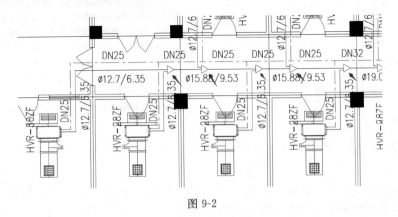

图 9-2

（2）软件层面分析

① 学习使用"编辑类型"中"复制"命令创建空调管材类型。

② 学习使用"布管系统配置"命令设置空调冷媒管管件配置。

9.2.3 任务实施

在 5.3 节中讲解了在 Revit 中新建给排水管材类型的具体操作方法，读者可以参考相关内容新建空调管材类型；在 6.2 节中已经创建了"热浸镀锌钢管"，在绘制空调冷凝水管时直接使用即可。本节内容主要讲解空调冷媒管的创建以及它的布管系统配置。下面以《BIM 算量一图一练》中的专用宿舍楼项目为例，讲解新建空调冷媒管的操作步骤。

（1）新建空调冷媒管。在"项目浏览器"窗口"机械"类别下打开"1F-空调"平面视图，单击"系统"选项卡"卫浴和管道"面板中的"管道"工具，在"属性"窗口管道类型位置选择"标准"，点击"编辑类型"，在"类型属性"窗口复制新建"空调冷媒管"管材类型，如图 9-3 所示。

（2）载入"分歧管"族。在空调冷媒管"类型属性"窗口打开"布管系统配置"，在"布管系统配置"窗口点击"载入族"工具，将教材提供的"族文件→空调设备部件"文件夹中的"分歧管"族载入到项目中，如图 9-4 所示。

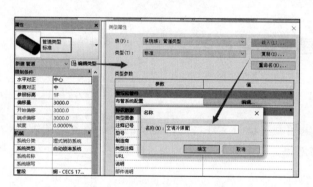

图 9-3

图 9-4

（3）设置布管系统配置。在"布管系统配置"中管段位置选择"铜-CECS 171-1.6MPa"，活接头位置选择"分歧管：标准"，其他位置保留默认选择，如图 9-5 所示。

（4）单击 Revit 左上角快速访问栏上"保存"功能保存项目文件。

9.2.4 总结扩展

（1）步骤总结 上述 Revit 软件创建空调冷媒管管材类型的操作步骤主要分为三步。第一步：复制新建"空调冷媒管"

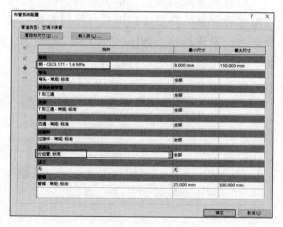

图 9-5

管材类型；第二步：载入"分歧管"族；第三步：设置"布管系统配置"。按照本操作流程，读者可以完成专用宿舍楼项目空调管材类型的创建。

（2）业务扩展 多联机分歧管也叫空调分歧器或分支管、分歧管等，是用于 VRV 多联机空调系统，连接主机和多个末端设备（蒸发器）的连接管，分为气管和液管。气管口径一般比液管要粗。制冷剂经过膨胀阀或者毛细管节流，然后从主机出口出来之后进入分支器的液管。制冷剂经过液管分流可以流入其他的分歧管和末端蒸发器。制冷剂在蒸发器中经吸热变成气体之后经过气管流回主机的压缩机。

空调分歧管就相当于水管的分叉头，用来分流，冷媒多联机分歧管是用作串联几个风口的配件。分歧管的选型是根据每个分歧管后所连接的室内机的容量来确定的。

空调分歧管可以横向或竖向安装。横向安装时分管口与水平线的夹角须小于15°；竖向安装时，面对两分管口，任何一个分管口与垂直线夹角须小于15°；两分管口以后的管路须保证60cm以上的直管段；小分歧管不可以代替大分歧管。

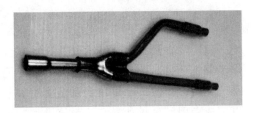

图 9-6

分歧管的进口和出口均由经过变径的多节铜管组成，更增加了选型的灵活性。图9-6所示为分歧管实物图片。

9.3　新建空调系统类型

9.3.1　任务说明

在 Revit 软件中打开"专用宿舍楼机电模型"项目文件，根据提供的专用宿舍楼图纸，完成专用宿舍楼空调系统类型的创建。

9.3.2　任务分析

（1）业务层面分析　根据暖施-01图例、暖施-08、暖施-09空调管路平面图可知，空调系统中含有冷媒系统和冷凝水系统，通过本节内容完成空调冷媒系统和冷凝水系统类型的创建。

（2）软件层面分析

① 学习使用"复制"命令复制 Revit 提供的系统分类。

② 学习使用"重命名"命令创建新的系统类型。

9.3.3　任务实施

冷媒系统属于封闭循环系统，分为"冷媒供"和"冷媒回"两个循环系统类型，可以分别以 Revit 软件默认提供的"循环供水"和"循环回水"系统分类为基础，新建"冷媒供"和"冷媒回"系统类型。冷凝水系统属于排水系统，可以使用 Revit 软件默认提供的"卫生设备"系统分类来创建"空调冷凝水"系统类型。下面以《BIM算量—图—练》中的专用宿舍楼项目为例，讲解空调系统类型创建的操作步骤。

（1）新建"冷媒供"和"冷媒回"系统类型。在"项目浏览器"窗口中展开"族"类别，在"族"类别中打开"管道系统"，分别复制"循环供水"和"循环回水"并以之新建"冷媒供"和"冷媒回"系统类型，最终结果如图9-7所示。

图 9-7

（2）新建"空调冷凝水"系统类型。复制"卫生设备"新建"空调冷凝水"系统类型，最终结果如图 9-8 所示。

（3）单击 Revit 左上角快速访问栏上"保存"功能保存项目文件。

9.3.4　总结扩展

（1）步骤总结　总结上述 Revit 软件新建空调系统类型的操作步骤主要分为两步。第一步：根据已有系统分类复制出需要的系统类型；第二步：重命名系统类型。按照本操作流程，读者可以完成专用宿舍楼项目空调系统类型的创建。

（2）业务扩展　空调冷媒管系统是指在空调系统中，制冷剂流经的连接换热器、阀门、压缩机等主要制冷部件的管路，通常采用铜管。

图 9-8

空调系统把冷或者热输送到末端，从输送的介质来分有三种方式：直接送风、输送冷/热水、直接走制冷剂。

对于直接送风和输送冷热水的系统，冷媒管路一般集中在主机附近。对于直接走制冷剂的系统，比如 VRV 系统，冷媒管道将直接进入空调空间，连接室外主机和室内机。

冷媒管路较长。冷媒管过长，膨胀阀门一般要采用外平衡观模式，以应对蒸发器入口到压缩机吸气口的压降。冷媒管路属于承压部件，其爆破压力应满足运行压力的 5 倍以上，或者最大可能压力的 3 倍以上。

9.4　设置空调系统过滤器

9.4.1　任务说明

在 Revit 软件中打开"专用宿舍楼机电模型"项目文件，根据专用宿舍楼图纸，完成专用宿舍楼空调系统过滤器的设置。

9.4.2　任务分析

（1）业务层面分析　本项目机电专业包含许多小专业，在机电建模时为了能够清楚区分各专业管道系统，通常会使用 Revit 过滤器的功能为各机电管线系统设置不同的颜色。另外，通过过滤器还可以实现机电各专业管线模型在不同视图下的显示状态。

为了便于机电各专业系统过滤器颜色的设置，在 6.4 节中通过"视图样板"功能新建了"专用宿舍楼视图样板"，在本节中新建空调系统过滤器时，可以直接打开此样板，在其中添加空调系统过滤器，最后将添加完"空调系统"过滤器的"专用宿舍楼视图样板"应用到空调平面视图和三维视图中。

（2）软件层面分析

① 学习使用"管理视图样板"命令在"专用宿舍楼视图样板"中添加空调系统过滤器。

② 学习使用"图案填充"命令为空调系统设置填充颜色。

③ 学习使用"将样板属性应用于当前视图"命令应用设置好的视图。

④ 学习使用"可见性/图形替换"设置当前视图过滤器的可见性。

9.4.3　任务实施

在 7.4 节中详细讲解了在"专用宿舍楼视图样板"中添加采暖系统过滤器的方法，本节主要讲解在"专用宿舍楼视图样板"中添加空调系统过滤器时，过滤规则中过滤条件的设置。下面以《BIM算量一图一练》中的专用宿舍楼项目为例，讲解空调系统过滤器设置的操作步骤。

（1）添加"冷媒供"系统过滤器。在"项目浏览器"窗口，打开"1F-空调"平面视图，单击"视图"选项卡"图形"面板中"视图样板"下拉选项中的"管理视图样板"工具，如图 9-9 所示。在"视图样板"窗口选择"专用宿舍楼视图样板"，在"视图属性"位置点击"V/G 替换过滤器"后的"编辑"命令，在"专用宿舍楼视图样板的可见性/图形替换"窗口中"过滤器"页签下点击"编辑/新建"按钮打开"过滤器"窗口，如图 9-10 所示，在"过滤器"窗口点击左下角"新建"图标按钮新建"冷媒供"，如图 9-11 所示。选择"冷媒供"，在类别位置勾选"管道、管件、管道附件"，过滤条件选择"系统类型"→"等于"→"冷媒供"，如图 9-12 所示，点击"确定"完成"冷媒供"过滤器添加。

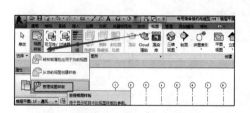

图 9-9　　　　图 9-10

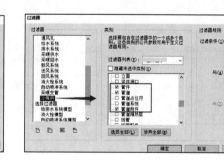

图 9-11　　　　图 9-12

（2）按照步骤（1）中的操作方法，新建"冷媒回"、"空调冷凝水"过滤器，在过滤条件中分别选择"系统类型"→"等于"→"冷媒回"、"系统类型"→"等于"→"空调冷凝水"，最终结果如图 9-13 所示。

（3）将"冷媒供"、"冷媒回"、"空调冷凝水"添加到"可见性/图形替换"窗口"过滤器"页签下，设置"冷媒供"图案填充颜色为 RGB（0，128，128），填充图案"实体填充"；设置"冷媒回"图案填充颜色为 RGB（185，125，125），填充图案"实体填充"；设置"空调冷凝水"图案填充颜色为 RGB（128，0，0），填充图案"实体填充"，最终结果如图 9-14 所示，点击"确定"完成空调系统过滤器的添加。

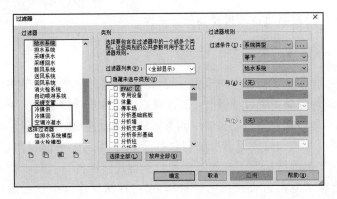

图 9-13

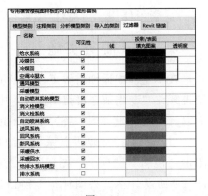

图 9-14

（4）在"1F-空调"平面视图，单击"视图"选项卡"图形"面板中的"视图样板"下拉选项中的"将样板属性应用于当前视图"工具，如图 9-15 所示，在弹出的"应用视图样板"窗口中只保留勾选"V/G 替换过滤器"，其他项均取消勾选，如图 9-16 所示，点击"确定"。

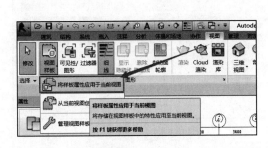

图 9-15

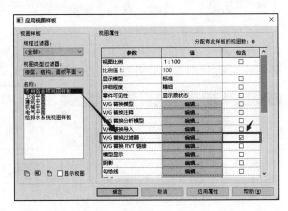

图 9-16

（5）在"1F-空调"平面视图中，打开"属性"窗口中的"可见性/图形替换"，在"过滤器"页签下只保留"冷媒供"、"冷媒回"、"空调冷凝水"、"通风模型"可见性勾选，如图 9-17 所示，点击"确定"完成"1F-空调"平面视图中过滤器的设定。

（6）参照上述步骤（4）、（5），切换到相应视图中，完成"2F-空调"、"屋顶-空调"平面视图、"三维空调"三维视图中过滤器的设定。

（7）单击 Revit 左上角快速访问栏上"保存"功能保存项目文件。

图 9-17

9.4.4　总结扩展

（1）步骤总结　上述 Revit 软件设置空调系统过滤器的操作步骤主要分为三步。第一步：在"专用宿舍楼视图样板"中添加空调系统过滤器；第二步：设置空调系统过滤器图案填充；第三步：将"专用宿舍楼视图样板"应用于空调平面视图和三维视图中。按照本操作流程，读者可以完成专用宿舍楼项目空调系统过滤器的设置。

（2）业务扩展　在过滤器过滤条件选择中，除了可以通过系统类型过滤以外，还可以使用类型名称、系统分类等过滤，另外过滤条件的选择取决于过滤类别的选择，过滤类别选择的项越多，过滤条件可选的项就越少。

9.5　绘制空调冷媒管模型

9.5.1　任务说明

在 Revit 软件中打开"专用宿舍楼机电模型"项目文件，根据提供的专用宿舍楼图纸，完成专用宿舍楼空调冷媒管模型的创建。

9.5.2　任务分析

（1）业务层面分析　根据暖施-08、暖施-09 空调管路平面图可知，空调室内机连接的冷媒管有两条管，一条为由室外机向室内机供液的，管道直径较小，称为液管（冷媒供），如图 9-18 中 $\phi6.35$ 管径管道；另一条为冷媒在室内机中制冷吸热汽化后送回压缩机的，管道直径较粗，称为气管（冷媒回），如图 9-18 中 $\phi12.7$ 管径管道。

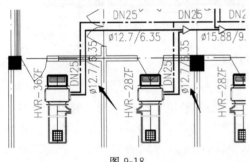

图 9-18

图 9-19

在实际施工中，液管（冷媒供）和气管（冷媒回）是缠在一起的，如图 9-19 中位置"1"所示为室内机冷媒管，位置"2"为冷凝水管。因此在使用 Revit 建模时可以将液管（冷媒供）和气管（冷媒回）作为一个管道建模。

由暖施-01 暖通设计及施工说明可知，空调冷媒管管材为铜制，在建模时可以将两个铜管管径合并后换算成公称直径进行建模。针对本专用宿舍楼项目，可结合暖施-11 空调系统原理图中空调冷媒管所标注直径对应公称直径后进行建模。对应关系见表 9-1。

（2）软件层面分析

① 学习使用"链接 CAD"命令链接空调 CAD 底图。

② 学习使用"管道"命令绘制冷媒管。

③ 学习使用"拆分图元"命令在冷媒管上添加"分歧管"。

表 9-1

CAD 图纸铜管直径/mm	建模公称直径/mm
$\phi12.7/6.35$	DN20
$\phi15.88/9.53$	DN32
$\phi19.05/9.53$	DN40
$\phi22.2/9.53$	DN40
$\phi28.6/15.88$	DN50
$\phi38.1/19.05$	DN65

9.5.3 任务实施

由暖施-08、暖施-09空调管路平面图可知，图中并没有给出空调冷媒管安装高度，结合机电其他各专业安装标高和建筑标高，确定空调冷媒管安装高度为（$H+3200$）mm。下面以《BIM算量一图一练》中的专用宿舍楼项目①~⑧轴/⑧~⑥轴位置空调冷媒管为例，讲解空调冷媒管创建的操作步骤。

（1）链接CAD底图。在"项目浏览器"窗口中打开"1F-空调"平面视图，通过"插入"选项卡"链接"面板中的"链接CAD"工具，将"一层空调管路平面图"链接到"1F-空调"平面视图中，对齐CAD图纸轴网与项目轴网并锁定，最终结果如图9-20所示。

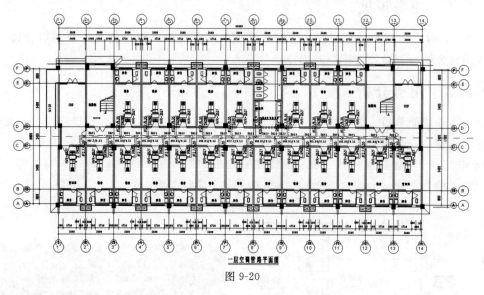

图 9-20

（2）绘制冷媒管主管。单击"系统"选项卡"卫浴和管道"面板中的"管道"工具，在"属性"窗口选择管道类型为"空调冷媒管"，系统类型选择"冷媒供"，在选项栏位置直径选择"50mm"，偏移量设置为"3200mm"，从公共卫生间内冷媒管立管LM1位置开始绘制，如图9-21所示，绘制到①~②轴/⑧~⑥轴位置，如图9-22所示。

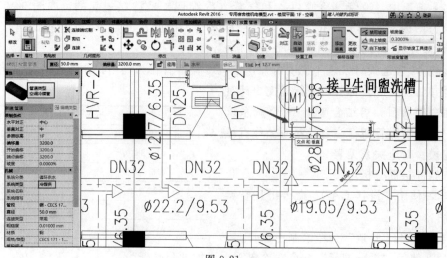

图 9-21

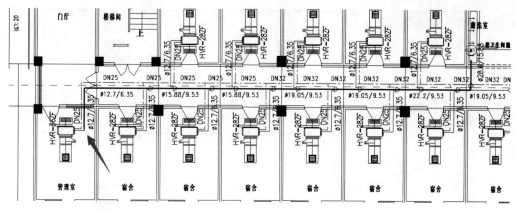

图 9-22

（3）添加分歧管。单击"修改"选项卡"修改"面板中的"拆分图元"工具，如图 9-23 所示，移动鼠标，通过单击鼠标左键的方式，在冷媒管道上按照 CAD 图纸中位置依次按照从左向右的顺序为冷媒管添加"分歧管"接头，如图 9-24 所示。对于分歧管的方向可以选中分歧管后，点击分歧管附件的选择符号旋转分歧管方向，如图 9-25 所示。

【注意】分歧管添加顺序方向必须与管道绘制方向相反。

图 9-23

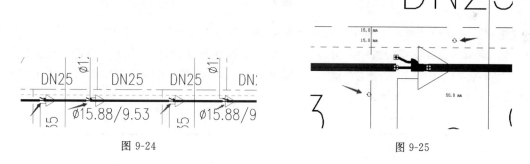

图 9-24　　　　　　　　　　　　　　　　　　图 9-25

（4）修改分歧管和冷媒管主管接口管径尺寸。根据 CAD 图纸中所标冷媒管管径，参考表 9-1 中管径对应关系和图 9-26 所示分歧管各接口属性名称，在"属性"窗口修改分歧管接口管径尺寸，如图 9-27 所示，修改完分歧管接口管径尺寸后再修改分歧管所接冷媒管管径尺寸，最终结果如图 9-28 所示。

图 9-26

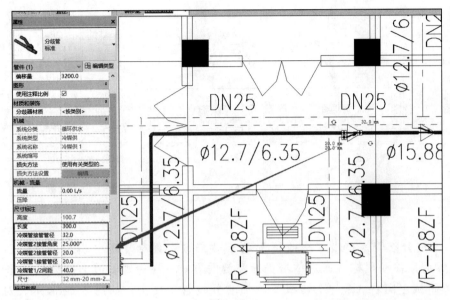

图 9-27

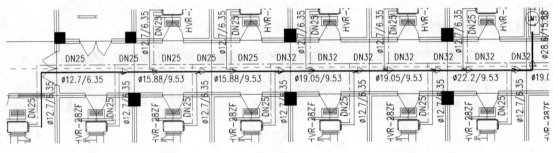

图 9-28

【注意】修改管径时，必须先修改分歧管管径，然后再修改冷媒管管径。

（5）绘制冷媒管支管。选中"分歧管"，移动鼠标到分歧管开放端端点位置，点击鼠标右键，在右键菜单中选择"绘制管道"，如图 9-29 所示，按照 CAD 图中冷媒管支管位置绘制冷媒管支管，如图 9-30 所示。

图 9-29

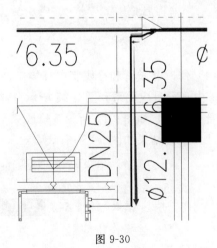

图 9-30

（6）连接空调室内机与冷媒管支管。选中空调室内机，点击空调室内机上冷媒管接口位置的"创建管道"端点，如图9-31所示，绘制管道如图9-32所示。选中绘制完的管道，在"属性"窗口修改管道系统类型为"冷媒供"，如图9-33所示，使用"修改"选项卡下"修改"面板中的"修剪/延伸为角"工具连接冷媒管支管，如图9-34所示，打开"三维空调"三维视图查看最终结果，如图9-35所示。

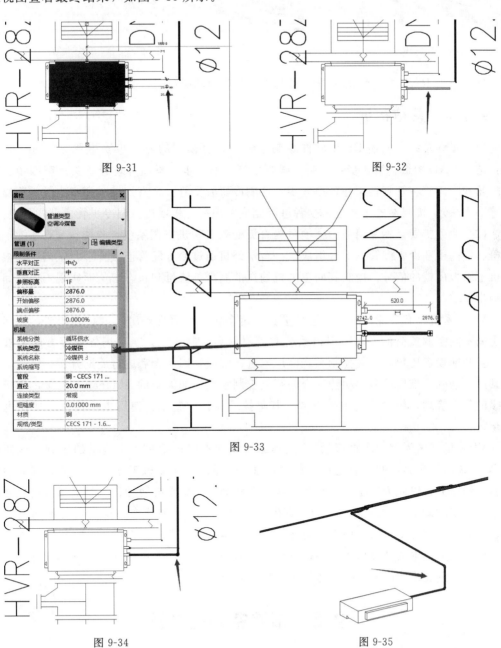

图 9-31

图 9-32

图 9-33

图 9-34

图 9-35

（7）按照步骤（2）～（6）中的操作方法完成①～⑧轴/Ⓑ～Ⓔ轴冷媒管的创建，最终结果如图9-36所示。

（8）按照上述操作步骤，完成专用宿舍楼一层和二层空调冷媒管的创建，最终结果如图9-37所示。

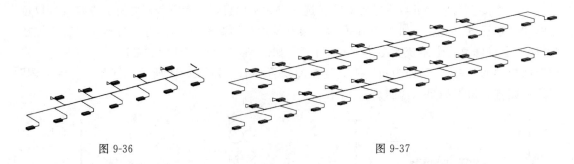

图 9-36   图 9-37

（9）单击 Revit 左上角快速访问栏上"保存"功能保存项目文件。

9.5.4 总结扩展

（1）**步骤总结** 上述 Revit 软件绘制空调冷媒管模型的操作步骤主要分为五步。第一步：链接 CAD 图纸；第二步：绘制冷媒管主管；第三步：添加分歧管接头；第四步：修改分歧管和冷媒管主管管径尺寸；第五步：绘制冷媒管支管（含有连接空调室内机与冷媒管支管等小步骤）。按照本操作流程，读者可以完成专用宿舍楼项目空调冷媒管模型的创建。

（2）**业务扩展** 本专用宿舍楼项目为直流变频多联机空调系统，也称 VRV 系统，由室外机、室内机和冷媒配管三部分组成。一台室外机通过冷媒配管连接到多台室内机，根据室内机电脑板反馈的信号，控制其向室内机输送的制冷剂流量和状态，从而实现不同空间的冷热输出要求。

VRV 系统具有节能、舒适、运转平稳等诸多优点，而且各房间可独立调节，能满足不同房间不同空调负荷的需求。但该系统对管材材质、制造工艺、现场焊接等方面要求非常高，且初期投资比较高。其控制系统由厂家进行集成，因此无需进行后期开发，多数厂家更在其产品基础上推出了多种功能齐全的智能控制系统，如大金的 i-Manager 系统，用于大型楼宇的集中管理，相对传统中央空调，其集控的设计、施工、使用更加便利，功能也更人性化。

VRV 虽然名为"变冷媒流量"，但其运行原理不仅止于对冷媒流量的控制。现如今的 VRV 系统对输出容量的调节主要依靠两方面。一是改变压缩机工作状态，从而调节制冷剂的温度和压力，以此为依据又可分为变频系统和数码涡旋系统两种；二是通过室内、外机处的电子膨胀阀调节，改变送入末端（室内机）的冷媒流量和状态，从而实现不同的末端输出。相对于传统冷水机组，该系统自成体系，基本无需后期的复杂设计，运行管理也极为便利，可算是空调中的"傻瓜机"。基于以上原理，该系统在应对大楼的加班运行时，灵活节能的特点尤其突出，因此在办公建筑中应用相当广泛。

9.6 布置空调室外机

9.6.1 任务说明

在 Revit 软件中打开"专用宿舍楼机电模型"项目文件，根据专用宿舍楼图纸，完成专用宿舍楼空调室外机的布置。

9.6.2 任务分析

（1）业务层面分析　根据暖施-10屋顶室外机布置图可确定空调室外机安装位置、室外机冷媒管连接位置及管径、冷媒管立管 LM1 位置。

（2）软件层面分析

① 学习使用"链接 CAD"命令链接空调 CAD 底图。

② 学习使用"载入族"命令载入空调室外机族。

③ 学习使用"管道"命令绘制冷媒管立管。

④ 学习使用"剖面"命令创建剖面。

⑤ 学习使用"修剪/延伸为角"命令连接管道。

9.6.3 任务实施

根据暖施-10屋顶室外机布置图可知，本专用宿舍楼项目空调系统屋顶设置有 3 台室外机，在实际施工中，空调室外机之间的连接较为复杂，所以本节主要讲解一台室外机与冷媒管的简单连接。下面以《BIM 算量一图一练》中的专用宿舍楼项目为例，讲解空调室外机布置及连接冷媒管的操作步骤。

（1）链接 CAD 底图。在"项目浏览器"窗口中打开"屋顶-空调"平面视图，通过"插入"选项卡"链接"面板中的"链接 CAD"工具，将"屋顶室外机布置图"链接到"屋顶-空调"平面视图中，对齐 CAD 图纸轴网与项目轴网并锁定，最终结果如图 9-38 所示。

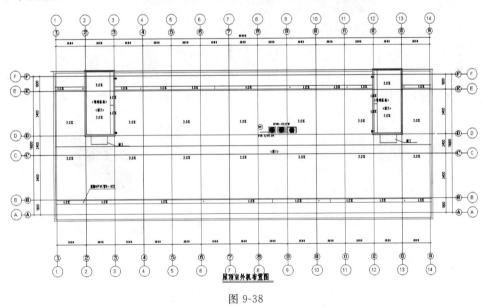

图 9-38

（2）载入空调室外机族。单击"插入"选项卡"从库中载入"面板中的"载入族"工具，载入教材提供的"族文件→空调设备部件"文件夹中的"空调室外机"族，如图 9-39 所示。

（3）布置空调室外机。单击"系统"选项卡"机械"面板中的"机械设备"工具，在"属性"窗口选择"空调室外机"，移动鼠标按照 CAD 图纸所示位置布置 3 台空调室外机，如图 9-40 所示。

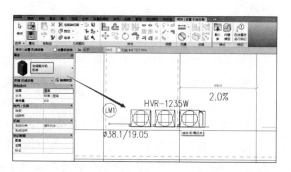

图 9-39　　　　　　　　　　　　　　　　图 9-40

（4）绘制冷媒管立管。选中"空调室外机"，点击空调室外机冷媒管接口位置的"创建管道"端点，如图 9-41 所示，绘制管道到立管 LM1 位置后不中断绘制管道命令，在选项栏位置修改管道偏移量为"－4000mm"（由屋顶向下绘制立管），如图 9-42 所示，打开"三维空调"三维视图查看绘制结果，如图 9-43 所示。

（5）使用"修改"选项卡"修改"面板中的"修剪/延伸为角"工具，连接一层冷媒管横管和冷媒管立管，结果如图 9-44 所示。

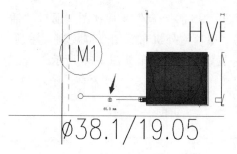

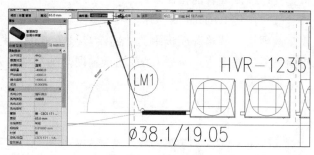

图 9-41　　　　　　　　　　　　　　　　图 9-42

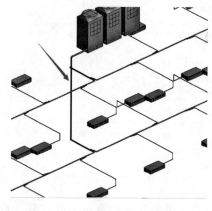

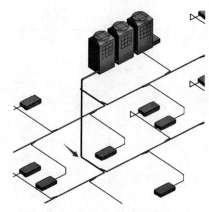

图 9-43　　　　　　　　　　　　　　　　图 9-44

（6）添加二层"分歧管"接头。打开"三维空调"视图，单击"修改"选项卡"修改"面板中的"拆分图元"工具，为冷媒立管添加"分歧管"，如图 9-45 所示。

（7）编辑二层"分歧管"。选中"分歧管"，通过"分歧管"附件的旋转工具调整"分歧管"方向与二层冷媒管接管方向一致，如图 9-46 所示。

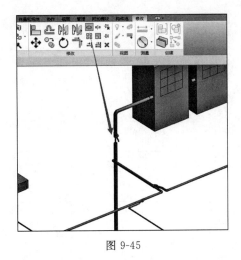

图 9-45

图 9-46

（8）选中"分歧管"，在"属性"窗口中修改"分歧管"各接口直径，如图 9-47 所示。连接"分歧管"与二层冷媒管横管。打开"屋顶-空调"平面视图，单击"视图"选项卡"创建"面板中的"剖面"工具，创建剖面，如图 9-48 所示，选中剖面，点击鼠标右键选中"转到视图"，如图 9-49 所示，在"剖面"视图中选择"精细"显示模式，选择"分歧管"，鼠标移动到"分歧管"开放端点，点击鼠标右键选择"绘制管道"命令如图 9-50 所示，向下绘制管道，如图 9-51 所示，使用"修改"选项卡"修改"面板中的"修剪/延伸为角"工具连接"分歧管"与二层冷媒管横管，最终结果如图 9-52 所示。

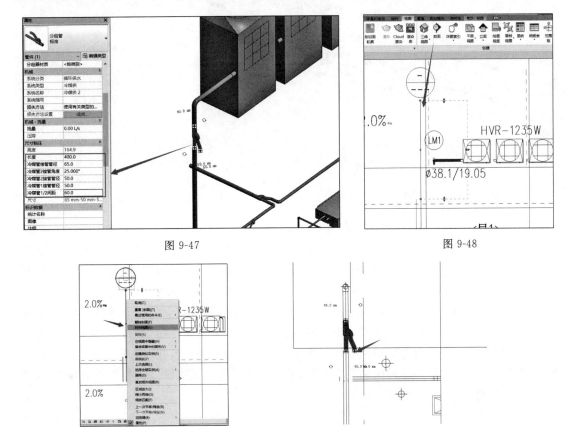

图 9-47

图 9-48

图 9-49

图 9-50

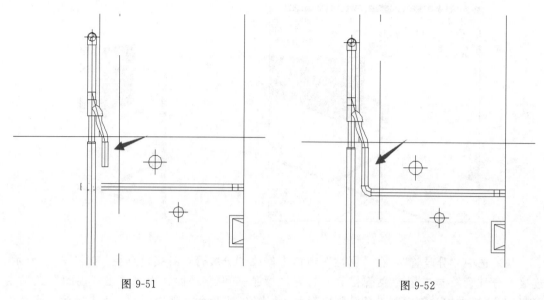

图 9-51   图 9-52

（9）修改一层与二层间冷媒管立管管径为 DN50，在"三维空调"视图下查看最终结果，如图 9-53 所示。

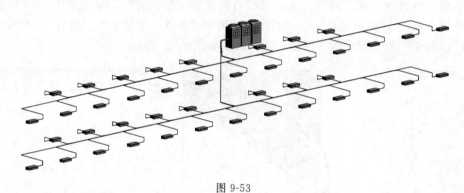

图 9-53

（10）单击 Revit 左上角快速访问栏上"保存"功能保存项目文件。

9.6.4 总结扩展

（1）步骤总结 上述 Revit 软件布置空调室外机及连接冷媒管的操作步骤主要分为六步。第一步：链接 CAD 图纸；第二步：载入"空调室外机"族；第三步：布置"空调室外机"；第四步：绘制冷媒管立管；第五步：添加"分歧管"接头；第六步：连接"分歧管"与冷媒管横管。按照本操作流程读者可以完成专用宿舍楼项目空调室外机布置及与冷媒管的连接。

（2）业务扩展 VRV 多联机中央空调是中央空调的一种类型，俗称"一拖多"，指的是一台室外机通过配管连接两台或两台以上室内机，室外侧采用风冷换热形式、室内侧采用直接蒸发换热形式的一种制冷剂空调系统。多联机系统目前在中小型建筑和部分公共建筑中得到日益广泛的应用。与传统的中央空调系统相比，VRV 多联机中央空调具有以下特点。

① 节约能源、运行费用低；

② 控制先进，运行可靠；

③ 机组适应性好，制冷制热温度范围宽；

④ 设计自由度高，安装和计费方便。

VRV多联机空调与传统空调相比，具有显著的优点：运用全新理念，集一拖多技术、智能控制技术、多重健康技术、节能技术和网络控制技术等多种高新技术于一身，满足了消费者对舒适性、方便性等方面的要求。

VRV多联机空调与多台家用空调相比投资较少，只用一个室外机，安装方便美观，控制灵活方便。它可实现各室内机的集中管理，采用网络控制。可单独启动一台室内机运行，也可多台室内机同时启动，使得控制更加灵活和节能。

VRV多联机空调占用空间少。仅一台室外机可放置于楼顶，其结构紧凑、美观、节省空间。还具有长配管、高落差的特点。多联机空调可实现超长配管125m安装，室内机落差可达50m；两个室内机之间的落差可达到30m，因此多联机空调安装随意、方便。

VRV多联机空调采用的室内机可选择各种规格，款式可自由搭配。它与一般中央空调相比，避免了一般中央空调一开俱开，且耗能大的问题，因此它更加节能。此外，自动化控制避免了一般中央空调需要专用的机房和专人看守的问题。

VRV多联机中央空调的另一个最大的特点是智能网络中央空调，它可以一台室外机带动多台室内机，并且可以通过它的网络终端接口与计算机的网络相连，由计算机实现对空调运行的远程控制，满足了现代信息社会对网络家电的追求。

9.7 绘制空调冷凝水管模型

9.7.1 任务说明

在Revit软件中打开"专用宿舍楼机电模型"项目文件，根据提供的专用宿舍楼图纸，完成专用宿舍楼冷凝水管模型的创建。

9.7.2 任务分析

（1）业务层面分析 空调冷凝水管内流体为空调室内多联机凝结水，凝结水靠重力作用顺冷凝水管道流向泄水点，所有空调冷凝水属于排水系统，其管道安装应设置坡度，坡度坡向泄水点。

根据暖施-01暖通设计说明可知，本专用宿舍楼项目空调系统中空调冷凝水管道安装坡度为0.01，管道泄水点距地漏高度为10cm。

（2）软件层面分析

① 学习使用"管道"命令绘制空调冷凝水管。

② 学习使用"保存选择集"命令保存空调专业模型。

9.7.3 任务实施

由暖施-08、暖施-09空调管路平面图可知，图中并没有给出空调冷凝水管安装高度，结合机电其他各专业安装标高和建筑标高，确定空调冷媒管安装高度为（$H+2800$）mm。下面以《BIM算量一图一练》中的专用宿舍楼项目①～⑧轴/⑧～⑥轴位置空调冷凝水管为例，讲解空调冷凝水管创建的操作步骤。

（1）绘制冷凝水主管。单击"系统"选项卡"卫浴和管道"面板中的"管道"工具，在

"属性"窗口选择管道类型为"热浸镀锌钢管",系统类型为"空调冷凝水",直径选择"25mm",偏移量设置为"2800mm",在"修改|放置 管道"选项卡"带坡度管道"面板中选择"向下坡度",坡度值选择"1.0000%",如图9-54所示,绘制冷凝水主管道到公共卫生间泄水点位置,如图9-55所示。

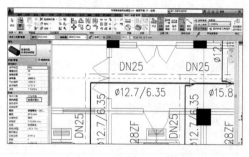

图9-54

图9-55

（2）绘制空调冷凝水支管。选中"空调室内机",点击"空调室内机"冷凝水管连接点,绘制冷凝水支管与冷凝水主管连接,如图9-56、图9-57所示,

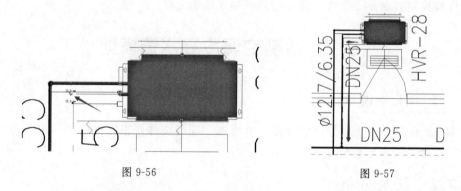

图9-56

图9-57

（3）按照步骤（2）中的操作方法绘制专用宿舍楼①～⑧轴/Ⓑ～Ⓔ轴位置空调冷凝水管道,最终结果如图9-58所示。

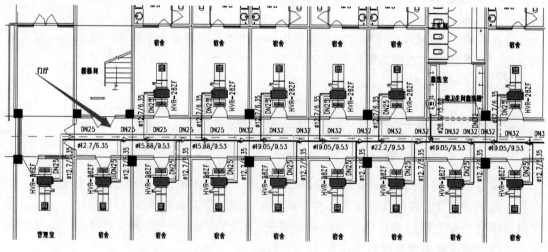

图9-58

（4）绘制⑧～⑭轴/Ⓑ～Ⓔ轴位置空调冷凝水管道。选中⑨轴位置冷凝水主管的"弯头"管件，点击"＋"号，将"弯头"转换为"三通"管件，如图9-59、图9-60所示，选中"三通"，移动鼠标到三通开放端点位置点击鼠标右键，在右键窗口选择"绘制管道"命令，在"修改|放置 管道"选项卡"带坡度管道"面板中选择"禁用坡度"，向前绘制一小段管道，如图9-61所示，不中断绘制管道命令，在"带坡度管道"面板中将"禁用坡度"选择修改为"向上坡度"，如图9-62所示，继续绘制管道到⑬～⑭/Ⓑ～Ⓓ轴空调室内机位置，如图9-63所示。

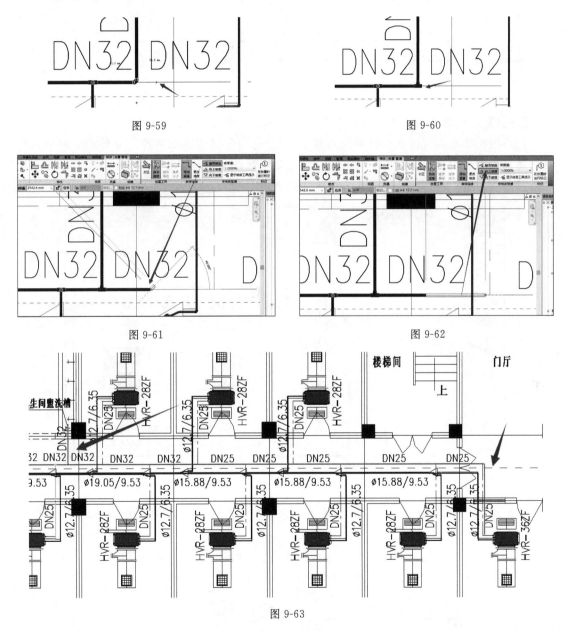

图9-59　　　　　　　　　　　　　　　　　　　　图9-60

图9-61　　　　　　　　　　　　　　　　　　　　图9-62

图9-63

（5）按照步骤（2）中的操作方法绘制完成⑧～⑭轴/Ⓑ～Ⓔ轴位置冷凝水支管，并与冷凝水主管连接，最终结果如图9-64所示。

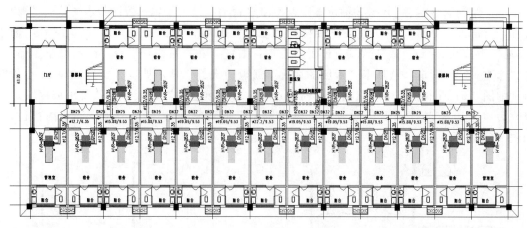

图 9-64

【注意】在连接冷凝水支管与冷凝水主管时注意坡度坡向的选择。

（6）绘制冷凝水管泄水点位置距地漏 10cm。选中公共卫生间内冷凝水管道，移动鼠标到管道开放端点位置点击鼠标右键，在右键菜单中选择"绘制管道"命令，在选项栏位置修改偏移量为 100mm，点击"应用"，如图 9-65 所示。

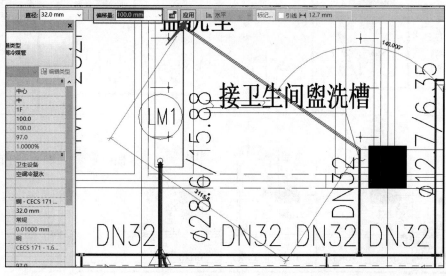

图 9-65

（7）根据 CAD 图纸中标识尺寸修改冷凝水管管道直径，最终结果如图 9-66 所示。

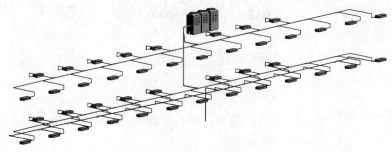

图 9-66

（8）按照步骤（1）～（7）的操作方法，绘制完成"2F-空调"冷凝水管道的绘制，最终结果如图9-67所示。

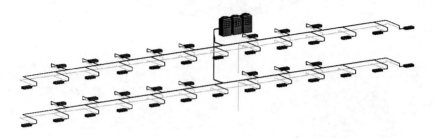

图 9-67

（9）保存"空调模型"选择集。按照6.5节中"6.5.3任务实施"中第（21）、（22）操作步骤创建"空调模型"选择集并添加到视图样板"专用宿舍楼视图样板"过滤器页签中，如图9-68所示。

（10）单击Revit左上角快速访问栏上的"保存"功能，保存项目文件。

图 9-68

9.7.4 总结扩展

（1）步骤总结 上述Revit软件绘制空调冷凝水管模型的操作步骤主要分为四步。第一步：绘制冷凝水主管；第二步：绘制冷凝水支管并与主管连接；第三步：修改空调冷凝水管尺寸；第四步：保存空调模型选择集，并加入过滤器中。按照本操作流程，读者可以完成专用宿舍楼项目空调冷凝水管模型的创建。

（2）业务扩展 空调冷凝水形成的原因如下。

整个空调系统冷凝水的产生主要有两个地方，一是空气处理机组的表冷器，二是空调末端（如湿式风机盘管）。冷凝水产生的机理都是相同的，空气处理机组和空调末端分别是为了干燥新风和消除室内湿负荷而产生冷凝水。具体分析如下。

① 空气处理机组产生冷凝水的原因。当室外空气（或新风与回风混合后）与空气处理机组的表冷器进行热交换冷却除湿空气时，因表冷器的壁面温度低于室外空气（或混合风）露点温度，室外空气（或混合风）所含的水蒸气在表冷器壁面析出而结露，当露珠增大到一定程度会滑落到表冷器下方的冷凝水盘，从而形成了冷凝水。冷凝水的处理是在冷凝水盘处接冷凝水管将冷凝水就近排到合适的地方。

② 空调末端产生冷凝水的原因。空调末端与室内空气进行换热冷却除湿空气时，因空调末端壁面温度低于室内空气露点温度，室内空气所含有的水蒸气就会在空调末端壁面析出而结露，当露珠增大到一定程度会滑落到空调末端下方的冷凝水盘，从而形成了冷凝水。冷凝水的处理是在空调水系统里由专门的冷凝水系统将空调末端产生的冷凝水排出。

第10章

电气、智控弱电专业BIM建模

10.1 建模前期准备

10.1.1 电气专业图纸解析

专用宿舍楼电气图纸从电施-01～电施-15共计15张图纸，对应图纸内容见图纸目录，如图10-1所示。

图 纸 目 录

序号	图纸编号	图 纸 名 称
1	电施-01	电气设计总说明
2	电施-02	配电箱系统图（一）
3	电施-03	配电箱系统图（二）
4	电施-04	弱电系统图
5	电施-05	一层照明平面图
6	电施-06	二层照明平面图
7	电施-07	一层动力平面图
8	电施-08	二层动力平面图
9	电施-09	三层动力平面图
10	电施-10	一层弱电平面图
11	电施-11	二层弱电平面图
12	电施-12	一层消防报警平面图
13	电施-13	二层消防报警平面图
14	电施-14	防雷平面图
15	电施-15	接地平面图

图 10-1

在电气专业建模中主要关注以下图纸信息。

（1）电施-01

① 关注导线信息、连接方式，如图10-2所示。

② 关注设备的安装方式，如图10-3所示。

③ 关注图例表以及表中电气设备图例所对应的名称以及设备安装高度，其中包括开关插座等电位的安装高度，灯具安装为吸顶安装，也就是安装在天花板上，如图10-4所示。

（2）电施-02 关注配电箱尺寸及安装高度，如图10-5所示。

（3）电施-03 关注配电箱尺寸及安装高度，如图10-5所示。

（4）电施-04

① 关注弱电系统高程，如图10-6所示。

② 关注火灾报警系统电缆表图例，如图10-7所示。

（5）电施-05 关注一层照明强电金属桥架尺寸、位置及安装标高，如图10-8所示。

五、导线选择及敷设

（1）由室外埋地引入的进线电缆选用YJV22-1kV交联聚乙烯绝缘电力电缆，穿钢管埋地敷设。

（2）由总配电箱引至的层电表箱的电缆选用YJV-1kV交联聚乙烯绝缘电力电缆，穿钢管墙内敷设。

（3）由层间配电箱引至住户配电箱的线路选用BV-500V聚乙烯绝缘铜芯导线，穿阻燃PVC管沿墙或板缝暗敷设。

（4）专用接地线采用黄绿双色铜芯导线。

图 10-2

四、设备安装

（1）总配电箱和层电表箱嵌墙暗装，底边距地1.5m，1.8m。

（2）除注明外，开关、插座分别距地1.3m、0.3m暗装。卫生间内开关选用防溅型面板，宿舍空调插座为2.2m暗装。其他未注安装见主要设备材料表。

图 10-3

图例说明

序号	符号	设备名称	型号规格	备注	序号	符号	设备名称	型号规格	备注
1		配电箱	见系统图	距地1.8m安装	17	LEB	接地端子板	甲方自选	距地0.3m安装
2		动力箱	见系统图	距地1.8m安装	18	MEB	总等电位接地端子板	甲方自选	距地0.3m安装
3	JX1	进线箱	见系统图	距地1.5m安装	19		自带电源照明灯	220V 2x8W(应急时间≥60分钟)	距地2.5m安装
4		双管荧光灯	220V, 2×36W	吸顶安装	20		疏散指示灯	220V 8W(应急时间≥60分钟)	距地0.3m安装
5	○	吸顶灯	220V, 36W	吸顶安装	21		安全出口灯	220V 8W(应急时间≥60分钟)	距地2.4m安装
6		暗装单极开关	甲方自选	距地1.3m安装	22		防水防尘灯	220V 36W	吸顶安装
7		暗装双极开关	甲方自选	距地1.3m安装	23		防水插座	220V 36W	距地1.5m安装
8		暗装三极开关	甲方自选	距地1.3m安装	24		区域型火灾报警控制器		距地1.4m安装
9		单相暗装插座/安全型	220V/10A	距地0.3m安装	25		火灾报警接线端子箱		距地1.4m安装
10		空调插座	220V/16A	距地2.2m安装	26		感烟探测器		吸顶安装
11		单极限时开关	甲方自选	吸顶安装	27		报警电话		距地1.4m安装
12		室内机薄型风管机	见暖通图纸		28		手动报警按钮		距地1.4m安装
13		风管机开关	甲方自选		29		声光报警器		距地2.5m安装
14		弱电配线箱	甲方自选	距地0.5m安装	30		吸顶式扬声器		吸顶安装
15		电话插座	KGT01	距地0.3m安装	31		监测模块		
16		网络插座	KGT02	距地0.3m安装	32		短路隔离器		

图 10-4

2CZX

箱体尺寸300×200×150$(w×h×d)$，距地1.8m暗装。

3AP-1

箱体尺寸500×400×150$(w×h×d)$，距地0.3m暗装。
配电箱防护等级不小于IP54

1AL1

箱体尺寸500×600×150$(w×h×d)$，距地1.8m暗装。

2AL1

箱体尺寸500×600×150$(w×h×d)$，距地1.8m暗装。

图 10-5

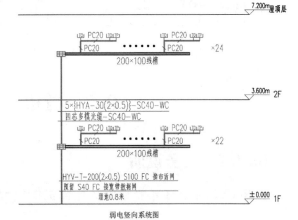

弱电竖向系统图

图 10-6

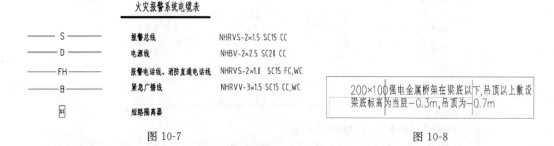

火灾报警系统电缆表

——— S ———	报警总线	NHRVS-2×1.5 SC15 CC
—— D ——	电源线	NHBV-2×2.5 SC20 CC
— FH —	报警电话线、消防直通电话线	NHRVS-2×1.0 SC15 FC,WC
— B —	紧急广播线	NHRVV-3×1.5 SC15 CC,WC
SI	短路隔离器	

200×100强电金属桥架在梁底以下,吊顶以上敷设
梁底标高为当层-0.3m,吊顶为-0.7m

图 10-7   图 10-8

(6) 电施-06 关注二层照明强电金属桥架尺寸、位置及安装标高。

(7) 电施-07 关注一层动力强电金属桥架尺寸、位置及安装标高。

(8) 电施-08 关注二层动力强电金属桥架尺寸、位置及安装标高。

(9) 电施-09 关注三层动力平面图设备位置及型号。

(10) 电施-10 关注一层弱电金属桥架尺寸、位置及安装标高。

(11) 电施-11 关注二层弱电金属桥架尺寸、位置及安装标高。

(12) 电施-12 关注一层消防报警桥架尺寸、位置。

(13) 电施-13 关注二层消防报警桥架尺寸、位置。

(14) 电施-14 关注防雷金属管线尺寸及连接方式。

(15) 电施-15 关注接地装置尺寸、材质。

10.1.2 建模流程解析

本项目电气系统可分为强电、弱电、消防电,查阅图纸可知一层和二层布局基本一致,在建模时对于相同桥架模型可通过"复制"或"镜像"工具完成电气模型创建。在实际项目中,一般只创建桥架模型,但为了教学需要,本章会对电气图纸中相关的桥架、设备、开关插座、灯具、线管等一并讲解。根据本专用宿舍楼项目类型及提供的图纸信息并结合 Revit 软件的建模工具,归纳出本项目电气专业建模的流程,如图10-9所示。

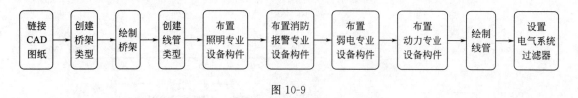

链接CAD图纸 → 创建桥架类型 → 绘制桥架 → 创建线管类型 → 布置照明专业设备构件 → 布置消防报警专业设备构件 → 布置弱电专业设备构件 → 布置动力专业设备构件 → 绘制线管 → 设置电气系统过滤器

图 10-9

10.2 链接 CAD 图纸

10.2.1 任务说明

在 Revit 软件中打开"专用宿舍楼机电模型"项目文件,在平面视图中链接 CAD 图纸。

10.2.2　任务分析

（1）业务层面分析　使用 Revit 软件搭建机电模型时，可直接在 Revit 软件绘图区域中绘制机电管线，也可将机电 CAD 图纸以链接 CAD 的方式链接到 Revit 中，依据 CAD 图纸中的线管路由绘制电气线管模型。

（2）软件层面分析

①学习使用"链接 CAD"命令链接 CAD 图纸。

②学习使用"对齐"命令将 CAD 图纸与项目轴网对齐。

③学习使用"锁定"命令将 CAD 图纸锁定到平面视图。

10.2.3　任务实施

在 4.1 节中对专用宿舍楼机电项目图纸进行了拆分处理，在绘制电气模型时可以将拆分后的 CAD 图纸链接到项目文件中，参考 CAD 图纸线管路由绘制电气线管模型。下面以《BIM 算量—图—练》中的专用宿舍楼项目为例，讲解链接 CAD 图纸的操作步骤。

（1）在"项目浏览器"中展开"电气"视图类别，在"动力→楼层平面"中单击鼠标左键，选中"1F-动力"视图名称，双击鼠标左键打开"1F-动力"平面视图，如图 10-10 所示。将"一层动力平面图 .dwg"图纸链接到"1F-动力"平面视图中，通过对齐命令进行定位（具体操作方法参考 5.2 节），最终结果如图 10-11 所示。

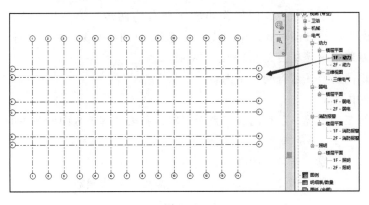

图 10-10

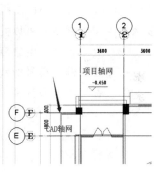

图 10-11

（2）单击鼠标左键选中 CAD 图纸，Revit 自动切换至"修改 | 一层动力平面图 .dwg"选项卡，单击"修改"面板中的"锁定"工具，将 CAD 图纸锁定到平面视图，如图 10-12 所示。至此，完成专用宿舍楼机电模型"一层动力平面图"CAD 图纸的导入，如图 10-13 所示。

图 10-12

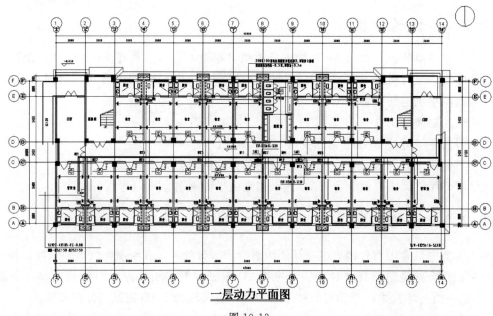

一层动力平面图

图 10-13

（3）单击 Revit 左上角快速访问栏上的"保存"功能，保存项目文件。

10.2.4　总结扩展

（1）步骤总结　上述 Revit 软件链接 CAD 的操作步骤主要分为两步。第一步：链接 CAD 图纸，并将 CAD 图纸轴网与项目轴网对齐；第二步：锁定 CAD 图纸并保存项目文件。按照本操作流程读者可以完成专用宿舍楼项目 CAD 图纸的链接。

（2）业务扩展　电气专业识图需要注意查阅以下内容：

①查看图例、符号所代表的内容；

②查看目录、设计说明了解工程概况、项目内容；查看材料设备表了解工程中所使用的设备型号、规格；

③查看系统图了解系统的基本组成，连接件的型号、规格；

④查看平面图了解线路的起点、敷设部位、敷设方式、敷设高度、导线根数等。

10.3　创建桥架类型

10.3.1　任务说明

在 Revit 软件中打开"专用宿舍楼机电模型"项目文件，根据提供的专用宿舍楼电气图纸设计说明，完成专用宿舍楼电气桥架类型的创建。

10.3.2　任务分析

（1）业务层面分析　根据专用宿舍楼电气图纸电施-05～电施-13可知，本项目桥架类型分为强电和弱电，根据图纸标注信息为金属桥架可知，桥架形式为工程中普通的槽式金属桥架。

（2）软件层面分析

①学习使用"编辑类型"命令创建桥架类型。

②学习使用"载入族"命令载入桥架配件族。

③学习掌握在"类型属性"窗口中的"管件"下设置桥架管件配置。

10.3.3　任务实施

Revit 软件默认提供了"标准"的桥架类型，用户在使用 Revit 软件绘制桥架时可在此基础上进行复制，创建出需要的桥架类型。下面以《BIM 算量—图—练》中的专用宿舍楼项目为例，讲解新建桥架类型的操作步骤。

（1）单击"系统"选项卡"电气"面板中的"电缆桥架"工具，如图 10-14 所示，单击"属性"窗口中的"编辑类型"打开"类型属性"窗口，如图 10-15 所示。在"类型属性"窗口单击"复制"，在"名称"窗口名称位置命名为"强电"，然后单击"确定"，如图 10-16 所示。

图 10-14

图 10-15

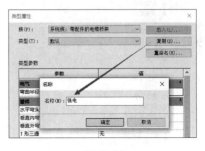

图 10-16

（2）单击"系统"选项卡"电气"面板中的"电缆桥架配件"工具，如图 10-17 所示，在弹出的窗口中点击"是"，如图 10-18 所示，弹出"载入族"窗口，在"载入族"窗口单击打开"机电"→"供配电"→"配电设备"→"电缆桥架配件"文件夹，选择全部管件，单击"打开"将管件载入到项目中，如图 10-19 所示。

图 10-17

图 10-18　　　　　　　　　　　　　　　　　图 10-19

（3）在步骤（1）中电缆桥架通过类型名称命名不同系统的桥架类型，桥架配件也需要通过类型名称进行重命名，以区分不同专业。在"项目浏览器"窗口中展开"族"类别，单击鼠标左键选中"电缆桥架配件"类别展开，如图 10-20 所示。在"电缆桥架配件"类别中选中"槽式电缆桥架垂直等径上弯通"下的"标准"，单击鼠标右键在右键菜单中选择"复制"，选中刚复制创建出来的"标准 2"，右键重命名为"强电"，如图 10-21 所示。重复上述操作创建"弱电"桥架配件。重复上述操作创建其他槽式类别下的"强电""弱电"桥架配件，如图 10-22 所示。

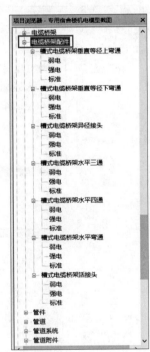

图 10-20　　　　　　　　　　图 10-21　　　　　　　　　　图 10-22

（4）单击"系统"选项卡"电气"面板中的"电缆桥架"工具，在"属性"窗口中单击"编辑类型"打开"类型属性"窗口，如图 10-23 所示，在"类型属性"窗口中按图 10-24 所示对桥架管件进行配置，配置完成后点击"确定"完成"强电"管件创建，至此完成专用宿舍楼机电模型中"强电"桥架的设定。

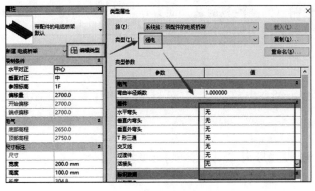

图 10-23　　　　　　　　　　　　　　　　图 10-24

（5）重复上述操作，在"类型属性"窗口以"强电"桥架为样板，复制新建"弱电"桥架类型，如图 10-25 所示。

（6）修改"弱电"桥架下的"管件"设置，点击"确定"保存"弱电"桥架的设置，如图 10-26 所示。

图 10-25　　　　　　　　　　　　　　　　图 10-26

（7）单击 Revit 左上角快速访问栏上的"保存"功能，保存项目文件。

10.3.4　总结扩展

（1）步骤总结　总结上述 Revit 软件创建电气桥架类型的操作步骤主要分为四步。第一步：复制已有桥架类型，新建所需桥架类型；第二步：载入桥架类型所需配件族；第三步：在项目浏览器"电缆桥架配件"中创建强电、弱电配件；第四步：在"类型属性"窗口下的"管件"处为桥架配置合适配件。按照本操作流程读者可以完成专用宿舍楼项目"强电"桥架、"弱电"桥架类型的创建。

（2）业务扩展　对桥架配件配置时应记住"内下外上"原则，即在"类型属性"窗口下的"管件"处，"垂直内弯头"的类型应选择为"槽式电缆桥架垂直等径下弯通"，"垂直外弯头"则反之。

在实际项目中，根据现场环境技术要求可选用托盘式、槽式、玻璃防腐阻燃电缆桥架或钢制普通型桥架，在容易积灰和其他需遮盖的环境或户外场所加盖板。

10.4　绘制桥架

10.4.1　任务说明

在 Revit 软件中打开"专用宿舍楼机电模型"项目文件，根据提供的专用宿舍楼电气图纸，完成专用宿舍楼强电、弱电桥架的绘制（需要注意的是，动力专业图纸与照明专业图纸中的桥架为同一个桥架，所以绘制动力专业的桥架即可）。

10.4.2 任务分析

（1）业务层面分析 在电施-07、电施-08、电施-10、电施-11 中给出了桥架位置尺寸高度。

（2）软件层面分析

①学习使用"可见性/图形替换"命令设置导入 CAD 图纸的可见性。

②学习使用"链接 CAD"命令链接 CAD 图纸。

③学习使用"电缆桥架"命令绘制电缆桥架。

10.4.3 任务实施

Revit 软件提供了绘制桥架的工具，在绘制强电桥架之前，可以通过链接 CAD 的方式将一层动力平面图链接到一层楼层平面视图的绘图窗口。下面以《BIM 算量一图一练》中

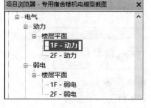

图 10-27

的专用宿舍楼项目为例，讲解桥架绘制的操作步骤。

（1）在"项目浏览器"中展开"电气"视图类别，在"动力→楼层平面"中单击鼠标左键选中"1F-动力"视图名称，双击鼠标左键打开"1F-动力"平面视图，如图 10-27 所示。

（2）在 10.2.3 节中已经将电施-07 的"一层动力平面图.dwg"链接到"1F-动力"平面视图中，并且对齐锁定。在"1F-动力"平面视图中显示如图 10-28 所示。

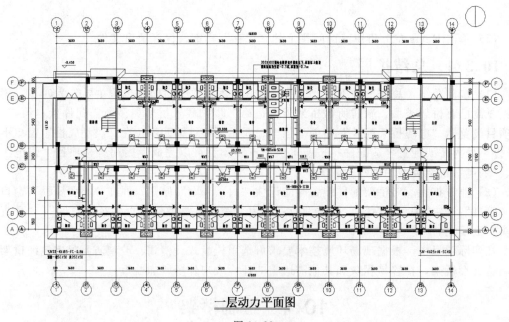

一层动力平面图

图 10-28

（3）通过图纸电施-07"一层动力平面图.dwg"可知桥架的宽度、高度、敷设高度信息，如图 10-29 所示。单击"系统"选项卡"电气"面板中的"电缆桥架"工具，如图 10-30 所示。

在"属性"窗口桥架类型选择"强电"，在"选项栏"位置选择强电桥架"宽度"为200mm、"高度"为100mm，"偏移量"设置为3100mm（根据建施-06建筑立面图可知层高为3600mm，电气图纸标注吊顶标高为－700mm，也就是2900mm，桥架在吊顶以上敷设，这里取桥架中心标高3100mm，相对比较合适），如图10-31所示。单击鼠标左键绘制桥架，从a点开始绘制，继续沿b点绘制到终点处，如图10-32所示。遇到支路处，如图10-33所示，则选择"强电"桥架，拾取支路与主干桥梁的交点开始绘制，如图10-34所示。

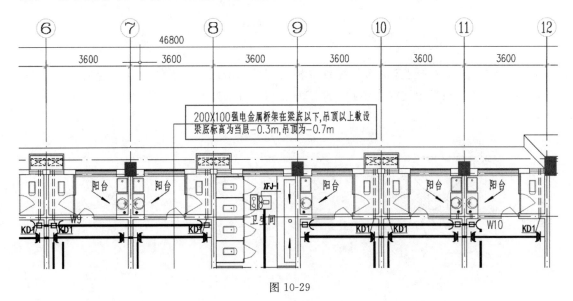

图 10-29

图 10-30

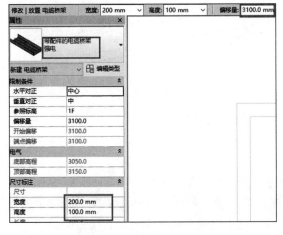

图 10-31

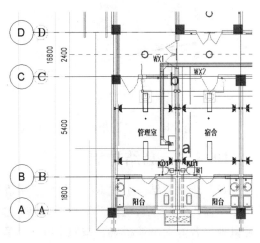

图 10-32

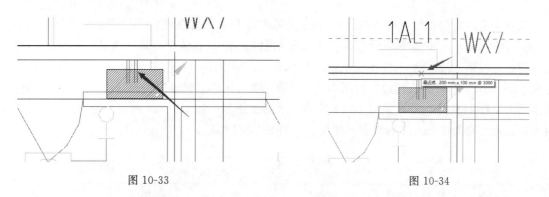

图 10-33   图 10-34

（4）因在 10.3.3 节已经为桥架配置好桥架配件，所以此处系统将自动生成桥架三通，如图 10-35 所示。按照上述操作步骤，完成一层动力桥架如图 10-36 所示。

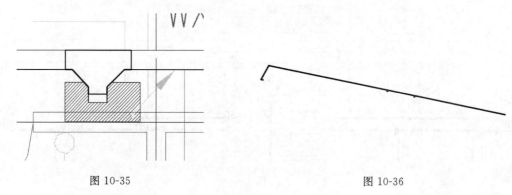

图 10-35   图 10-36

（5）下面绘制二层动力桥架，在"项目浏览器"中找到"2F-动力"，双击进入二层平面图，链接电施-08 图纸，进行二层动力桥架的绘制，绘制方法与上一步骤相同，绘制完成如图 10-37 所示。

（6）弱电专业的桥架绘制方法与动力专业相同，在"项目浏览器"中找到"1F-弱电"，链接电施-10，并完成绘制。再进入"2F-弱电"平面图纸，链接电施-11，并完成绘制。整体完成后如图 10-38 所示。

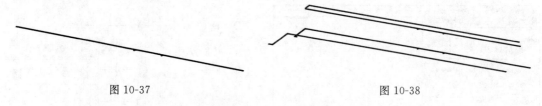

图 10-37   图 10-38

（7）单击 Revit 左上角快速访问栏上"保存"功能保存项目文件。

10.4.4   总结扩展

（1）步骤总结   上述 Revit 软件绘制桥架的操作步骤主要分为四步。第一步：进入对应楼层平面；第二步：链接 CAD 图纸并锁定对齐；第三步：创建一层动力桥架；第四步：创建其他层各专业电缆桥架。按照本操作流程，读者可以完成专用宿舍楼项目桥架的创建。

（2）业务扩展   桥架绘制方法较为简单，根据图纸可找到桥架的高度、宽度、敷设高度以及系统信息。将图纸链接后可沿路径绘制模型。

施工现场桥架安装前，必须与各专业协调，避免与大口径消防管、喷淋管、冷热水管、排水管及空调、排风设备发生矛盾。将桥架安装到预定位置，采用螺栓固定，在转弯处需仔细校核尺寸，桥架宜与建筑物坡度一致，在圆弧形建筑物墙壁上安装的桥架，其圆弧宜与建筑物一致。桥架与桥架之间用连接板连接，连接螺栓采用半圆头螺栓，半圆头在桥架内侧。桥架之间缝隙须达到设计要求，确保一个系统的桥架连成一体。

10.5 创建线管类型

10.5.1 任务说明

在 Revit 软件中打开"专用宿舍楼机电模型"项目文件，根据提供的专用宿舍楼电气图纸，完成专用宿舍电气线管类型的创建。

10.5.2 任务分析

（1）业务层面分析 根据专用宿舍楼电施-01 设计说明中"图纸目录"可确定线管类型分为照明、动力、弱电和消防报警；根据图纸电施-02、电施-03 可知，线管分别为 PC16 和 PC20，PC 代表材质为塑料，如图 10-39 所示。

（2）软件层面分析

①学习使用"编辑类型"命令创建线管类型。

②学习使用"载入族"命令载入线管配件族。

③学习掌握在"类型属性"窗口中的"管件"下设置线管管件配置。

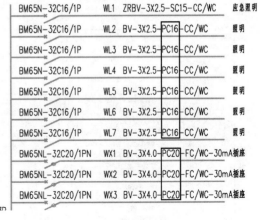

图 10-39

10.5.3 任务实施

Revit 软件提供了默认的线管类型，用户在使用 Revit 软件绘制电缆时可在此基础上进行复制，创建出需要的线管类型。下面以《BIM算量—图—练》中的专用宿舍楼项目为例，讲解新建线管类型的操作步骤。

（1）单击"系统"选项卡"电气"面板中的"线管"工具，如图 10-40 所示，单击"属性"窗口中的"编辑类型"，打开"类型属性"窗口，如图 10-41 所示。在"类型属性"窗口单击"复制"，在"名称"窗口名称位置命名为"照明"，然后单击"确定"，如图 10-42 所示。

图 10-40

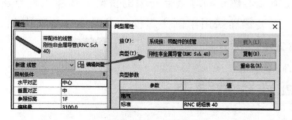

图 10-41　　　　　　　　　　　　　　　图 10-42

（2）单击"系统"选项卡"电气"面板中的"线管配件"工具，如图 10-43 所示，根据电缆桥架配件的载入方法，将线管配件载入到项目中，载入的族路径为："机电→供配电→配电设备→线管配件→RMC"，如图 10-44 所示。

图 10-43

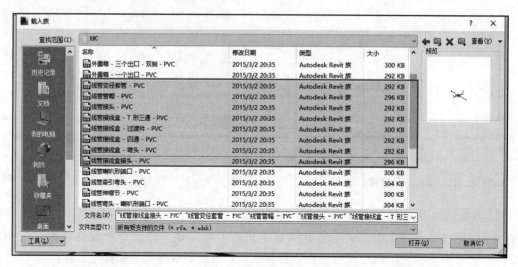

图 10-44

（3）通过类型名称为线管配件进行命名，在"项目浏览器"窗口中展开"族"类别，单击鼠标左键选中"线管配件"类别展开，如图 10-45 所示。在"线管配件"类别中选中"线管弯头-铝"下的"标准"，单击鼠标右键在右键菜单中选择"复制"，选中刚复制创建出来的"标准 2"，右键重命名为"照明"。重复上述操作创建其他系统配件。如图 10-46 所示。

（4）单击"系统"选项卡"电气"面板中的"线管"工具，单击"属性"窗口中的"编辑类型"打开"类型属性"窗口，如图 10-47 所示，在"类型属性"窗口中按图 10-48 所示对线管管件进行配置，配置完成后点击"确定"完成"照明"管件创建，至此完成专用宿舍楼机电模型中"照明"线管类型的设定。

图 10-45

图 10-46

图 10-47

图 10-48

（5）重复上述操作，在"类型属性"窗口以"照明"线管为样板复制新建"动力"、"弱电"、"消防报警"线管类型，在"族"的"线管配件"下设置相应的"动力"、"弱电"、"消防报警"配件，并在"类型属性"窗口中的"管件"下进行配置。完成后如图 10-49 所示。

（6）添加线管管径尺寸。通过图纸电施-02、电施-03 可知线管为PC16 和 PC20，如图 10-50、图 10-51 所示。需要在 Revit 软件中添加PC20 的尺寸，单击"管理"选项卡"设置"面板中的"MEP 设置"下拉选项中的"电气设置"工具，如图 10-52 所示，单击选中"电气设置"窗口中的"线管设置"类别下的"尺寸"，单击"新建尺寸"，在"添加线管尺寸"窗口中添加尺寸，具体数值如图 10-53 所示。

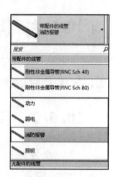

图 10-49

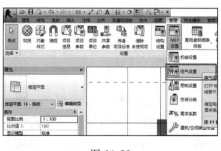

图 10-50

图 10-51

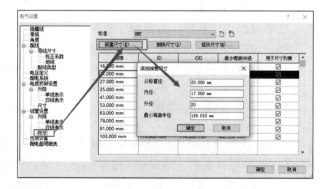

图 10-52

图 10-53

（7）单击 Revit 左上角快速访问栏上"保存"功能保存项目文件。

10.5.4　总结拓展

（1）步骤总结　上述 Revit 软件创建线管的操作步骤主要分为五步。第一步：复制已有线管类型，新建所需线管类型；第二步：载入线管类型所需配件族；第三步：在项目浏览器"线管配件"中创建照明、动力、弱电、消防报警配件；第四步：在"类型属性"窗口下的"管件"处为线管配置合适配件；第五步：添加需要的线管尺寸规格。按照本操作流程，读者可以完成专用宿舍楼项目线管类型的创建。

（2）业务扩展　线管全称"建筑用绝缘电工套管"。通俗地讲是一种白色的硬质 PVC 胶管，防腐蚀、防漏电、穿电线用的管子。它分为塑料穿线管、不锈钢穿线管、碳钢穿线管。用于室内正常环境和高温、多尘、有震动及有火灾危险的场所，也可在潮湿的场所中使用，不得在特别潮湿，有酸、碱、盐腐蚀和有爆炸危险的场所使用。

10.6　布置照明专业设备构件

10.6.1　任务说明

在 Revit 软件中打开"专用宿舍楼机电模型"项目文件，根据提供的专用宿舍楼电气图纸，完成专用宿舍楼照明专业设备构件的布置。

10.6.2　任务分析

（1）业务层面分析　Revit 软件提供的"机械样板"中只包含了基本的构件族，根据电施-01 设计说明中图例说明表对应查看图纸电施-05 一层照明平面图可知，图中有"配电箱"、"双管荧光灯"、"吸顶灯"、"开关"、"疏散指示灯"、"安全出口灯"、"自带电源照明灯"等照明专业设备，在建模前需要在专用宿舍楼机电模型中先载入项目所需的照明设备构件族。由于"疏散指示灯"、"安全出口灯"、"自带电源照明灯"这三种构件的绘制方式相同，这里以"疏散指示灯"为例讲解。

（2）软件层面分析

①学习使用"载入族"命令载入照明设备构件族。

①学习使用"视图"命令添加天花板平面。

③学习使用"参照平面"命令绘制参照平面辅助布置设备构件。

④学习使用"编辑类型"命令修改编辑配电箱规格尺寸。

10.6.3　任务实施

在 Revit 软件默认提供的族库中涵盖了机电项目建模中通用的设备构件族，用户在使用 Revit 建模时可以直接使用 Revit 提供的通用设备构件族，也可以自定义创建项目所需设备构件族。在本节讲解中，使用的是 Revit 默认族库中通用的设备构件族，在建模时直接载入所需设备构件族即可。下面以《BIM 算量—图一练》中的专用宿舍楼项目"一层照明平面图"为例，讲解"照明设备构件"载入和布置的操作步骤。

（1）查看图纸电施-05 一层照明平面图和图纸电施-01 电气设计总说明，找到要载入的设备构件及设备构件名称，并在 Revit 族库中找到对应的族载入到项目中，如图 10-54 所示。

（2）载入"双管荧光灯"。单击"插入"选项卡"从库中载入"面板中的"载入族"工具，如图 10-55 所示，在"载入族"窗口打开"机电→照明→室内灯→导轨和支架式灯具"文件夹，选择"双管吸顶式灯具-T5"，单击"打开"，将双管荧光灯载入到项目中，如图 10-56 所示。

图 10-54

图例说明				
序号	符号	设备名称	型号规格	备注
1	■	配电箱	见系统图	距地 1.8m
4	▬	双管荧光灯	220V, 2X36W	吸顶安装
5	○	吸顶灯	220V, 36W	吸顶安装
6	✎	暗装单极开关	甲方自选	距地 1.3m
7	✎	暗装双极开关	甲方自选	距地 1.3m
19	⊠	自带电源照明灯	220V 2x8W(应急时间≥60分钟)	距地 2.5m
20	▭	疏散指示灯	220V 8W(应急时间≥60分钟)	距地 0.3m
21	▭	安全出口灯	220V 8W(应急时间≥60分钟)	距地 2.4m

图 10-55　　　　　　　　图 10-56

【注意】如果单击"载入族"后无法直接找到如图 10-56 所示路径内容，则在"载入族"窗口的"查找范围"位置浏览选择到路径"C:\ProgramData\Autodesk\RVT 2016\Libraries\China"下即可找到，其中"ProgramData"文件夹默认为隐藏文件夹，需先设置隐藏文件夹为可见。

（3）载入"吸顶灯"。单击"插入"选项卡"从库中载入"面板中的"载入族"工具，在"载入族"窗口打开"机电→照明→室内灯→环形吸顶灯"文件夹，选择"环形吸顶灯"，单击"打开"，将吸顶灯载入到项目中，如图 10-57 所示。

（4）载入"开关"。单击"插入"选项卡"从库中载入"面板中的"载入族"工具，在"载入族"窗口打开"机电→供配电→终端→开关"文件夹，选择"单联开关-暗装"、"双联开关-暗装"，单击"打开"，将开关载入到项目中，如图 10-58 所示。

图 10-57

图 10-58

（5）载入"疏散指示灯"。单击"插入"选项卡"从库中载入"面板中的"载入族"工具，在"载入族"窗口打开"机电→照明→特殊灯具"文件夹，选择"应急疏散指示灯-嵌入式矩形"，单击"打开"，将疏散指示灯载入到项目中，如图10-59所示。

（6）载入"配电箱"。单击"插入"选项卡"从库中载入"面板中的"载入族"工具，在"载入族"窗口打开"机电→供配电→配电设备→箱柜"文件夹，选择"照明配电箱-暗装"，单击"打开"，将配电箱载入到项目中，如图10-60所示。

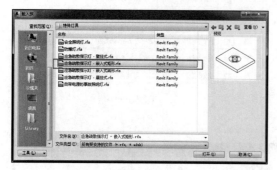

图 10-59

图 10-60

（7）灯具等构件属于在顶面上安装的设备，按照Revit软件的原则，必须在天花板或楼板平面图中布置。以在天花板平面图中布置为例，首先需要创建天花板平面，单击"视图"选项卡"创建"面板中的"平面视图"下拉选项中的"天花板投影平面"工具，如图10-61所示，在"新建天花板平面"窗口选中1F、2F新建天花板平面，如图10-62所示，在"项目浏览器→视图→协调"路径下找到"天花板平面"1F、2F，如图10-63所示，再通过点选1F、2F修改"属性"窗口的"规程"、"子规程"，将此1F、2F平面放置于"照明"子规程类别下，如图10-64所示。

图 10-61

图 10-62

图 10-63

图 10-64

（8）双击进入"天花板平面 1F"，单击"建筑"选项卡下"构建"面板中的"天花板"
工具，Revit 自动切换到"修改|放置 天花板"选项卡，在"修改|放置 天花板"选项卡
"天花板"面板中选择"绘制天花板"，如图 10-65 所示。进入草图编辑模型选择"矩形"，
如图 10-66 所示，进行天花板外轮廓的绘制，如图 10-67 所示。绘制完成后如图 10-68 所示。

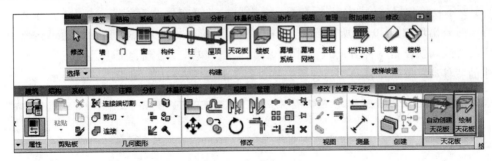

图 10-65

图 10-66

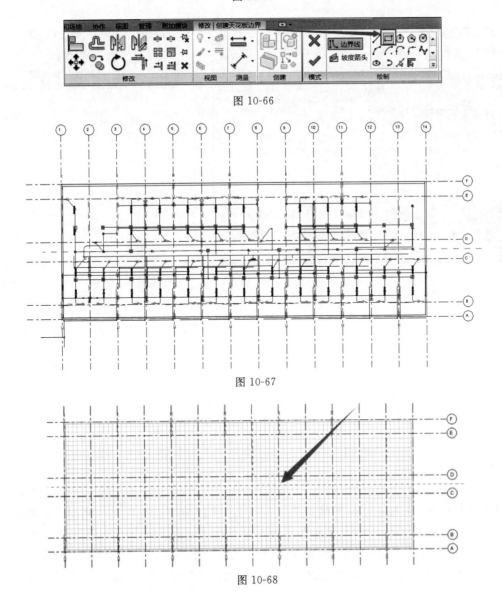

图 10-67

图 10-68

(9) 布置"双管荧光灯"。单击"系统"选项卡"电气"面板中的"照明设备"工具，如图 10-69 所示，在"属性"窗口选择"双管吸顶式灯具 - T5"，选择规格为"28w-2 盏灯"，单击"编辑类型"，在"类型属性"窗口单击"重命名"修改名称为"双管荧光灯"后单击"确定"，如图 10-70 所示，单击"修改|放置 设备"选项卡"放置"面板中的"放置在面上"，如图 10-71 所示，移动鼠标拾取天花板平面，单击鼠标左键布置"双管荧光灯"（在布置"双管荧光灯"时若出现如图 10-72 所示设备构件与平面图布局方向不一致时，可通过按键盘"空格"键的方式切换设备构件方向），如图 10-73 所示。单击"修改|照明设备"选项卡"修改"面板中的"移动"工具，移动"双管荧光灯"到平面图所在位置，如图 10-74 所示。

图 10-69

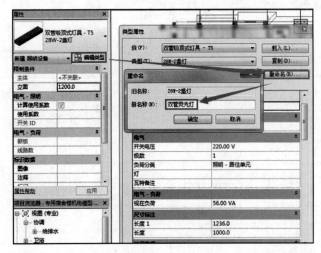

图 10-70

图 10-71

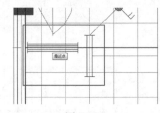

图 10-72

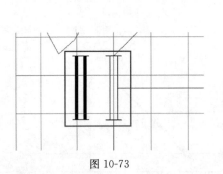

图 10-73

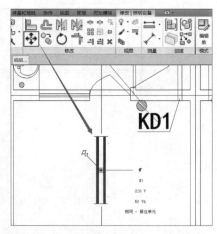

图 10-74

【注意】在 Revit 软件中，当放置基于面放置的设备构件族时，在"修改|放置 设备"选项卡"放置"面板上有 3 种放置方式可选，分别为"放置在垂直面上"、"放置在面上"、"放置在工作平面上"，具体放置方式可以参见 5.5 节布置给排水设备构件中相关内容。

(10) 单击 Revit 菜单上方快速访问栏中的"默认三维视图"工具，将当前绘图视图切换至三维视图窗口，如图 10-75 所示。在三维视图下可以继续使用按"空格"的命令调整"双管荧光灯"的布置方向，最终结果如图 10-76 所示。

图 10-75　　　　　　　　　　　　　　　　　图 10-76

（11）布置"吸顶灯"。单击"系统"选项卡"电气"面板中的"照明设备"工具，在"属性"窗口选择"环形吸顶灯"，单击"编辑类型"，在"类型属性"窗口单击"重命名"修改名称为"吸顶灯"后单击"确定"，按照操作（9）中布置"双管荧光灯"方式布置"吸顶灯"，在三维视图窗口查看最终结果并保存项目文件，如图 10-77～图 10-79 所示。

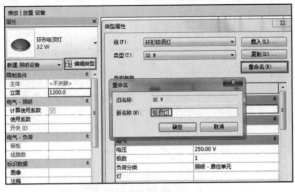

图 10-77　　　　　　　　　　　　　　　　　图 10-78

图 10-79

（12）绘制参照平面。单击"系统"选项卡"工作平面"面板中的"参照平面"工具，如图 10-80 所示，分别在"开关"、"疏散指示灯"和"配电箱"与墙面连接部位绘制参照平面，如图 10-81 所示。

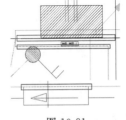

图 10-80　　　　　　　　　　　　　　　图 10-81

（13）布置"开关"。单击"系统"选项卡"电气"面板中的"设备"下拉选项中的"照明"工具，在"属性"窗口选择"双联开关-暗装 单控"，如图 10-82 所示，单击"修改|放置 灯具"选项卡"放置"面板中的"放置在垂直面上"，如图 10-83 所示，查看图纸电施-01 图例说明，找到开关安装高度，如图 10-84 所示，在"属性"窗口"限制条件"位置输入

"立面"参数为1300，如图10-85所示，移动鼠标拾取在操作（12）中绘制的"参照平面"，单击鼠标左键布置"开关"（在布置"开关"时若出现如图10-86所示设备构件与平面图布局方向不一致时，可通过按键盘"空格"键的方式切换设备构件方向），如图10-87所示。单击"修改"选项卡"修改"面板中的"移动"工具，移动"开关"到平面图所在位置，如图10-88所示。在三维视图窗口查看最终结果并保存项目文件，最终结果如图10-89所示。

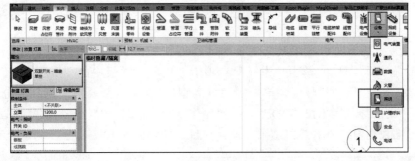

图 10-82

图 10-83

6	暗装单极开关	甲方自选	距地1.3m
7	暗装双极开关	甲方自选	距地1.3m

图 10-84

图 10-85

图 10-86

图 10-87

图 10-89

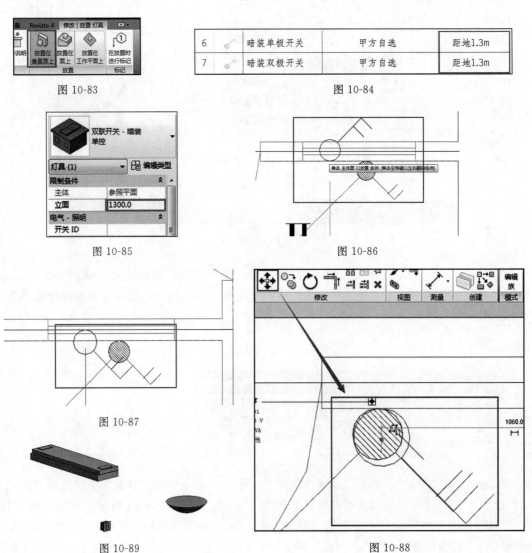

图 10-88

（14）布置"疏散指示灯"。单击"系统"选项卡"电气"面板中的"照明设备"工具，在"属性"窗口选择"应急疏散指示灯-嵌入式矩形-右"，按照步骤（13）中布置"开关"的方式布置"疏散指示灯"，按"空格"键调整方向，如图10-90～图10-92所示。在三维视图窗口查看最终结果并保存项目文件，最终结果如图10-93所示。

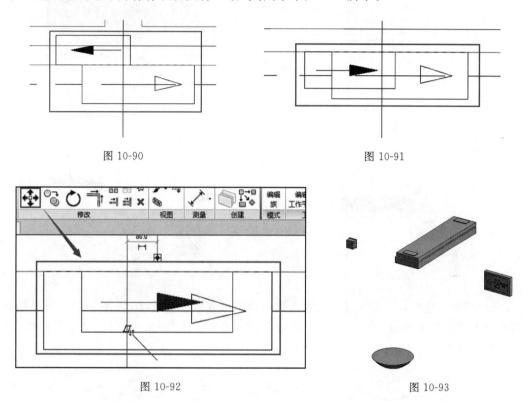

图 10-90　　　　　　　　　　　　图 10-91

图 10-92　　　　　　　　　　　　图 10-93

（15）布置"配电箱"。单击"系统"选项卡"电气"面板中的"电气设备"工具，在"属性"窗口选择"照明配电箱-暗装 标准"，如图10-94所示。根据电施-02图纸中给出的尺寸，如图10-95所示，在"类型属性"窗口修改类型名称为"1AL1"，"尺寸标注"位置修改类型参数"宽度"为500mm、"高度"为600mm、"深度"为150mm，单击"确定"，如图10-96所示，按照步骤（13）中布置"开关"的方式布置"配电箱"，按"空格"键调整方向，如图10-97所示。在三维视图窗口查看最终结果并保存项目文件，最终结果如图10-98所示。

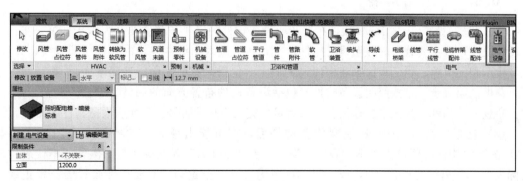

图 10-94

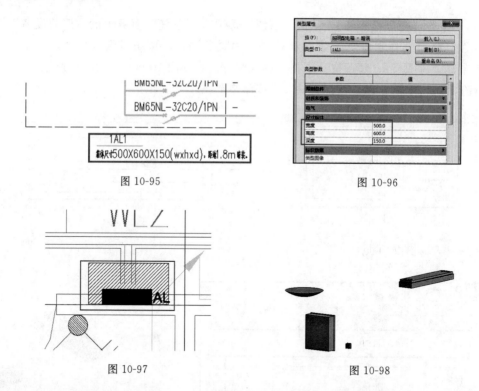

图 10-95

图 10-96

图 10-97

图 10-98

（16）按照上述操作步骤完成一层电气照明设备布置后，根据以上步骤在"项目浏览器"中双击进入"天花板平面 2F"平面图，对每个构件进行依次放置，完成二层电气照明设备布置。最终结果如图 10-99 所示。

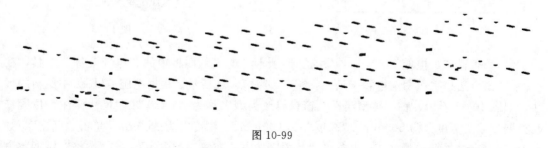

图 10-99

（17）单击 Revit 左上角快速访问栏上"保存"功能保存项目文件。

10.6.4　总结扩展

（1）步骤总结　上述 Revit 软件布置照明设备构件的操作步骤主要分为六步。第一步：查看设计说明，确定要载入的照明设备构件；第二步：载入图纸中涉及的几种照明设备、开关、疏散指示和配电箱；第三步：创建构件放置平面（包括天花板平面、参照平面）；第四步：绘制天花板；第五步：布置照明设备构件（包括设备构件布置方向的调整、位置的调整）；第六步：布置其他构件。按照本操作流程，读者可以完成专用宿舍楼项目照明设备构件的布置。

（2）业务扩展　在 Revit 模型放置构件后，有可能出现放置的构件二维图例大小与CAD 图纸中构件的图例大小不一致的情况，这是因为 CAD 图纸也只是图例，并不代表构件实际尺寸，所以放置的构件不一定和 CAD 图例尺寸完全重合，只要构件放置的位置正确即可。构件没有明确尺寸的，按照 Revit 族库中构件的常规尺寸即可。

10.7　布置消防报警专业设备构件

10.7.1　任务说明

在 Revit 软件中打开"专用宿舍楼机电模型"项目文件,根据提供的专用宿舍楼电气图纸,完成专用宿舍楼消防报警专业设备的布置。

10.7.2　任务分析

(1)业务层面分析　Revit 软件提供的机械样板中只包含了基本的构件族,根据电施-01设计说明中图例说明表对应查看图纸电施-12 一层消防报警平面图可知,图中有以下设备,具体如图 10-100 所示。在建模前需要在专用宿舍楼机电模型中先载入项目所需的消防报警设备构件族。这里主要讲解"感烟探测器"的绘制方法,"吸顶式扬声器"与其绘制方法相同。对于如图 10-100所示的其他构件均是距地安装,与开关绘制方法相同,参考 10.6.3 节"双联开关-暗装 单控"的绘制方法。

24	⊡	区域型火灾报警控制器	距地1.4m 安装
25	▤	火灾报警接线端子箱	距地1.4m 安装
26	⊠	感烟探测器	吸顶安装
27	⊡	报警电话	距地1.4m 安装
28	⊡	手动报警按钮	距地1.4m 安装
29	⊿	声光报警器	距地2.5m 安装
30	⊿	吸顶式扬声器	吸顶安装

图 10-100

(2)软件层面分析

①学习使用"载入族"命令载入消防报警专业设备构件族。

②学习使用"视图"命令添加天花板平面。

10.7.3　任务实施

在 Revit 软件默认提供的族库中涵盖了机电项目建模中通用的设备构件族,用户在使用Revit 建模时可以直接使用 Revit 提供的通用设备构件族,也可以自定义创建项目所需设备构件族。在本节讲解中,使用的是 Revit 默认族库中通用的机电设备构件族,在建模时直接载入所需设备构件族即可。下面以《BIM算量一图一练》中的专用宿舍楼项目"一层消防报警平面图"为例,讲解消防报警设备构件载入和布置的操作步骤。

(1)载入"感烟探测器"。单击"插入"选项卡"从库中载入"面板中的"载入族"工具,如图 10-101 所示,在"载入族"窗口打开"消防→火灾警铃"文件夹,选择"复合感烟感温探测器",单击"打开",将感烟探测器载入到项目中,如图 10-102 所示。

图 10-101

图 10-102

(2)布置"感烟探测器"。单击"系统"选项卡"电气"面板中的"设备"下拉选项中的"火警"工具,在"属性"窗口选择"复合感烟感温探测器 点型",单击"编辑类型",

在"类型属性"窗口单击"重命名"修改名称为"感烟探测器"后单击"确定"，感烟探测器和灯具一样要布置在顶板上（创建天花板平面视图方式请参照 10.6 节），在天花板平面按照布置照明专业设备构件中操作（9）布置"双管荧光灯"的方式布置"感烟探测器"，在三维视图窗口查看最终结果并保存项目文件，如图 10-103～图 10-107 所示。

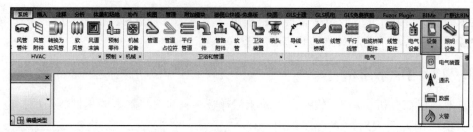

图 10-103

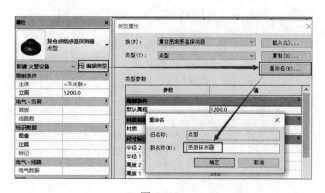

图 10-104

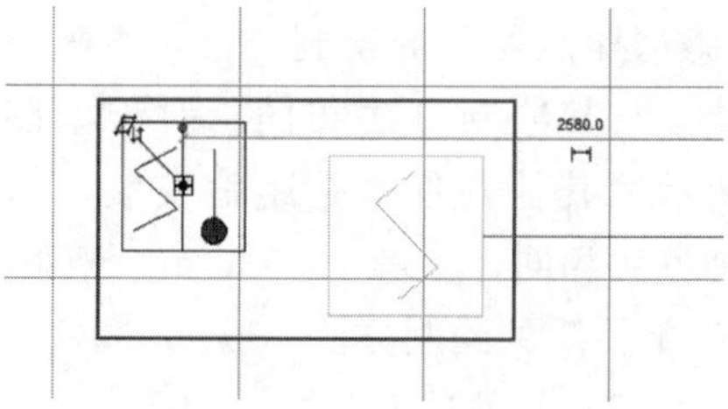

图 10-105

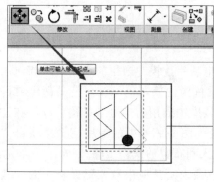

图 10-106

图 10-107

（3）按照上述操作步骤完成一层、二层消防报警设备布置，最终结果如图 10-108 所示。

图 10-108

（4）单击 Revit 左上角快速访问栏上"保存"功能保存项目文件。

10.7.4 总结扩展

（1）步骤总结 上述 Revit 软件布置消防报警设备构件的操作步骤主要分为三步。第一步：载入消防报警设备构件族；第二步：创建构件放置平面（包括天花板平面、参照平面）；第三步：布置消防报警设备构件（包括设备构件布置、位置的调整）。按照本操作流程读者可以完成专用宿舍楼项目消防报警设备构件的布置。

（2）业务扩展 感烟报警器是通过监测烟雾的浓度来实现火灾防范的，内部采用离子式烟雾传感器。离子式烟雾传感器是一种技术先进、工作稳定可靠的传感器，被广泛运用到各种消防报警系统中，性能远优于气敏电阻类的火灾报警器。此款感烟报警器率先获得最新家用探测器标准 3C 认证，为各地消防支队推荐产品。其安装简易、效果显著，已经广泛应用于家庭、工厂、写字楼、医院、学校、博物馆等重要防火场所。

报警器有很多种类型，在 CAD 图纸中表示的图例有些是很类似的，这就需要认真看清图纸图例，分清设备类型，避免不必要的修改。

10.8 布置弱电专业设备构件

10.8.1 任务说明

在 Revit 软件中打开"专用宿舍楼机电模型"项目文件，根据提供的专用宿舍楼电气图纸，完成专用宿舍楼弱电专业设备的布置。

10.8.2 任务分析

（1）业务层面分析 Revit 软件提供的机械样板中只包含了基本的构件族，根据电施-01 设计说明中的图例说明表对应查看图纸电施-10 一层弱电平面图可知，图中有"弱电配线箱"、"电话插座"、"网络插座"、"接地端子板"设备，如图 10-109 所示。在建模前要在专用宿舍楼机电模型项目中先载入项目所需的弱电设备构件族。下面操作步骤主要以"接地端子板"为例，其他设备放置方法和步骤与之完全相同，不再赘述，每种设备均需要一个一个依次放置。

（2）软件层面分析

① 学习使用"载入族"命令载入弱电设备构件族。

② 学习使用"参照平面"命令绘制辅助线布置设备构件。

14		弱电配线箱	甲方自选	距地0.5m
15		电话插座	KGT01	距地 0.3m
16		网络插座	KGT02	距地 0.3m
17	LEB	接地端子板	甲方自选	距地 0.3m

图 10-109

10.8.3 任务实施

在 Revit 软件默认提供的族库中涵盖了机电项目建模中通用的设备构件族，用户在使用 Revit 建模时可以直接使用 Revit 提供的通用设备构件族，也可以自定义创建项目所需设备构件族。在本节讲解中，使用的是 Revit 默认族库中通用的机电设备构件族，在建模时直接载入所需设备构件族即可。下面以《BIM算量一图一练》中的专用宿舍楼项目"一层弱电平面图"为例，讲解弱电设备构件载入和布置的操作步骤。

（1）载入"接地端子板"。在 Revit 软件默认族库中没有"接地端子板"族，因"接地端子板"族与"照明配电箱-暗装"族外形相同，所以复制"照明配电箱-暗装"族到专用宿舍楼项目文件夹中，再进行重命名，然后载入到项目中。单击"插入"选项卡"从库中载入"面板中的"载入族"工具，如图 10-110 所示，在"载入族"窗口打开"机电→供配电→配电设备→箱柜"文件夹，选择"照明配电箱-暗装"，单击鼠标右键在右键菜单中选择"复制"，将"照明配电箱-暗装"族复制到"专用宿舍楼项目"文件夹中，如图 10-111 所示，在"专用宿舍楼项目"文件夹中选中"照明配电箱-暗装"族，单击鼠标右键选择"重命名"，将"照明配电箱-暗装"重命名为"接地端子板"，如图 10-112 所示。单击"插入"选项卡"从库中载入"面板中的"载入族"工具，在"载入族"窗口打开"桌面→专用宿舍楼项目"文件夹，选择"接地端子板"，单击"打开"，将接地端子板载入到项目中，如图 10-113 所示。

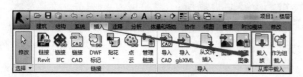

图 10-110

图 10-112

图 10-111

图 10-113

（2）单击"系统"选项卡"工作平面"面板中的"参照平面"工具，如图 10-114 所示，在布置"接地端子板"与墙面连接部位绘制参照平面，如图 10-115 所示。

图 10-114

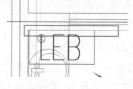

图 10-115

（3）布置"接地端子板"。单击"系统"选项卡"电气"面板中的"电气设备"工具，在"属性"窗口选择"接地端子板 标准"，按照布置照明专业设备构件操作（13）中布置"开关"的方式布置"接地端子板"，按键盘"空格"键调整方向，使用"移动"功能移动位置，如图 10-116、图 10-117 所示。在三维视图窗口查看最终结果并保存项目文件，最终结果如图 10-118 所示。

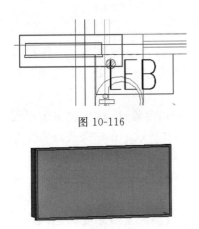

图 10-116

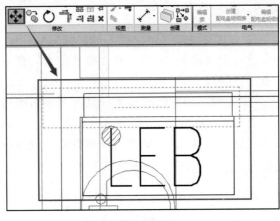

图 10-117

图 10-118

（4）按照上述操作步骤完成一层、二层弱电设备布置，最终结果如图 10-119 所示。

图 10-119

（5）单击 Revit 左上角快速访问栏上"保存"功能保存项目文件。

10.8.4　总结扩展

（1）步骤总结　上述 Revit 软件布置弱电设备构件的操作步骤主要分为三步。第一步：载入弱电设备构件族；第二步：创建构件放置的参照平面；第三步：布置弱电设备构件（包括设备构件布置方向的调整、位置的调整）。按照本操作流程读者可以完成专用宿舍楼项目弱电设备构件的布置。

（2）业务扩展　项目中的有些设备构件在 Revit 软件默认族库中并没有，这时如果构件的外形与默认族库中已有的族外形是相同的或类似的，就可以借用这个已有族使用"复制"、"重命名"等操作创建名称不同的族。操作方法见步骤（1），载入"接地端子板"中的操作。

10.9　布置动力专业设备构件

10.9.1　任务说明

在 Revit 软件中打开"专用宿舍楼机电模型"项目文件，根据专用宿舍楼电气图纸，完成专用宿舍楼动力专业设备的布置。

10.9.2　任务分析

（1）业务层面分析　Revit 软件提供的机械样板中只包含了基本的构件族，看图纸过程同照明专业，分清设备构件是否由本专业放置，在专用宿舍楼机电模型项目中载入项目所需动力设备构件族。

Revit 软件提供的机械样板中只包含了基本的构件族，根据电施-01 设计说明中图例说明表对应查看图纸电施-07 一层动力平面图中构件，如图 10-120 所示。在建模前需要在专用宿舍楼机电模型项目中先载入项目所需的动力设备构件族。本节主要讲解"单相插座"的布置，其余插座的绘制方法与之相同。对于"单极限时开关"、"风管机开关"，这些构件需要等待现场设备采购后才能确定，施工图阶段是无法绘制的，这里不作讲解。

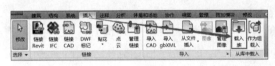

9		单相暗装插座/安全型	220V/10A	距地 0.3m
10		空调插座	220V/16A	距地 2.2m
11		单极限时开关	甲方自选	吸顶安装
12		室内机薄型风管机	见暖通图纸	
13		风管机开关	甲方自选	

图 10-120

（2）软件层面分析

①学习使用"载入族"命令载入动力设备构件族。

②学习使用"参照平面"命令绘制参照平面辅助布置设备构件。

10.9.3　任务实施

在 Revit 软件默认提供的族库中涵盖了机电项目建模中通用的设备构件族，用户在使用 Revit 建模时可以直接使用 Revit 提供的通用设备构件族，也可以自定义创建项目所需设备构件族。在本节讲解中，使用的是 Revit 默认族库中通用的机电设备构件族，在建模时直接载入所需设备构件族即可。下面以《BIM算量一图一练》中的专用宿舍楼项目"一层动力平面图"为例，讲解动力设备构件载入和布置的操作步骤。

（1）载入"插座"。单击"插入"选项卡"从库中载入"面板中的"载入族"工具，如图 10-121 所示，在"载入族"窗口打开"机电→供配电→终端→插座"文件夹，选择"单相插座-暗装"，单击"打开"，将插座载入到项目中，如图 10-122 所示。

（2）单击"系统"选项卡"工作平面"面板中的"参照平面"工具，如图 10-123 所示，在布置"插座"与墙面连接部位绘制参照平面，如图 10-124 所示。

图 10-121

图 10-122

图 10-123

（3）布置"插座"。单击"系统"选项卡"电气"面板中的"设备"下拉选项中的"电气装置"工具，在"属性"窗口选择"单相插座-暗装 标准"，单击"修改|放置 装置"选项卡

"放置"面板中的"放置在垂直面上",如图 10-125、图 10-126 所示。查看图纸电施-01 图例,找到安装高度,如图 10-127 所示,在"类型属性"窗口"限制条件"位置输入"默认高程"参数为 300,如图 10-128 所示,移动鼠标拾取步骤(2)中绘制的"参照平面",单击鼠标左键布置"插座",在三维视图窗口查看最终结果并保存项目文件,如图 10-129~图 10-131 所示。

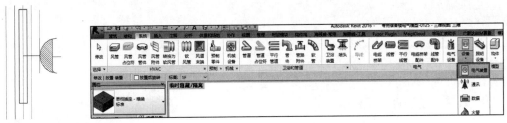

图 10-124

图 10-125

图 10-126

| 9 | ⛎ | 单相暗装插座/安全型 | 220V/10A | 距地 0.3m |

图 10-127

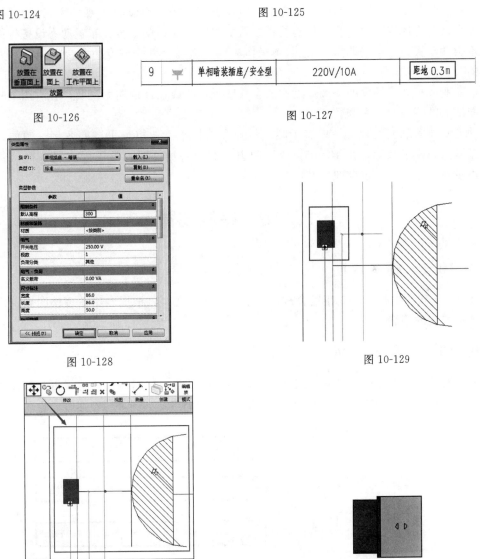

图 10-128

图 10-129

图 10-130

图 10-131

(4)按照上述操作步骤完成一层、二层动力设备布置,最终结果如图 10-132 所示。

图 10-132

（5）单击 Revit 左上角快速访问栏上"保存"功能保存项目文件。

10.9.4　总结扩展

（1）步骤总结　上述 Revit 软件布置动力设备构件的操作步骤主要分为三步。第一步：载入动力设备构件族；第二步：创建构件放置的参照平面；第三步：布置动力设备构件（包括设备构件布置、方向的调整）。按照本操作流程，读者可以完成专用宿舍楼项目动力设备构件的布置。

（2）业务扩展　插座的安装高度一般会在图纸说明或设计说明中说明，在看图纸时不能错过图纸上的每一个文字和数字。

动力专业图纸上也会有一些属于暖通专业和给排水专业机械设备的图例，例如，送风机、排风机、排水泵等，在 Revit 中放置动力专业设备构件时，就不用放置这些设备构件了，由暖通专业、给排水专业等其他专业放置即可。

10.10　绘制线管

10.10.1　任务说明

在 Revit 软件中打开"专用宿舍楼机电模型"项目文件，根据专用宿舍楼图纸，完成专用宿舍楼线管的绘制。

10.10.2　任务分析

通过项目图纸的名称可知系统类型，分别为照明、动力、弱电、消防报警，如图 10-133 所示。通过电施-03、电施-04 中的竖向系统图可知线管高度，如图 10-134 所示。

图 10-133

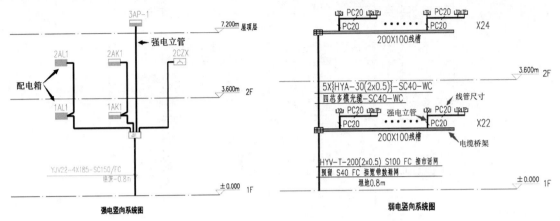

图 10-134

10.10.3　任务实施

Revit 软件中提供了线管工具绘制线管模型，在绘制线管前，可以通过链接 CAD 的方式将一层照明平面图链接到平面视图窗口，然后将一层照明平面图轴网对齐到项目轴网，根据一层照明平面图支管位置绘制线管模型。下面以《BIM 算量一图一练》中的专用宿舍楼项目为例，讲解线管模型绘制的操作步骤。

（1）在"项目浏览器"中展开"电气"视图类别，在"照明→楼层平面"中单击鼠标左键选中"1F-照明"视图名称，双击鼠标左键打开"1F-照明"平面视图，如图 10-135 所示。

（2）链接"一层照明平面图"。单击"插入"选项卡"链接"面板中的"链接 CAD"工具，在"链接 CAD 格式"窗口打开 CAD 图纸存放文件夹，选择"一层照明平面图"CAD 图纸，如图 10-136 所示。

图 10-135

图 10-136

（3）将"一层照明平面图"轴网与项目轴网对齐并锁定，最终结果如图 10-137 所示。

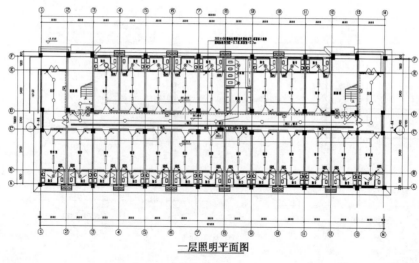

一层照明平面图

图 10-137

（4）单击"系统"选项卡"电气"面板中的"线管"工具，如图 10-138 所示，在"属性"窗口管道类型选择"照明"，根据图纸电施-02"配电箱系统图（一）.dwg"可知线管管径为 16mm，在选项栏位置管径设置为 16mm，偏移量设置为 3100mm，如图 10-139 所示。可直接单击鼠标左键绘制线管，按照 CAD 图纸对所有照明线管进行绘制，如图 10-140 所示。

图 10-138

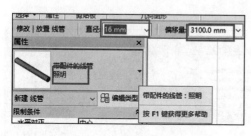

图 10-139

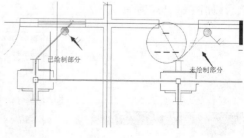

图 10-140

（5）点击照明连接点绘制线管到"j"点，如图 10-141、图 10-142 所示。

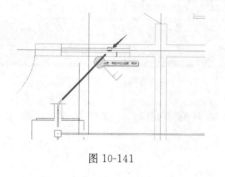

图 10-141

图 10-142

（6）创建剖面视图，在剖面视图中修改"j"点的竖向垂直管道。单击"视图"选项卡"创建"面板中的"剖面"工具，如图 10-143 所示，移动鼠标左键依次点击在 A、B 两点间创建剖面，点击图标 ⇆ 翻转剖面使"j"点线管位于剖面内，如图 10-144、图 10-145 所示。

图 10-143

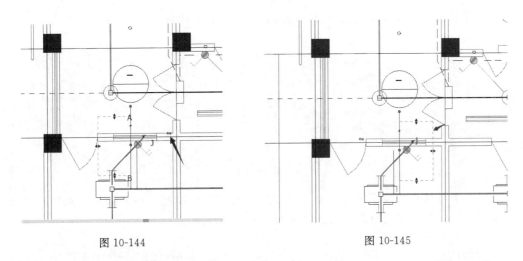

图 10-144　　　　　　　　　　　　　　　　图 10-145

（7）单击鼠标左键选中剖面，单击鼠标右键在右键窗口中选择"转到视图"，如图 10-146 所示，在剖面视图中，在下方视图控制栏位置"详细程度"选择"精细"，如图 10-147 所示，单击鼠标左键选中"j"点管道，把鼠标放在线管左侧端点位置，单击鼠标右键，在右键窗口选择"绘制线管"命令，从"j"点继续绘制管道到开关处，如图 10-148、图 10-149 所示，在三维视图下查看最终结果，如图 10-150 所示。

图 10-146

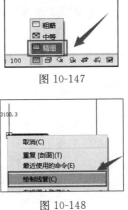

图 10-147

图 10-148

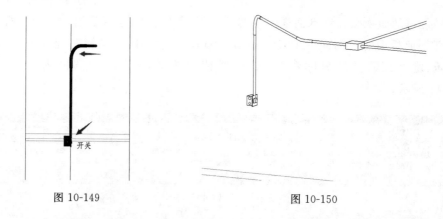

图 10-149   图 10-150

（8）按照上述操作步骤完成一层照明线管的绘制，最终结果如图 10-151 所示。

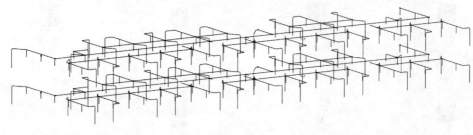

图 10-151

（9）由于电气专业线管没有规律，二层绘制无法进行复制，根据以上步骤打开"2F-照明"平面图，进行二层的绘制，最终结果如图 10-152 所示。

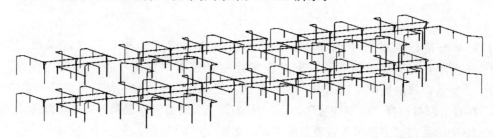

图 10-152

（10）完成照明专业线管绘制后，再进行动力、弱电、消防专业的线管绘制，绘制方法与照明专业线管绘制方法相同。例如，进入"1F-动力"，如图 10-153 所示，导入图纸"电施-07"进行动力专业线管绘制，再进行二层的绘制，完成整体线管绘制后，如图 10-154 所示。

图 10-153

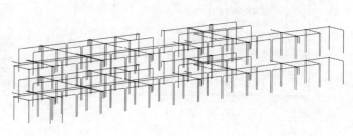

图 10-154

（11）同样的方法，进行弱电专业的线管绘制，完成结果如图 10-155 所示。再进行消防专业的线管绘制，完成结果如图 10-156 所示。

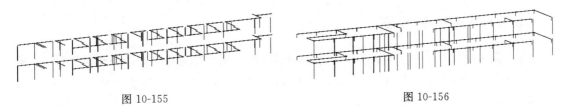

图 10-155　　　　　　　　　　　　　　　　图 10-156

（12）单击 Revit 左上角快速访问栏上"保存"功能保存项目文件。

10.10.4　总结扩展

（1）步骤总结　上述 Revit 软件绘制线管的操作步骤主要分为六步。第一步：进入楼层平面；第二步：链接 CAD 图纸；第三步：将图纸轴网与项目轴网对齐并锁定；第四步：绘制线管；第五步：使用线管连接开关和照明设备；第六步：完成其他层和其他专业的线管绘制。按照本操作流程，读者可以完成专用宿舍楼项目线管的创建。

（2）业务扩展　线管在项目中一般很少变径，在配置好线管配件后可按图纸所示线管位置直接绘制。不同类型的线管根据图纸要求放置在不同高度，若图纸无明确说明，尽量将不同类型的线管放置在不同高度，有利于后期调整修改。

配管配线常使用的线管材质有水煤气钢管（又称焊接钢管，分镀锌和不镀锌两种，其管径以内径计算）、电线管（管壁较薄，管径以外径计算）、硬塑料管、半硬塑料管、塑料波纹管、软塑料管和软金属管（俗称蛇皮管）等。

电气识图可参照以下原则：先强电后弱电、先系统后平面、先动力后照明、先简单后复杂。

10.11　设置电气系统过滤器

10.11.1　任务说明

在 Revit 软件中打开"专用宿舍楼机电模型"项目文件，根据提供的专用宿舍楼图纸，完成专用宿舍楼电气系统过滤器的设置。

10.11.2　任务分析

（1）业务层面分析　本项目机电专业包含许多小专业，在机电建模时为了能够清楚区分各专业管道系统，通常会使用 Revit 过滤器的功能为各机电管线系统设置不同的颜色。另外，通过过滤器还可以实现机电各专业管线模型在不同视图下的显示状态。

（2）软件层面分析

①学习使用"可见性/图形替换"命令设置系统过滤器。

②学习使用"图案填充"命令为机电各专业系统设置填充颜色。

③学习使用"可见性"命令在视图窗口设置图元的可见性。

④学习使用"视图样板"命令为不同的视图窗口设置相同的展示效果。

⑤学习使用"保存选择集"命令保存不同的模型组合分类。

10.11.3 任务实施

在绘制完电气系统后，可以为电气系统设置不同的图案填充颜色，以便在视图窗口中能够通过颜色快速区分各系统。下面以《BIM算量—图一练》中的专用宿舍楼项目为例，讲解桥架系统过滤器设置的操作步骤。

（1）新建强电系统过滤器。在"项目浏览器"窗口中打开"1F-动力"平面视图，在"属性"窗口中选择"可见性/图形替换"点击"编辑"打开，在"可见性/图形替换"窗口"过滤器"页签中，单击下方"编辑/新建"，如图10-157所示，在"过滤器"窗口中有Revit提供的样板中默认设定好的过滤器可供用户直接使用，在这里新建一个强电系统过滤器，点击左下角"新建"图标 📑 ，在"过滤器名称"窗口中输入名称"强电系统"后点击"确定"，如图10-158所示，在"过滤器"窗口，选择"强电系统"，在过滤类别"类别"中勾选"电缆桥架"、"电缆桥架配件"，如图10-159所示，在右侧"过滤器规则"位置选择过滤条件为"类型名称"→"等于"→"强电"后点击"确定"，如图10-160所示。

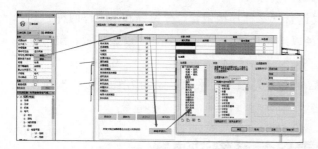

图 10-157

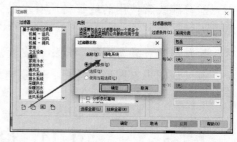

图 10-158

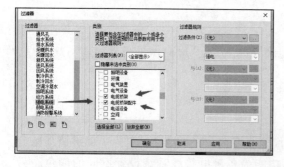

图 10-159

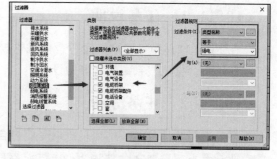

图 10-160

（2）在"可见性/图形替换"窗口"过滤器"页签下点击左下角"添加"，在"添加过滤器"窗口中选择"强电系统"，点击"确定"，将"强电系统"过滤器添加到"可见性/图形替换→过滤器"页签中，如图10-161所示。

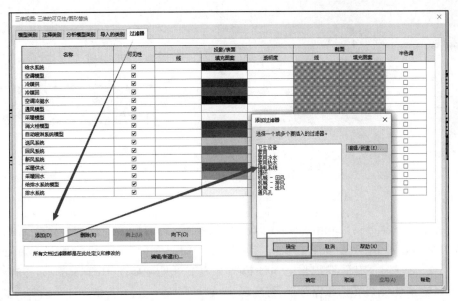

图 10-161

（3）设置"强电系统"过滤器颜色。在"可见性/图形替换"窗口"过滤器"页签中可设置对应过滤器的可见性、投影/表面显示，如图 10-162 所示，在"投影/表面"中点击"填充图案"下方的"替换…"，在"填充样式图形"窗口点击"颜色"右侧菜单，在"颜色"窗口设置 RGB（255，0，0）红色，如图 10-163 所示，点击"确定"按钮，填充图案选择"实体填充"，如图 10-164 所示，点击"确定"按钮完成填充图案设置后，点击"确定"按钮，如图 10-165 所示，此时在"1F-动力"平面视图中可以看到强电系统桥架颜色显示为红色，如图 10-166 所示。

图 10-162

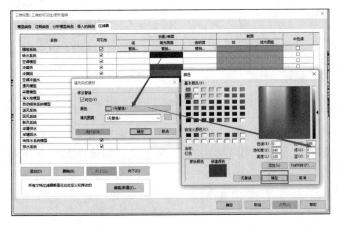

图 10-163

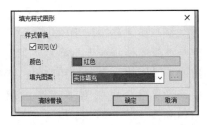

图 10-164

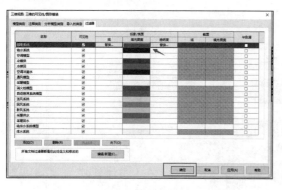

图 10-165

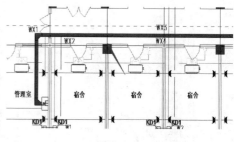

图 10-166

（4）通过过滤器可见性调整强电系统桥架显示状态。打开"可见性/图形替换"窗口"过滤器"页签，取消勾选"强电系统"可见性，如图 10-167 所示。点击"确定"后在"1F-动力"平面视图下查看发现强电系统桥架变为不可见，如图 10-168 所示，勾选"强电系统"使强电系统桥架可见并保存最终结果。

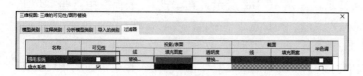

图 10-167

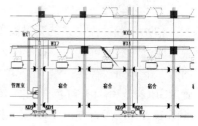

图 10-168

（5）通过以上操作步骤设置弱电系统、照明系统、动力系统、弱电线管系统、消防报警系统的颜色显示，颜色显示无固定，可区分清楚即可，如图 10-169 所示。过滤器设置的颜色显示在"三维动力"三维视图下不起作用，可以使用视图样板的功能实现，操作方法参考给排水专业 5.11 节，最终结果如图 10-170 所示。

图 10-169

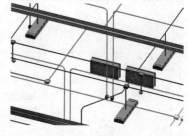

图 10-170

（6）在上述操作步骤中，设置好电气系统过滤器后，通过设置过滤器可见性，可控制桥架与线管的显示或者不显示，但对于电气设备构件却不起作用。为了在后期绘制其他专业管道时不受影响，可以采用将电气系统管网整体保存为选择集的方式，将选择集添加到过滤器中，设置整个电气专业模型的可见性。操作方法参考给排水专业 5.11.3，最终结果如图 10-171、图 10-172 所示。

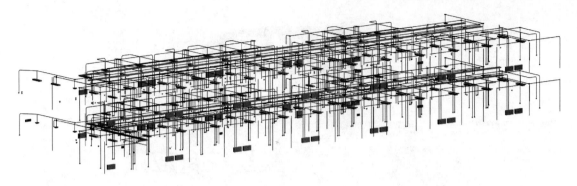

图 10-171

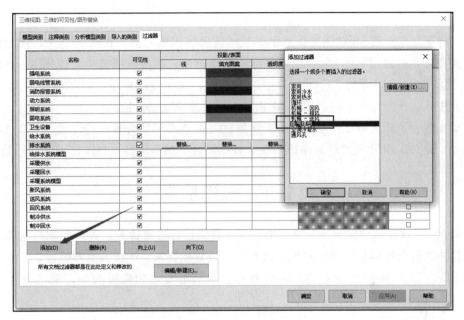

图 10-172

10.11.4 总结扩展

（1）步骤总结 上述 Revit 软件设置电气系统过滤器的操作步骤主要分为六步。第一步：新建强电系统过滤器；第二步：添加强电系统过滤器到过滤器中；第三步：设置填充图案颜色为红色；第四步：通过过滤器设置取消勾选强电系统的可见性；第五步：创建其他专业的过滤器；第六步：将电气专业模型保存为选择集，并添加到过滤器中。按照本操作流程，读者可以完成专用宿舍楼项目电气系统过滤器的设置。

（2）业务扩展 在过滤器过滤条件选择中，除了可以通过系统类型过滤以外，还可以使用类型名称、系统分类等过滤，另外过滤条件的选择取决于过滤类别的选择，过滤类别选择的项越多，过滤条件可选的项就越少。

第11章

模型综合应用

本教材第 4 章～第 10 章主要讲解了"专用宿舍楼机电专业"模型的创建，通过前面的学习，读者可掌握使用 Revit 软件创建模型的操作方法。在实际项目中，使用 Revit 软件创建 BIM 模型仅仅是 BIM 技术应用过程中的一部分，在学习过程中，除了应该掌握 BIM 建模操作方法外，还应懂得如何利用 BIM 模型为项目建设提供价值。

本章节内容主要讲解在使用 Revit 软件创建完成"专用宿舍楼机电专业"BIM 模型后，通过 Revit 软件对 BIM 模型进行碰撞检查、管线综合、材料统计、出图打印等应用的操作。

11.1　碰撞检查

利用 Revit 软件碰撞检查功能对机电各专业管线进行碰撞检查，提前发现机电管线交叉碰撞部位并进行管线调整，避免在施工过程中出现管线交叉、碰撞及拆改情况。

对 BIM 模型的碰撞检查主要分为机电专业与机电专业的碰撞检查、机电专业与建筑（结构）专业的碰撞检查。

11.1.1　机电专业与机电专业碰撞检查

绘制完成"专用宿舍楼机电专业"BIM 模型后，需要在 Revit 软件中使用碰撞检查功能检查机电各专业管线之间的碰撞。因为在机电各专业中，电气专业除电缆桥架在公共区域安装与其他机电专业有交叉情况外，电线线管和接线盒等相关专业均为隐蔽暗埋安装，不涉及与其他专业的碰撞交叉情况，所以本节主要以给排水专业和暖通空调专业为例讲解机电管线碰撞检查操作，具体操作步骤如下。

（1）在 Revit 软件中打开"专用宿舍楼机电模型"项目文件，单击"视图"选项卡下"创建"面板中"三维视图"下拉选项中的"默认三维视图"工具，如图 11-1 所示，在默认三维视图中，单击"视图"选项卡下"图形"面板中"视图样板"下拉选项中的"将样板属性应用于当前视图"工具，将"专用宿舍楼视图样板"应用于"默认三维视图"中，如图 11-2 所示。

（2）在"默认三维视图"中，打开"属性"窗口中的"可见性/图形替换"功能，在"过滤器"页签下设置除电气相关专业以外其他专业全部可见，如图 11-3 所示。最终结果如图 11-4 所示。

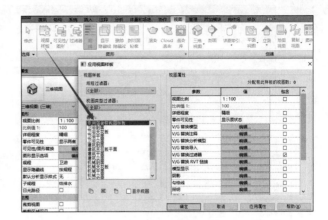

图 11-1 图 11-2

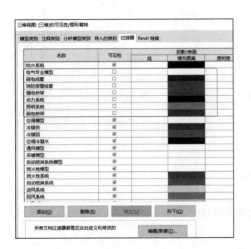

图 11-3

图 11-4

（3）单击"协作"—"坐标"—"碰撞检查"—"运行碰撞检查"工具，如图 11-5 所示。"碰撞检查"窗口分为左、右两列，两列的最上方（位置 1）为碰撞检查的对象选择，在这里可以通过"类别来自"选择当前项目或者外部链接进来的项目。本节检测机电各专业间的碰撞，因此选择当前项目与当前项目的碰撞，在"位置 2"处所列内容为当前 BIM 模型中所有模型构件类型，如图 11-6 所示。可通过勾选左右两侧的类别，选择需要碰撞的构件类型（可多选）。例如，检测 BIM 模型中管道与风管之间的碰撞，可分别选择左边的"管道"和右边的"风管"，如图 11-7 所示。选择完成后点击下方"确定"，运行碰撞检查命令，最终结果如图 11-8 所示。

【注意】碰撞检查命令执行的时间由模型的大小和所选碰撞类型的数量决定，模型越大或者选择碰撞类型越多，碰撞检查命令执行的时间越长。

（4）导出"碰撞报告"。在"冲突报告"窗口可查看所选择的碰撞类别之间的所有碰撞点，并可将碰撞检查结果导出形成碰撞报告，如图 11-9 所示。导出的"碰撞报告"为 html 格式，导出结果如图 11-10 所示。

（5）查看碰撞部位。在消息栏中，可点开选择碰撞点，通过"显示"功能在视图中快速定位到具体碰撞部位，如图 11-11、图 11-12 所示。

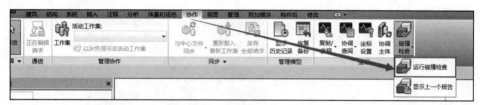

图 11-5

图 11-6

图 11-7

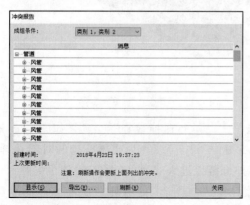

图 11-8

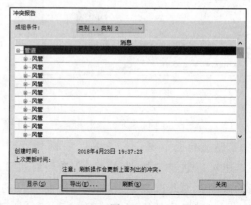

图 11-9

图 11-10

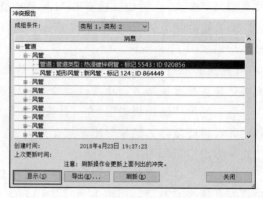

图 11-11

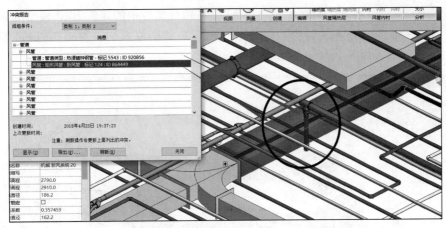

图 11-12

（6）通过以上操作方法可完成对专用宿舍楼机电模型的碰撞检查。对于步骤（5）中所检查到的碰撞部位，可直接进行修改调整，也可将全部碰撞点查看完毕后，制定统一的碰撞调整方案，根据调整方案由各专业建模人员各自调整模型。

11.1.2 机电专业与建筑（结构）专业碰撞检测

通过 Revit 软件还可以检测机电专业 BIM 模型和外部链接的建筑或结构专业 BIM 模型之间的碰撞，本节主要以链接建筑 BIM 模型为例，讲解机电专业 BIM 模型与建筑专业 BIM 模型之间的碰撞检测，具体操作步骤如下。

（1）在机电专业 BIM 模型中链接建筑专业 BIM 模型。在默认三维视图下，单击"插入"选项卡下"链接"面板中的"链接 Revit"工具，如图 11-13 所示，选择教材提供的"专用宿舍楼项目模型"文件夹中的"专用宿舍楼建筑模型"文件，定位选择"自动-原点到原点"，点击"打开"，将建筑 BIM 模型链接到机电 BIM 模型项目文件中，如图 11-14、图 11-15 所示。

图 11-13

图 11-14

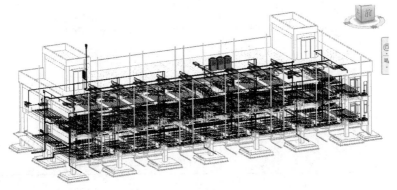

图 11-15

（2）通过图 11-15 可知，链接到机电 BIM 模型项目文件中的建筑 BIM 模型为线条显示状态，在默认三维视图中将"属性"窗口中"规程"类型修改为"协调"，即可修改建筑 BIM 模型显示状态，如图 11-16 所示。

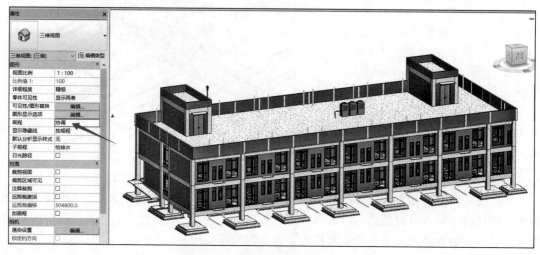

图 11-16

（3）通过"协作"选项卡下"碰撞检查"工具检查机电专业 BIM 模型与建筑专业 BIM 模型之间的碰撞，如图 11-17 所示。

图 11-17

（4）在"类别来自"位置分别选择"当前项目"和"专用宿舍楼建筑模型"，构件类型选择"风管"与"墙"，如图 11-18 所示，单击"确定"，最终碰撞结果如图 11-19 所示。

图 11-18

图 11-19

（5）碰撞报告导出和碰撞部位定位参考 11.1.1 节中步骤（4）、（5）中的操作。单击 Revit 左上角快速访问栏上"保存"功能保存项目文件。

11.2 管线综合

在对机电专业管道进行完碰撞检测后，需要对机电模型进行管线综合调整，机电模型管道调整应遵循机电管道碰撞避让调整原则，机电管道调整原则见表 11-1。

表 11-1

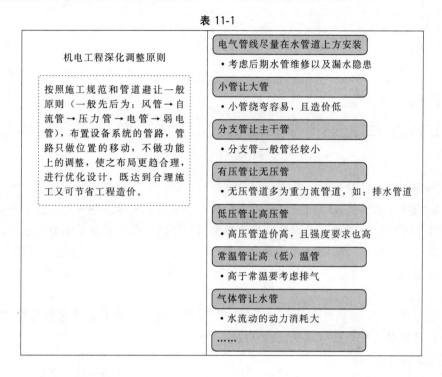

11.2.1 管线调整

根据 11.1.1 节中讲到的机电专业与机电专业 BIM 模型碰撞检测的操作，可知机电各专业间管道的碰撞部位，需对各碰撞点位置进行管线综合调整，下面以消防喷淋管道与风管的碰撞调整为例，讲解机电 BIM 模型管线综合。

（1）单击"插入"选项卡下"链接"面板中的"管理链接"工具，如图 11-20 所示，在"管理链接"窗口中"Revit"页签下选择"专用宿舍楼建筑模型"，点击下方"卸载"按钮，将"专用宿舍楼建筑模型"从"专用宿舍楼机电模型"项目文件中卸载，如图 11-21 所示。

图 11-20

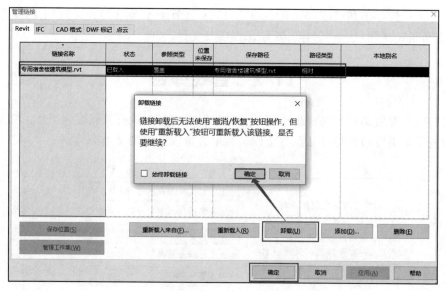

图 11-21

　　(2) 因为在机电各专业中，电气专业除电缆桥架在公共区域安装与其他机电专业有交叉情况外，电线线管和接线盒等相关专业均为隐蔽暗埋安装，不涉及与其他专业间的碰撞交叉情况，另外本专用宿舍楼项目采暖系统为地板采暖，地暖盘管与其他机电专业管线之间无交叉碰撞，所以为了管道碰撞检测时更清楚地查看碰撞点位置，可以先通过"可见性/图形替换"中"过滤器"功能设置电气相关专业和采暖模型在默认三维视图中不可见，如图 11-22、图 11-23 所示。

　　(3) 通过使用 Revit 软件中的"碰撞检查"工具对机电各专业管线进行碰撞检查可知，消防专业自动喷淋系统管道与风管碰撞点较多，如图 11-24 所示。

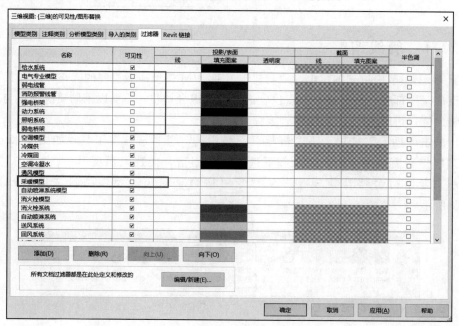

图 11-22

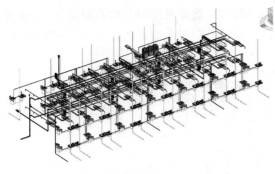

图 11-23　　　　　　　　　　　　　　图 11-24

（4）在调整自动喷淋管道和通风管道之间的碰撞时需要注意管道调整原则，另外还需注意，为保证自动喷淋系统的使用功能要求，在调整消防管道时需要保证自动喷淋喷头位置不变，只允许调整喷淋支管管道。

（5）调整图 11-24 中位置 "1" 和位置 "2" 处的自动喷淋管道，删除碰撞部位的喷淋管道和管件（保留喷头），根据第 6 章消防管道绘制操作方法，重新绘制自动喷淋管道与喷头连接，最终结果如图 11-25 所示。

【注意】空调室内机下翻喷淋支管标高为（$H+2740$)mm，如图 11-26 所示。

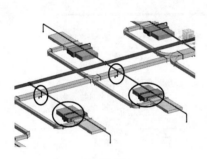

图 11-25

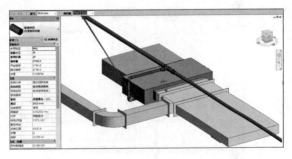

图 11-26

（6）根据上述操作步骤，完成其他部位自动喷淋支管与风管碰撞部位的调整，最终结果如图 11-27 所示。

（7）单击 Revit 左上角快速访问栏上"保存"功能保存项目文件。

11.2.2　添加隔热层

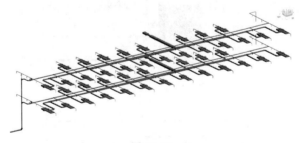

图 11-27

根据暖通图纸暖施-01 暖通设计及施工说明中"八、油漆及保温"可知，采暖管道穿过非供暖区域（地沟内）时应保温，保温材料采用 30mm 厚离心玻璃棉，下面以一层采暖地沟内采暖干管为例，讲解采暖管道隔热层的添加。

（1）添加隔热层。在"项目浏览器"窗口"机械"类别下打开"1F-地板采暖"平面视图，选中采暖干管，在"修改|管道"选项卡"管道隔热层"面板中点击"添加隔热层"工具，如图 11-28 所示，在"添加管道隔热层"窗口点击"编辑类型"，在"类型属性"窗口

复制新建"离心玻璃棉"隔热层类型,如图 11-29 所示,选择新建的"离心玻璃棉",设置隔热层厚度为"30mm",如图 11-30 所示,点击"确定"后可查看到添加好的管道隔热层,如图 11-31 所示。

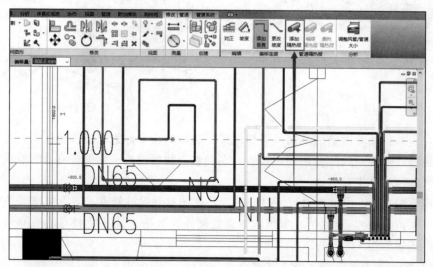

图 11-28

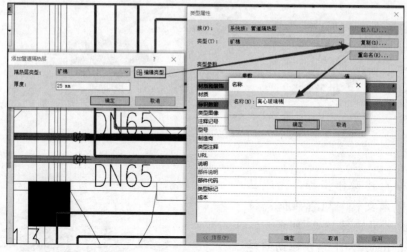

图 11-29

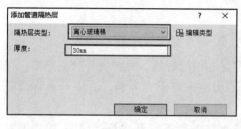

图 11-30

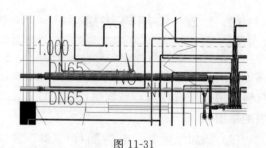

图 11-31

【注意】添加完管道隔热层后如果在平面视图中没有显示管道隔热层,可在"可见性/图形替换"中设置管道隔热层可见,如图 11-32 所示。

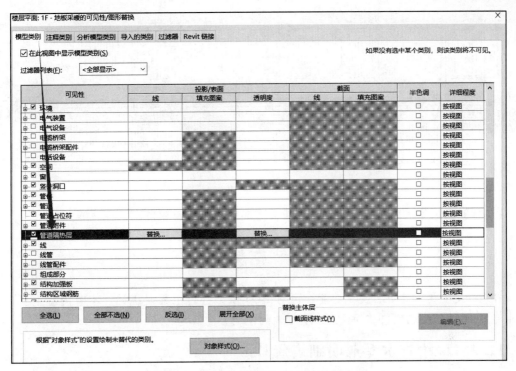

图 11-32

（2）编辑管道隔热层。选中添加完管道隔热层的管道，在"修改|管道"选项卡"管道隔热层"面板中可对添加的管道隔热层进行编辑和删除操作，如图 11-33 所示。

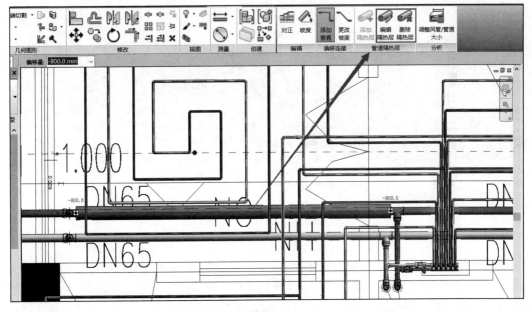

图 11-33

（3）根据上述操作方法，为地沟内采暖干管管道和管件添加管道隔热层，最终结果如图 11-34 所示。

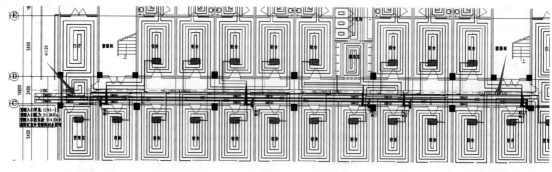

图 11-34

【注意】通风管道隔热层的添加与采暖管道隔热层的添加相同，不再讲解。

11.3 材料统计

在 Revit 中利用"明细表"功能，可对 BIM 模型进行工程量统计，本节内容主要以给排水专业 BIM 模型为例，讲解 Revit 明细表的使用方法。

11.3.1 给排水专业明细表统计

给排水专业中需要统计的材料种类主要分为管道、卫浴装置、阀门部件，下面以管道明细表为例，讲解在 Revit 使用明细表进行材料工程量统计的方法。

（1）在 Revit 软件中打开"专用宿舍楼机电模型"项目文件，在"视图"选项卡下打开"默认三维视图"，如图 11-35 所示。

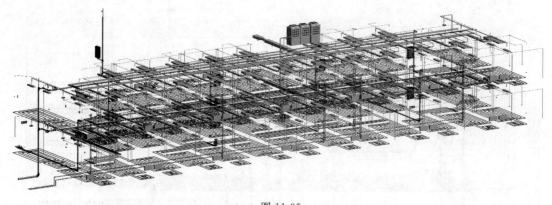

图 11-35

（2）单击"视图"选项卡下"创建"面板中"明细表"下拉菜单中的"明细表/数量"工具，如图 11-36 所示，在"新建明细表"窗口选择"管道"类别，名称命名为"给水管道明细表"，如图 11-37 所示。点击"确定"后跳转到"明细表属性"窗口，在"明细表属性"窗口"字段"页签下，分别将"可用的字段"中的尺寸、类型、系统类型、系统分类、长度 5 个参数添加到"明细表字段"中，可使用"明细表字段"下方的"上移"、"下移"功能调整"明细表字段"中字段顺序，调整后的结果如图 11-38 所示。

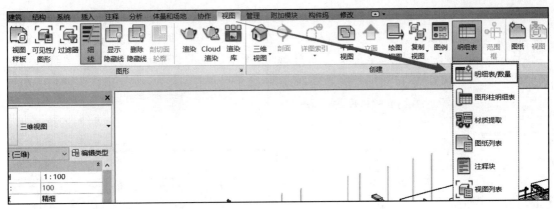

图 11-36

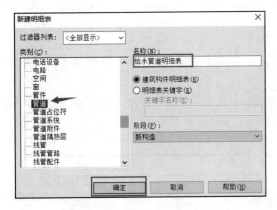

图 11-37　　　　　　　　　　　　　　　　　图 11-38

（3）设置明细表"过滤器"。在步骤（2）中添加完明细表字段后，可以将专用宿舍楼机电项目中所有管道进行材料统计，包括给排水、采暖、消防、空调等专业中的管道，通过明细表"过滤器"功能可设置筛选出只添加给水系统管道材料，在"明细表属性"窗口中"过滤器"页签下，"过滤条件"选择"系统分类"→"等于"→"家用冷水"，如图 11-39 所示。

（4）设置明细表"排序/成组"。在"明细表属性"窗口"排序/成组"页签下，排序方式选择按"类型"→"升序"排序，否则按"尺寸"→"升序"排序，取消勾选下方"逐项列举每个实例"，如图 11-40 所示。

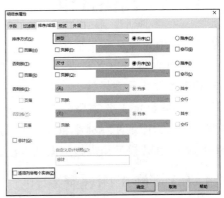

图 11-39　　　　　　　　　　　　　　　　　图 11-40

（5）设置明细表"格式"。在"明细表属性"窗口"格式"页签下，选择"长度"字段，在右侧勾选"计算总数"，单击"字段格式"，在"格式"窗口取消勾选"使用项目设置"，单位选择"米"，单位符号选择"m"，如图11-41所示，点击"确定"后，完成"给水管道明细表"设置，最终结果如图11-42所示。

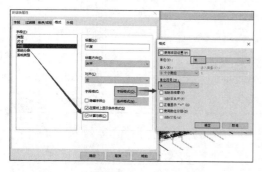

图11-41

<给水管道明细表>				
A	B	C	D	E
类型	尺寸	长度	系统类型	系统分类
无规共聚聚丙烯PP-R管	25 mm	313 m	给水系统	家用冷水
无规共聚聚丙烯PP-R管	32 mm	15 m	给水系统	家用冷水
无规共聚聚丙烯PP-R管	40 mm	74 m	给水系统	家用冷水
无规共聚聚丙烯PP-R管	50 mm	27 m	给水系统	家用冷水
无规共聚聚丙烯PP-R管	65 mm	44 m	给水系统	家用冷水
钢塑复合管	40 mm	7 m	给水系统	家用冷水
钢塑复合管	65 mm	37 m	给水系统	家用冷水

图11-42

（6）按照步骤（1）～（5）的操作方法统计排水管道明细表，最终结果如图11-43所示。

（7）按照步骤（1）～（5）的操作方法统计卫浴装置明细表，最终结果如图11-44所示。

<排水管道明细表>				
A	B	C	D	E
类型	尺寸	长度	系统类型	系统分类
UPVC排水管	50 mm	177 m	排水系统	卫生设备
UPVC排水管	80 mm	8 m	排水系统	卫生设备
UPVC排水管	100 mm	120 m	排水系统	卫生设备
UPVC排水管	150 mm	85 m	排水系统	卫生设备
UPVC螺旋管	100 mm	235 m	排水系统	卫生设备
空调冷媒管	25 mm	166 m	空调凝水	卫生设备
空调冷媒管	32 mm	46 m	空调凝水	卫生设备

图11-43

<卫浴装置明细表>		
A	B	C
族与类型	类型	合计
污水池 - 公共用: 610 mmx460 mm	610 mmx460 mm	45
洗检盆 - 椭圆形: 683 mmx600 mm	683 mmx600 mm	4
洗检盆 - 椭圆形: 788 mmx626 mm	788 mmx626 mm	16
洗检盆 - 椭圆形: 900 mmx500 mm	900 mmx500 mm	47
蹲便器 - 自式冲洗阀: 标准	标准	51
盥洗池水龙头: 盥洗池水龙头	盥洗池水龙头	45

图11-44

（8）按照步骤（1）～（5）的操作方法统计管道附件明细表，最终结果如图11-45所示。

11.4 出图打印

在Revit中完成"专用宿舍楼机电模型"后，可根据机电各专业BIM模型输出施工图，指导现场施工。使用机电BIM模型输出施工图主要分为两部分内容，分别为图纸注释标注和施工图布局打印。本节内容主要以给排水专业为例，讲解在Revit中通过BIM模型输出施工图的方法。

<管道附件明细表>		
A	B	C
族与类型	尺寸	合计
25x4路分集水器: 2Way-S1-R2-9-20-15	25 mm-25 mm-15 m	4
25x5路分集水器: 2Way-S1-R2-9-20-15	25 mm-25 mm-15 m	4
25x6路分集水器: 2Way-S1-R2-9-20-15	25 mm-25 mm-15 m	2
制流防止器-法兰式: 标准	100 mm-100 mm-32	2
地漏带水封 - 圆形 - PVC-U: 50 mm	50 mm	49
地漏直通式 - 带洗衣机插口 - 铸铁 - 承插: 50 mm	50 mm	3
截止阀 -J21 型 - 螺纹: J21-25 - 20 mm	20 mm-20 mm	11
截止阀 -J21 型 - 螺纹: J21-25 - 25 mm	25 mm-25 mm	1
排气阀 - 复合式 - 法兰式: 100 mm - 1.0 MPa	100 mm	1
排气阀 - 自动 - 螺纹: 20 mm	20 mm	11
止回阀 - H44 型 - 单瓣旋启式 - 法兰式: H44t-10 - 65 mm	65 mm-65 mm	1
水表 - 旋翼式 - 15 - 40 mm - 螺纹: 25 mm	25 mm-25 mm	1
球形锁闭阀: DN25	25 mm-25 mm	20
蝶阀 - D71 型 - 手柄传动 - 对夹式: D71X-6 - 100 mm	100 mm-100 mm	4
过滤器-标准	25 mm-25 mm	10
通气帽 - 伞状 - PVC-U: 100 mm	100 mm	25
闸阀 - Z41 型 - 明杆模式单闸板 - 法兰式: Z41T-10 - 65 mm	65 mm-65 mm	1

图11-45

11.4.1 施工图注释标注

在使用Revit输出施工图时，需要对BIM模型管道进行注释标注，在标注前需要载入

Revit 注释族，下面以一层给排水专业为例，讲解在 Revit 中管道注释标注的方法。

（1）在 Revit 中打开"专用宿舍楼机电模型"项目文件，在"项目浏览器"窗口"卫浴"类别下打开"1F-给排水"平面视图，如图 11-46 所示。

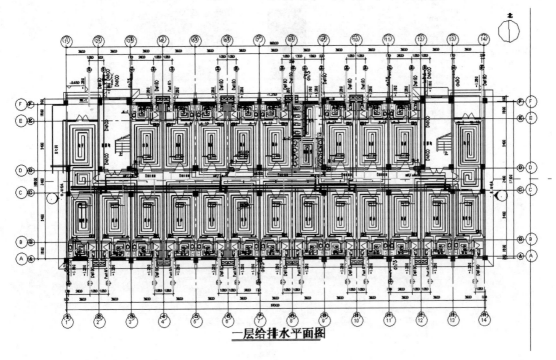

图 11-46

（2）通过"视图"选项卡"图形"面板中的"视图样板"下拉选项中的"将样板属性应用于当前视图"工具，将"专用宿舍楼视图样板"应用于当前视图，如图 11-47 所示。

（3）在"属性"窗口打开"可见性/图形替换"窗口，在"导入的类别"页签下取消勾选"1F-给排水平面视图.dwg"，如图 11-48 所示，在"过滤器"页签下只保留给水系统、给排水系统模型、排水系统三个选项，其余选项取消勾选，如图 11-49 所示，点击"确定"后，如图 11-50 所示。

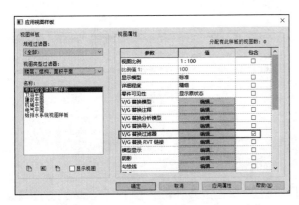

图 11-47

图 11-48

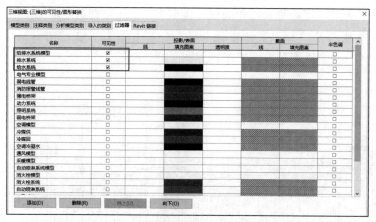

图 11-49

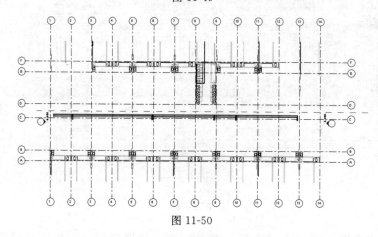

图 11-50

（4）通过图11-50可知，11.2.2节中添加的管道隔热层还在平面视图中显示，可通过"可见性/图形替换"将管道隔热层设置为不可见，打开"可见性/图形替换"，在"模型类别"页签下取消勾选"管道隔热层"后点击"确定"，如图11-51所示。

（5）机电模型出图需要借助建筑模型对机电管线进行定位，因此需要将建筑模型重新载入。在"插入"选项卡下打开"管理链接"窗口，在"Revit"页签下选中"专用宿舍楼建筑模型.rvt"，点击下方"重新载入"，将建筑模型重新载入到专用宿舍楼机电模型项目文件中，如图11-52所示，点击"确定"后最终结果如图11-53所示。

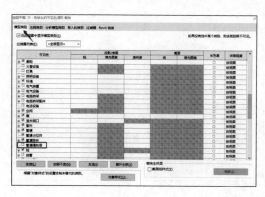

图 11-51

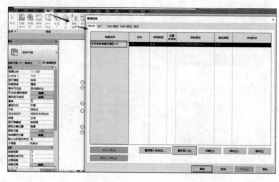

图 11-52

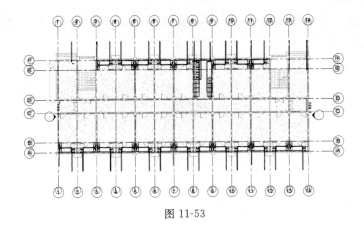

图 11-53

（6）载入管道注释族。使用"插入"选项卡下"载入族"工具，载入 Revit 默认路径"注释→标记→管道"中的"管道尺寸标记"注释族，如图 11-54 所示。在载入过程中如出现如图 11-55 所示提示，则表示项目中已经载入过该族，不需要再次载入。

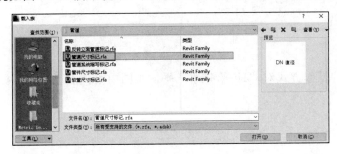

图 11-54

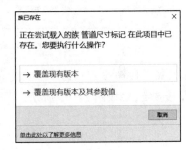

图 11-55

（7）标注给排水管道管径尺寸。单击"注释"选项卡下"标记"面板中的"按类别标记"工具，如图 11-56 所示，移动鼠标拾取管道后，点击鼠标左键对管道进行尺寸标注，如图 11-57 所示，选中标注好的尺寸注释符号，使用鼠标左键拖动注释符号上的"移动"图标可移动注释符号位置，如图 11-58 所示。

图 11-56

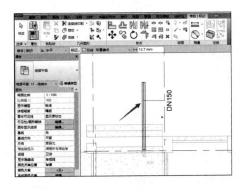

图 11-57

图 11-58

261

（8）按照步骤（7）的操作方法对"1F-给排水"平面视图中的所有管道进行注释标注，如图11-59所示。

（9）标注管道定位尺寸。单击"注释"选项卡下"尺寸标注"面板中的"对齐"工具，如图11-60所示，依次点击①轴、排水管道中心线、②轴，标注排水干管 W/1 在平面图中的定位尺寸，如图11-61所示。

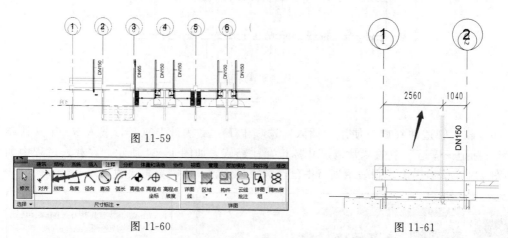

图 11-59

图 11-60

图 11-61

（10）按照步骤（7）～（9）的操作方式对"1F-给排水"平面视图中给排水管道进行标注，最终结果如图11-62所示。

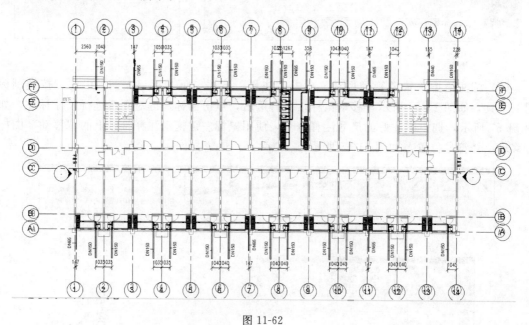

图 11-62

11.4.2　施工图出图打印

在 Revit 中完成标注后，需要将标注完的平面视图放到图纸图框当中，下面以"1F-给排水"为例，讲解在 Revit 中处理施工图出图布局打印的操作。

262

（1）新建图纸。单击"视图"选项卡下"图纸组合"面板中的"图纸"工具，新建图纸视图，如图 11-63 所示，在"新建图纸"窗口单击"载入（L）"工具，如图 11-64 所示，选择提供的族文件中图框族文件夹下的"A2 图框族"载入到项目中，如图 11-65 所示，在"新建图纸"窗口选择刚才载入的"A2 图框族"，在下方选择"新建"，点击"确定"，如图 11-66 所示。

图 11-63

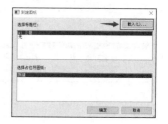

图 11-64

图 11-65

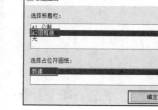

图 11-66

（2）修改图纸编号和图纸名称。新建完图框后，在"项目浏览器"中"图纸"类别下即可看到刚才新建的图纸"A103-未命名"，其中"A103"代表图纸编号，"未命名"代表图纸名称，如图 11-67 所示，在"属性"窗口可修改该图纸的图纸编号和图纸名称，如修改图纸编号为"水施-04"，图纸名称为"一层给排水平面图"，最终结果如图 11-68 所示。

图 11-67

图 11-68

（3）放置视图。单击"视图"选项卡下"图纸组合"面板中的"视图"工具，如图 11-69 所示，在"视图"窗口选择"楼层平面：1F-给排水"，点击下方"在图纸中添加视图"工具，如图 11-70 所示，单击完"在图纸中添加视图"工具后，在图纸图框范围内单击鼠标左键放置"1F-给排水"平面视图，最终结果如图 11-71 所示。

图 11-69　　　　　　　　　　　　　　　图 11-70

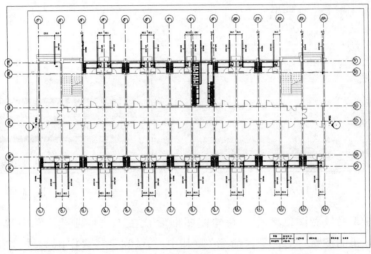

图 11-71

（4）调整视图比例。放置完"1F-给排水"视图后，根据需要设置图纸出图比例和视图在图框中的位置，选中"1F-给排水"视图，单击"修改|视口"选项卡下"视口"面板中的"激活视图"工具，如图 11-72 所示，在下方比例设置位置选择"自定义"，如图 11-73 所示，在"自定义比例"窗口设置比率为"1：150"，勾选"显示名称"，如图 11-74 所示，单击"确定"设置图纸比例为 1：150，如图 11-75 所示。

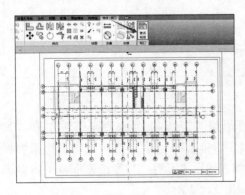

图 11-72

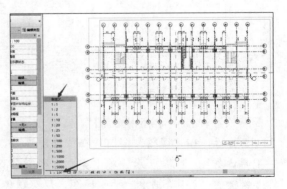

图 11-73

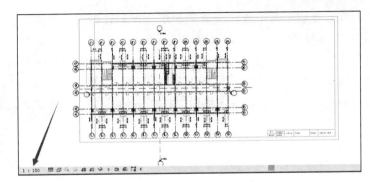

图 11-74

图 11-75

（5）设置图纸裁剪区域。在"属性"窗口勾选"裁剪视图"和"裁剪区域可见"后点击"应用"，如图 11-76 所示，此时在视图中"1F-给排水"视图周围有黑色线框出现，此黑色线框为视图区域裁剪线框，推动线框到"1F-给排水"视图中周围附件，对视图区域进行裁剪，结果如图 11-77 所示。

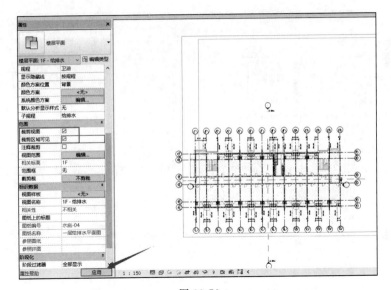

图 11-76

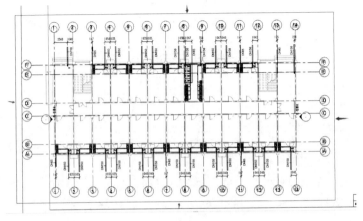

图 11-77

（6）调整视图位置。设置完图纸比例后，单击"视图"选项卡"图纸组合"面板中的"视口"下拉菜单下的"取消激活视图"工具，退出视图设置，如图 11-78 所示。选择"1F-给排水"视图，推动鼠标到图框正中间位置，如图 11-79 所示。选中"1F-给排水"视图，在"属性"窗口中选择"无标题"，如图 11-80 所示。选中"1F-给排水"视图，在"属性"窗口取消勾选"裁剪区域可见"，如图 11-81 所示。最终结果如图 11-82 所示。

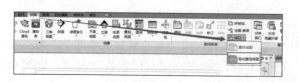

图 11-78

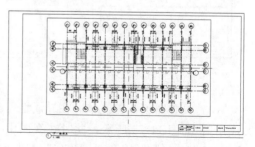

图 11-79

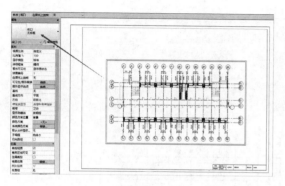

图 11-80

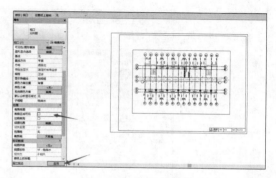

图 11-81

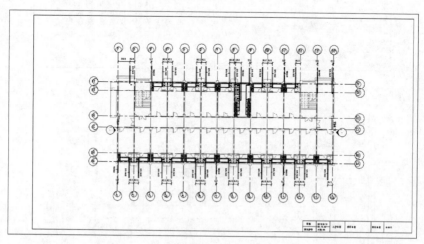

图 11-82

（7）图纸打印。在 Revit 右上角单击"R"图标，选择"打印"，如图 11-83 所示，在"打印"窗口可直接打印生成 pdf 格式文件或者直接选择打印机打印出图，如图 11-84 所示。

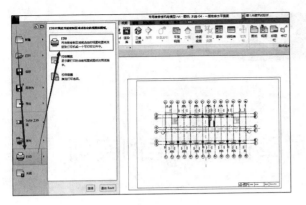

图 11-83

图 11-84

（8）按照上述操作步骤可完成"专用宿舍楼机电项目"的施工图出图打印。

第12章

员工宿舍楼案例实训

12.1 建模实训课程概述

本书在上述章节讲解中，主要以专用宿舍楼机电项目为例进行讲解，意在帮助读者快速了解 Revit 软件建立机电模型的流程，并在建模过程中熟悉 Revit 的功能，掌握 Revit 机电建模技巧。通过上述章节对专用宿舍楼机电项目边讲解边练习的方式，相信读者已经可以完整地将专用宿舍楼机电模型搭建出来。

为了继续巩固读者的 BIM 软件操作技能，本章节将通过一个与专用宿舍楼项目相似的员工宿舍楼项目，让读者再次对 Revit 机电建模有深入了解。由于两个项目类型接近，所以在本章节的讲解中主要是介绍建模思路，具体操作步骤不再赘述。

12.2 实训建模流程

实训建模流程如图 12-1 所示。

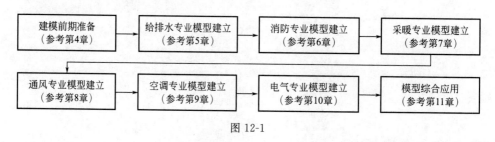

图 12-1

（1）建模前期准备。利用专用宿舍楼中讲到的内容完成员工宿舍楼机电模型建模前准备工作。

（2）给排水专业模型建立。利用专用宿舍楼中讲到的给排水专业模型创建的方式建立员工宿舍楼给排水专业模型。

（3）消防专业模型建立。利用专用宿舍楼中讲到的消防专业模型创建的方式建立员工宿舍楼消防专业模型。

（4）采暖专业模型建立。利用专用宿舍楼中讲到的采暖专业模型创建的方式建立员工宿舍楼采暖专业模型。

（5）通风专业模型建立。利用专用宿舍楼中讲到的通风专业模型创建的方式建立员工宿舍楼通风专业模型。

（6）空调专业模型建立。利用专用宿舍楼中讲到的空调专业模型创建的方式建立员工宿舍楼空调专业模型。

（7）电气专业模型建立。利用专用宿舍楼中讲到的电气专业模型创建的方式建立员工宿舍楼电气专业模型。

（8）模型综合应用。基于创建的员工宿舍楼机电 BIM 模型进行碰撞检测、管线综合、材料统计、出图打印等操作。

12.3　建模前期准备

在员工宿舍楼机电各专业建模前，需要做如下准备工作，具体工作内容和参考章节如图 12-2 所示。

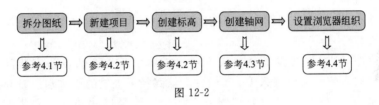

图 12-2

12.3.1　拆分图纸

在专用宿舍楼 CAD 机电图纸中，包含了各层给排水、消防、暖通空调、强电、弱电专业图纸。在使用 Revit 搭建机电模型时需要单层单专业建模，所以在建模前需要先对 CAD 图纸进行拆分处理，拆分结果为单层单专业的单张 CAD 图纸。

员工宿舍楼项目包含给排水、暖通、电气相关专业图纸，为了便于管理拆分后的各专业图纸，可新建员工宿舍楼项目管理文件夹体系用于保存拆分后的图纸。项目管理文件夹体系新建方法参见本教材 4.1 节内容。

12.3.2　新建项目

使用 Revit 新建项目功能，以"机械样板"为基础，新建"员工宿舍楼机电模型"项目文件并保存项目文件到员工宿舍楼项目管理文件夹体系中。新建项目文件方法参见本教材 4.2 节相关内容。

12.3.3　创建标高

根据水施-04 排水系统图可知，员工宿舍楼共 3 层，在"项目浏览器"窗口"机械→立面"类别下打开"东-机械"立面图，使用"建筑"选项卡下"基准"面板中的"标高"工具，根据水施-04 中标高体系新建"员工宿舍楼机电模型"标高体系。创建标高方法参见本教材 4.2 节相关内容。

12.3.4　创建轴网

在"1-机械"平面视图中使用"插入"选项卡下"链接 CAD"工具，链接拆分后的

"一层给排水平面图"，以"一层给排水平面图"为基础创建"员工宿舍楼机电模型"轴网体系，新建完成后锁定轴网并保存项目文件。创建轴网方法参见本教材4.3节相关内容。

12.3.5　设置项目浏览器组织

本项目涉及给排水、消防、通风、空调、采暖、电气等专业，通过项目浏览器组织设置为各专业创建不同的视图，可以在建模时保证各个专业之间相互独立，互不干扰，便于后面的模型查看及出图操作。项目浏览器组织设置方法参见本教材4.4节相关内容。

12.4　给排水专业 BIM 建模

12.4.1　图纸解读

（1）根据水施-01中设计说明内容确定给排水管道管材类型，在"类型属性"窗口复制新建给排水系统管材类型。

（2）根据水施-02中管道图例内容确定给排水专业系统类型，在"项目浏览器"窗口新建给排水系统类型。

（3）根据水施-03中主要设备材料表确定给排水设备类型和设备安装高度，使用"插入"选项卡下"载入族"命令载入 Revit 软件默认路径下提供的给排水设备族。

（4）根据水施-04～水施-09确定给排水系统管道管径尺寸和管道安装高度，使用"系统"选项卡下"卫浴和管道"面板中的"管道"工具绘制给排水专业模型，在绘制排水管道模型时需注意排水管道坡度的设定。绘制给水管道时需注意员工宿舍楼中给水系统包含冷水系统和热水系统，其中热水系统包含热水给水系统和热水回水系统，在绘制时需要注意系统的设定。

（5）根据水施-10确定给排水支管安装标高。

（6）在"可见性/图形替换"窗口中添加给水系统、热水系统、热水回水系统、排水系统过滤器并设置管道填充颜色。

（7）保存最终给排水模型为选择集并添加到"员工宿舍楼项目样板"文件中。

12.4.2　建模流程

通过分析员工宿舍楼给排水专业图纸，总结出员工宿舍楼给排水专业 BIM 模型建模流程，如图 12-3 所示。

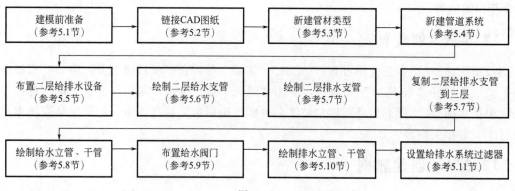

图 12-3

12.5 消防专业 BIM 建模

12.5.1 图纸解读

（1）根据水施-01中设计说明内容确定消防自动喷淋管道管材类型，在"类型属性"窗口复制新建自动喷淋管材类型。

（2）根据水施-02中管道图例内容确定员工宿舍楼消防系统只包含自动喷淋系统，在"项目浏览器"窗口新建自动喷淋系统类型。

（3）根据水施-03中主要设备材料表确定自动喷淋喷头类型，使用"插入"选项卡下"载入族"命令载入 Revit 软件默认路径下提供的喷头族。

（4）根据水施-11～水施-13确定自动喷淋系统管道管径尺寸和管道安装高度，使用"系统"选项卡下"卫浴和管道"面板中的"管道"工具绘制自动喷淋系统模型。

（5）在"可见性/图形替换"窗口中添加自动喷淋系统过滤器并设置管道填充颜色。

（6）保存最终自动喷淋系统模型为选择集并添加到"员工宿舍楼项目样板"文件中。

12.5.2 建模流程

通过分析员工宿舍楼消防专业图纸，总结出员工宿舍楼消防专业 BIM 模型建模流程，如图 12-4 所示。

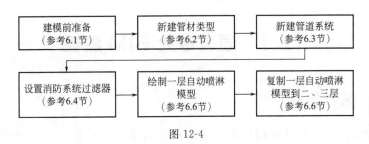

图 12-4

12.6 采暖专业 BIM 建模

12.6.1 图纸解读

（1）根据暖施-01中设计说明内容确定采暖系统管道管材类型，在"类型属性"窗口复制新建采暖管材类型。

（2）根据暖施-01中设计说明内容确定采暖系统采暖方式为共用立管下供下回垂直双立管系统方式。

（3）根据暖施-02中管道图例内容确定员工宿舍楼采暖系统类型，在"项目浏览器"窗口新建采暖系统类型。

（4）根据暖施-03中主要设备材料表确定采暖系统使用散热器采暖，使用"插入"选项卡下"载入族"命令载入 Revit 软件默认路径下提供的散热器族。

(5) 根据暖施-02～暖施-06确定采暖系统管道管径尺寸和管道安装高度,使用"系统"选项卡下"卫浴和管道"面板中的"管道"工具绘制采暖系统模型。

(6) 在"可见性/图形替换"窗口中添加采暖系统过滤器并设置管道填充颜色。

(7) 保存最终采暖系统模型为选择集并添加到"员工宿舍楼项目样板"文件中。

12.6.2 建模流程

通过分析员工宿舍楼采暖专业图纸,总结出员工宿舍楼采暖专业 BIM 模型建模流程,如图 12-5 所示。

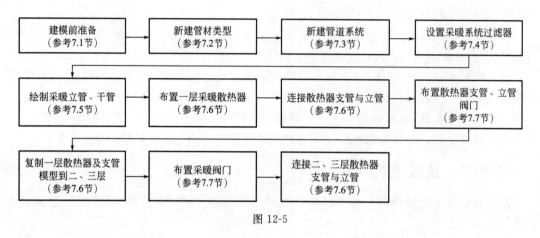

图 12-5

12.7 通风专业 BIM 建模

12.7.1 图纸解读

(1) 根据暖施-01中设计说明内容确定通风系统类型,按照通风系统类型在"类型属性"窗口复制新建通风管材类型。

(2) 根据暖施-01中设计说明内容确定空调系统采用多联机空调系统。

(3) 根据暖施-07确定通风系统类型,在"项目浏览器"中添加通风系统类型。

(4) 根据暖施-07确定空调多联机设备类型和送、回风口类型,使用"插入"选项卡下"载入族"命令载入 Revit 软件默认路径下提供的多联机和风口族。

(5) 根据暖施-07～暖施-09确定通风系统管道管径尺寸和管道设备安装高度,使用"系统"选项卡下"HVAC"面板中的"风管"工具绘制通风系统模型。

(6) 在"可见性/图形替换"窗口中添加通风系统过滤器并设置管道填充颜色。

(7) 保存最终通风系统模型为选择集并添加到"员工宿舍楼项目样板"文件中。

12.7.2 建模流程

通过分析员工宿舍楼通风专业图纸,总结出员工宿舍楼通风专业 BIM 模型建模流程,如图 12-6 所示。

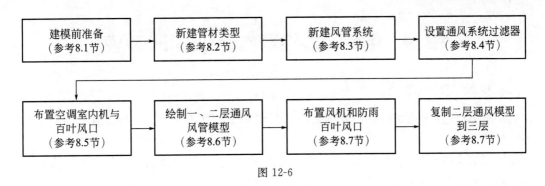

图 12-6

12.8 空调专业 BIM 建模

12.8.1 图纸解析

（1）根据暖施-01 中设计说明内容确定空调冷媒管和冷凝水管管材类型，在"类型属性"窗口复制新建冷媒管和冷凝水管管材类型。

（2）根据暖施-01 中图例内容在"项目浏览器"窗口新建空调冷媒系统和冷凝水系统。

（3）使用"插入"选项卡下"载入族"命令载入 Revit 软件默认路径下提供的空调分歧管族。

（4）根据暖施-10～暖施-13 确定空调系统冷媒管、冷凝水管道管径尺寸和管道安装高度，使用"系统"选项卡下"卫浴和管道"面板中的"管道"工具绘制空调系统模型。

（5）在"可见性/图形替换"窗口中添加空调系统过滤器并设置管道填充颜色。

（6）保存最终空调系统模型为选择集并添加到"员工宿舍楼项目样板"文件中。

12.8.2 建模流程

通过分析员工宿舍楼空调专业图纸，总结出员工宿舍楼空调专业 BIM 模型建模流程，如图 12-7 所示。

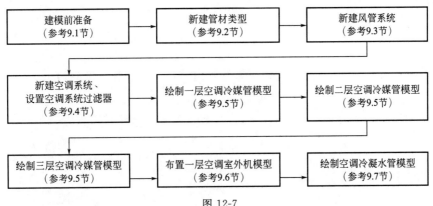

图 12-7

12.9 电气、智控弱电专业 BIM 建模

12.9.1 图纸解析

（1）根据电施-13中平面图内容确定桥架类型及安装高度，在"类型属性"窗口复制新建弱电桥架类型，本项目无强电桥架，图纸中无特殊说明时桥架为普通金属桥架。

（2）根据电施-07、电施-10、电施-13、电施-16中平面图内容确定线管类型，在"类型属性"窗口复制新建照明、动力、弱电和消防报警线管。

（3）根据电施-01、电施-03～电施-06确定线管管径尺寸、材质，图中无特殊说明时线管安装高度一般为吊顶以上敷设。

（4）根据电施-02、电施-06图例确定电气构件及设备，使用"插入"选项卡下"载入族"命令载入 Revit 软件默认路径下提供的相应电气构件及设备。

（5）在"可见性/图形替换"窗口中添加电气系统过滤器并设置桥架与线管的填充颜色。

（6）保存最终电气系统模型为选择集并添加到"员工宿舍楼项目样板"文件中。

12.9.2 建模流程

通过分析员工宿舍楼电气、智控弱电专业图纸，总结出员工宿舍楼电气、智控弱电专业 BIM 模型建模流程，如图 12-8 所示。

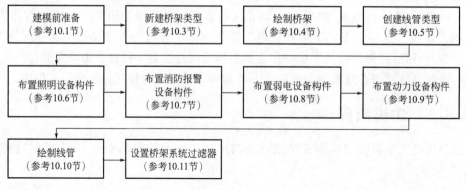

图 12-8

参考文献

［1］朱溢镕．BIM 建模基础与应用．北京：化学工业出版社，2019.

［2］黄亚斌，王全杰．Revit 机电应用实训教程．北京：化学工业出版社，2016.

［3］朱溢镕．BIM 算量一图一练．北京：化学工业出版社，2016.